中国内陸における農村変革と地域社会

山西省臨汾市近郊農村の変容

三谷 孝 編著

黄土高原の耕地（2007年8月 山西省洪洞県橋西村にて 李恩民撮影）

御茶の水書房

寒さに耐えて内陸農村調査を開始したメンバーの一部
(2006年12月 山西省洪洞県大槐樹下にて 徐躍勤撮影)

村の幹部たちとの座談
(2006年12月 山西省臨汾市高河店にて 徐躍勤撮影)

高河店書記による村の概況説明
(2007年8月 山西省臨汾市高河店にて 李恩民撮影)

高河店役場
(2006年12月 山西省臨汾市
高河店にて 山本真撮影)

内陸農村の住宅と道路
(2006年12月 山西省臨汾市
高河店にて 山本真撮影)

ポン菓子作りに興味津々で見入る
村の子供たち
(2006年12月 山西省臨汾市高河店にて
内山雅生撮影)

1939年の臨汾市街全景（臨汾陸軍特務機関『臨汾概覧』1939年による）
（岩谷將 提供）

内陸農村の新市街
（2006年12月 山西省臨汾市高河店にて 内山雅生撮影）

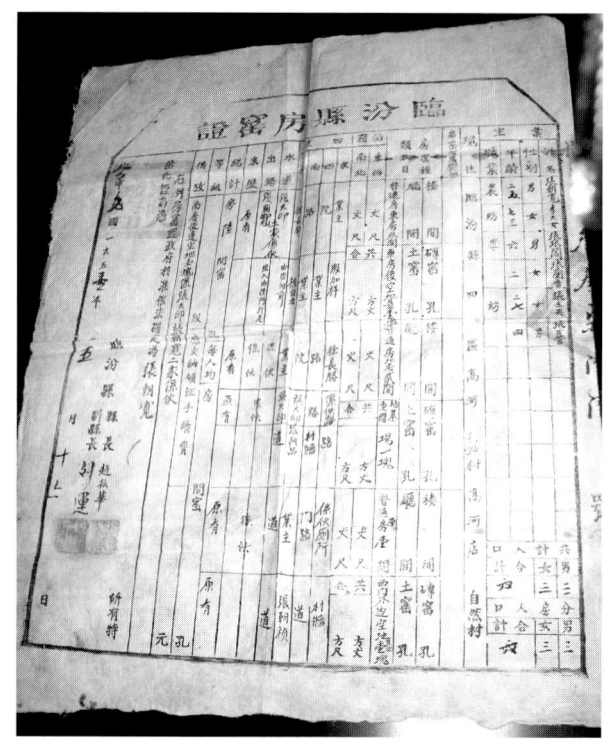

大切に保管されている1951年5月発行の農民の住宅証
(2006年12月 山西省臨汾市高河店にて 張愛青撮影)

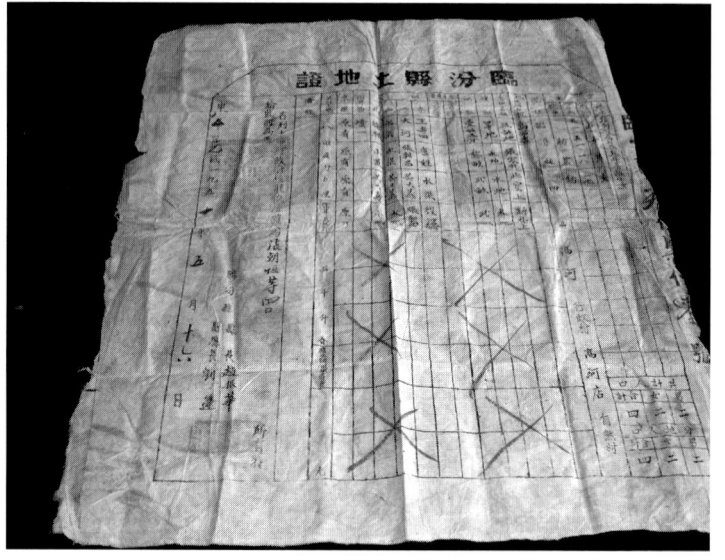

大切に保管されている1951年5月発行の農民の土地証
(2006年12月 山西省臨汾市高河店にて 張愛青撮影)

現在もなお編纂されている農民の族譜
(2006年12月 山西省臨汾市高河店にて 徐躍勤撮影)

三官廟に祀られる天官・地官・水官
(2007年8月 山西省洪洞県橋西村にて 李恩民撮影)

霍泉の水を三割(洪洞県)、七割(趙城県)に分けた伝説の「分水亭」
(2006年12月 山西省洪洞県にて 李恩民撮影)

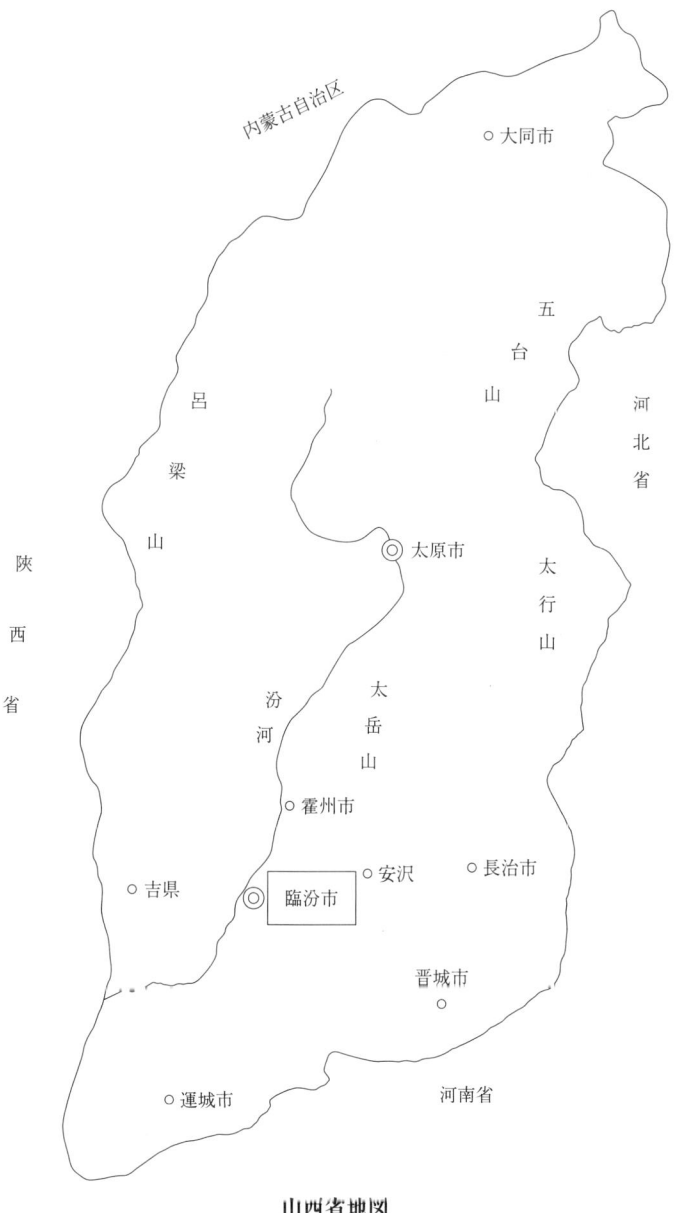

山西省地図

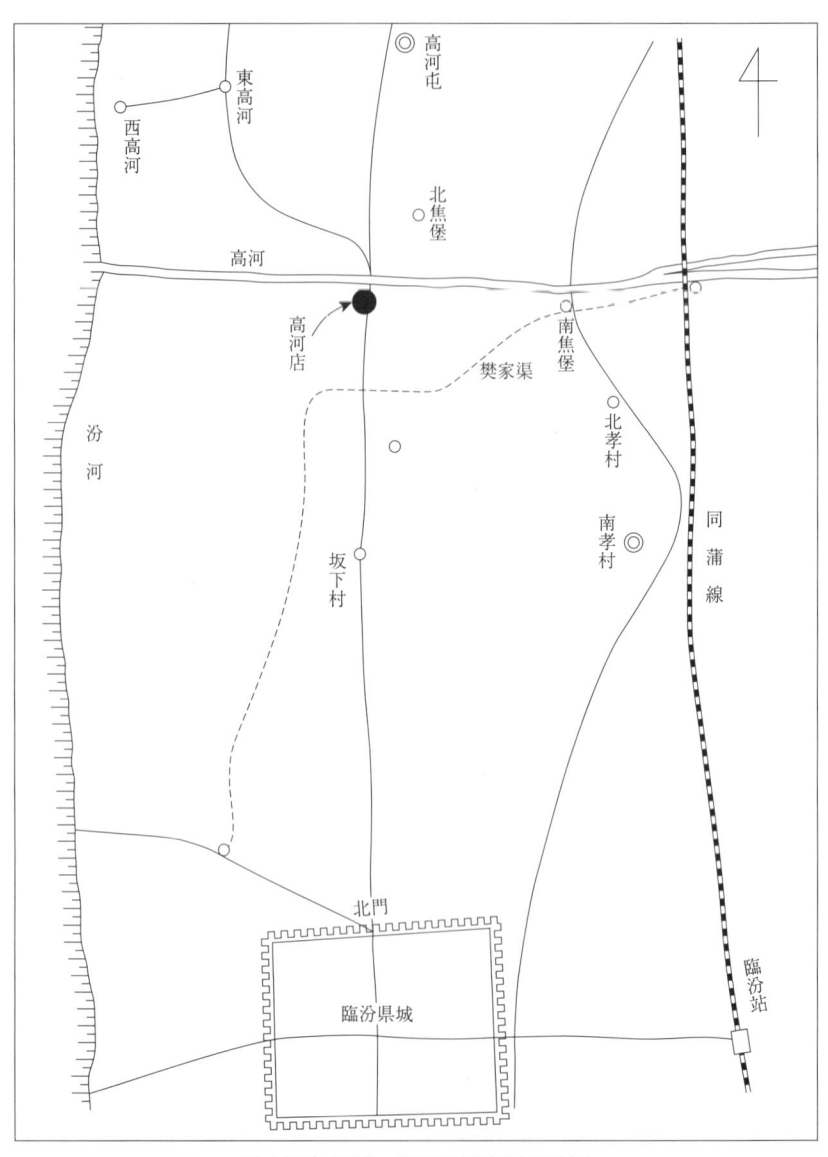

日中戦争時期、臨汾及び高河店地図

山本秀夫、上村鎮威『満鉄北支農村実態調査臨汾班参加報告第二部 山西省臨汾縣一農村の基本的諸關系』東亜研究所、1941年、(上) 81頁より。〇は集落を示す。

まえがき

　中国の内陸地域、とくに河南・陝西・山西などの省は、中国文明の発祥の地として、春秋戦国時代から政治・経済の最先進地域を形成していた。しかし、19世紀半ば以降中国が世界市場に包摂されてからは、急速に変容していく沿海地域とは対象的にこれらの内陸地域の「近代化」は立ち遅れることとなった。この中で山西省では、辛亥革命後、「山西モンロー主義」を唱える閻錫山の統治の下で独自の政権建設が進められたが、1937年夏の日中戦争の勃発とその山西省への波及、さらに日本軍による省内要地の占領によって頓挫をよぎなくされる。その占領下で日本人研究者による現地調査が山西南部の中心都市・臨汾近郊の一農村を対象として実施された。

　本書は、その農村がその後の70年間にどのように変容したのかに関する諸問題を21世紀初頭の現地調査の成果に基づいて明らかにすることを目的としている。現地調査計画は、文部科学省科学研究費補助金（基盤研究[B]）を交付された《中国内陸地域における農村変革の歴史的研究》（課題番号17401019、平成17・18・19年度分）に基づいて実施された。ここではまず、上記計画の趣旨を説明しておきたい。中国の農村は、20世紀の全期間を通して長期にわたる変革過程にあったといえる。とくに1945年の第二次世界大戦の終結から「改革・開放」政策の定着に至るまでの約60年間の農村は、国共内戦・共産党政権の成立・土地改革・農業集団化・人民公社・文化大革命・生産請負制へと激しく変化する政策の下に置かれてきた。その間に発生した中央政治の激動と政策の大転換を末端の農村ではどのように受けとめたのか、農民たちはこれにどう対応したのか、農民の生活はどのように変わったのか等々の問題を、モデル村ではないごく一般的な村落を対象として現地調査によって解明することが本研究計画の中心課題である。近年日本人研究者による中国農村の現地調査は数多く実施されてきたが、本計画の趣旨は、歴史的視点に立った現地調査がまだ試みられていない中国の内陸地

域の農村を対象とする追跡調査にあり、その特徴は以下の諸点にある。

（1）日中戦争以前の調査記録の存在する村落について、最近60～70年間の長期的変革過程を追跡調査する、（2）これまで歴史的視点に立った現地調査の実施されていない内陸地域の農村を対象とする、（3）現地調査による農民からの聴き取り・参与観察・現地地方志研究者との交流・文献資料の収集という各種の方法を組み合わせて総合的な把握に努める、（4）共産党・国民党を問わず政府の側からではなく、地域社会・民衆生活の側からの視点で村落社会の変革を考察する、（5）専門分野を異にする複数の研究者が協力し、また中国人共同研究者の協力を得て、上記の課題の総合的解明に当たる。

以上の計画に基づいて、初年度（平成17年度・2005年度）には、1930年代の調査記録である行政院農村復興委員会『河南省農村調査』（1934年）等に村落調査の史料の残されている河南省鎮平県・許昌市の現地調査を予定して、鄭州の研究機関に所属する中国側共同研究者と連絡をとって準備を進めた。しかし、渡航予定日の一か月前になって、予定した農村現地調査は、「反日情緒の高まり」を理由とする河南省当局による不許可の決定が下されたことで実施不可能となった。そこで次善の策として、一橋大学に滞在中であった河南大学の教授の紹介を得て、同大学の当該分野の研究者との研究交流を進めるとともに現地で農村調査実現のためにさらに折衝することを意図して、当初の計画通りの8月8日に訪中して、次のような研究活動を実施した。

（1）北京の国家図書館・中国社会科学院近代史研究所、開封の河南大学図書館、鄭州の河南省図書館において研究課題に関連する重要文献を閲覧・収集した、（2）河南大学において河南省の農村問題に関する研究交流会を実施するとともに、農村の実情を熟知する研究者の報告を聞くことで、河南の農村変革の特徴と問題点・農村社会の現状についての情報を入手した、（3）しかし、河南大学の個々の研究者は協力的であったものの、河南省当局の「不許可」の通知は同大学の行動をも制約したため、河南省農村の調査・参観は最終的に実施できなかった。

帰国後には河南省での現地調査は当分困難であるとの判断から、内陸地区

まえがき

で民国時期の調査記録が存在し現地研究機関の協力が得られる見込みのある、山西省臨汾市と河北省邢台市の農村について情報を収集して現地研究者と連絡をとった。その結果、山西師範大学の協力の意向が伝えられたため、研究代表者の三谷と林幸司は2006年3月中旬に訪中して、臨汾市の同大学を訪問して研究者と交流を進めるとともにその協力を得て調査予定の屯里鎮高河店村を参観し、平成18年度以降の現地調査のための予備折衝を行った。

　以上の経過から、平成18年度（2006年度）は、対象とする地域を山西省南部に変更し、山西師範大学の4名の共同研究者の協力の下に準備を進めて、下記のような研究活動を行った。

　(1) 国内での研究会で、調査予定地の山西省臨汾市・河北省邢台市の村落について、戦前の農村調査報告・地方志等の内容を検討して、各自の分担項目について調査マニュアルを作成した、(2) 10月27日から11月4日まで、中国側共同研究者3名を招聘して、調査予定地の臨汾市高河店の予備調査・折衝の報告を受けて、8月の共同調査計画について打ち合わせるとともに、一橋大学図書館・早稲田大学図書館・東洋文庫等で関連資料を収集するのに協力した、(3) 日本側メンバー8名は、12月15日から28日の間中国に渡航して、①臨汾市高河店での現地調査による延べ37人の村民からの聴き取り調査、②土地証・民国時期の契約文書・地方志関係資料及び祭礼の状況を記録したDVD等の収集、③地方史研究者との座談会による交流、④山西大学中国社会史研究センターでの資料収集と研究交流、⑤邢台市農村の参観、⑥北京における文献資料の収集、を実施した、(4) 帰国後には、インタビュー記録を整理・集約し、収集した資料・文献・DVDを複写・製本するとともに、研究会において今回の現地調査の成果と問題点を検討し、最終年度の現地調査計画と調査日程を決定した。そして、三年目の現地調査の際に活用するために中間報告書を作成した。

　さらに平成19年度（2007年度）は、前年度に続いて臨汾市付近の農村（高河店）を主要な研究対象として準備を進めて、下記のような研究活動を行った。

　(1) 国内での研究会で、調査予定地の山西省臨汾市の村落について、前年

度の調査の成果を踏まえて、各自の分担項目・調査内容を具体化した、(2)日本側メンバー10名は、8月17日から30日の間中国に渡航して、①臨汾市高河店での現地調査による延べ65人の村民からの聴き取り調査、②土地証・家系図・地方志関係資料等の収集、③地方史研究者との座談会による交流、④山西大学中国社会史研究センターでの資料収集と研究交流、⑤山地に位置する洪洞県橋西村の参観、⑥北京における文献資料の収集、を実施した、(3)帰国後には、インタビュー記録を整理・集約し、収集した資料・文献を複写・製本するとともに、研究会において三年間の現地調査の成果と問題点を検討し、成果の公表のために調査記録（研究成果報告書）と研究論文集作成の準備作業を開始した。

　各年度の調査の日程は下記の通りである。

◎平成17年（2005年）
 8月8日渡航、北京到着
　　9日北京国家図書館で資料収集
　　10日国家図書館で資料収集
　　11日国家図書館で資料収集
　　12日空路北京より鄭州へ移動、自動車で開封到着
　　13日開封で研究交流・河南大学訪問、座談会
　　14日開封市内及び黄河堤防参観
　　15日午前、河南大学図書館参観、午後、河南大学農村研究者の報告
　　16日午前、開封より鄭州へ移動、午後、河南省図書館で資料収集
　　17日河南省図書館で資料収集
　　18日午前、鄭州市内書店で文献収集、午後、鄭州から空路北京へ移動
　　19日中国社会科学院近代史研究所及び国家図書館で資料収集
　　20日北京市内書店で文献収集
　　21日帰国

まえがき

◎平成18年（2006年）
12月15日夕刻、北京着
　　　16日空路北京から太原へ、山西師範大学のバスで臨汾へ
　　　17日山西師範大学共同研究者と打ち合わせ、午後、高河店訪問調査
　　　18日高河店訪問調査
　　　19日高河店訪問調査
　　　20日午前、洪洞県水利施設参観、午後、地方志研究者と座談会
　　　21日午前、山西師範大学で講演、午後、高河店訪問調査
　　　22日午前、山西師範大学歴史与旅遊文化学院で座談会、午後、臨汾から太原に移動
　　　23日山西大学中国社会史研究センター訪問・座談会、午後、太原から邢台に移動
　　　24日午前、柏郷県長と農村参観の打ち合わせ、午後、邢台市内参観
　　　25日午前、東旺村・大賢村龍王廟参観、午後、小石頭荘村参観
　　　26日邢台から北京へ移動（バス）
　　　27日北京市内各書店・古書店で文献収集
　　　28日帰国

◎平成19年（2007年）
8月17日渡航、北京到着
　　　18日空路北京より太原へ移動、自動車で臨汾市山西師範大学到着、共同研究者と打ち合わせ
　　　19日高河店訪問調査
　　　20日高河店訪問調査
　　　21日山西省史跡参観
　　　22日高河店訪問調査
　　　23日高河店訪問調査
　　　24日洪洞県橋西村訪問
　　　25日地方志研究者と座談会

26 日午前、臨汾から太原に移動、午後、山西大学中国社会史研究センターで座談会
27 日山西大学中国社会史研究センターで史料調査・複写
28 日午前、太原から北京へ移動
29 日北京市内書店で文献収集
30 日帰国

本計画を実施した研究組織メンバーは以下の通りである（調査実施当時）。

◎日本側
　研究代表者：三谷　孝（一橋大学大学院社会学研究科教授）
　研究分担者：内山雅生（宇都宮大学国際学部教授）
　研究分担者：弁納才一（金沢大学経済学部教授）
　研究分担者：田中比呂志（東京学芸大学教育学部准教授）
　研究分担者：李恩民（桜美林大学リベラルアーツ学群准教授）
　研究分担者：田原史起（東京大学大学院総合文化研究科准教授）
　研究分担者：山本真（筑波大学大学院人文社会科学研究科准教授）
　研究協力者：林幸司（亜細亜大学・成城大学非常勤講師）
　研究協力者：張文明（華東師範大学法政学院准教授）
　研究協力者：祁建民（長崎県立大学准教授）
　研究協力者：金野純（日本学術振興会特別研究員）
　研究協力者：岩谷將（防衛省防衛研究所教官）
◎中国側
　海外共同研究者：徐躍勤（山西師範大学歴史与旅遊文化学院院長、准教授）
　海外共同研究者：暢引婷（山西師範大学教授）
　海外共同研究者：張　瑋（山西師範大学准教授）
　海外共同研究者：張愛青（山西師範大学専任講師）

まえがき

　平成17年度の現地調査（2005年度）には、研究分担者の他に研究協力者の林幸司と張文明の2名が同行して協力した。さらに平成18年度（2006年度）からは、祁建民が研究協力者に加わり、さらに平成19年度（2007年度）からは金野純が加わった。また都合で現地調査には参加できなかったが岩谷將が研究会には参加して資料収集等の点で協力した。

　臨汾地域での調査の実施に際しては、山西師範大学外事弁公室・同歴史与旅遊文化学院及び高河店村民委員会の方々より多大のご協力を賜った。また、臨汾地域の地方志編纂に当たられた邵玉義・王汝雕・高生記の諸氏からは臨汾地方の歴史・民俗についてご教示を得た。さらに山西大学中国社会史研究センターでは同センターが収集した貴重な村落関係の一次史料を借覧させていただいた。以上の各機関・各位のご支援・ご厚意に心から感謝したい。

　現在この調査計画に参加したメンバーは、平成22年度（2010年度）より開始された内山雅生宇都宮大学国際学部教授を研究代表者とする文部科学省科学研究費補助金《近現代中国農村における環境ガバナンスと伝統社会に関する史的研究》（基盤研究［A］海外学術調査）の主要メンバーとして参加していることを記しておきたい。

　2011年2月28日

研究代表者
三谷　孝

中国内陸における農村変革と地域社会
山西省臨汾市近郊農村の変容

目　次

目 次

まえがき……………………………………………三谷　孝…i

第一部　民国期の臨汾地域社会

臨汾現地調査（1940年）と高河店……………………三谷　孝…3

 はじめに　3
1. 日本における山西現代史研究　4
2. 戦前の現地調査の趣旨と経緯　8
3. 臨汾調査報告書の概要　10
4. 高河店の過去と現在　19

臨汾における政治勢力とその統治……………………岩谷　將…25

 はじめに　25
1. 臨汾概況　27
2. 閻錫山による村政と国民党の自治　28
3. 戦時下の臨汾と抗戦　32
4. 国共内戦と共産党政権の成立　38
 おわりに　41

山西省の農村経済構造と食糧事情
 ——臨汾市近郊農村高河店の占める位置——……………弁納才一…51

 はじめに　51
1. 山西省農村経済の概況　52
2. 山西省の食糧事情　57
3. 山西省都市近郊農村の経済状況と食糧事情　64
 おわりに　69

目 次

第二部　中国共産党と農村変革

土地改革・大衆運動と村指導層の変遷
　——外来移民の役割に着目して——……………………………山本　真… 77

　　はじめに　77
　1.　近代山西における社会の荒廃と人口の流動　79
　2.　山西太岳根拠地における大衆運動の展開　85
　3.　民国時期の臨汾高河店村における社会・経済情況、村指導層　88
　4.　高河店の土地改革・大衆運動と村指導層の変遷　94
　　おわりに　98

四清運動と農村社会権力関係の再編………………………祁　建民… 105

　　はじめに　105
　1.　毛沢東の階級と階級闘争論　107
　2.　農民による階級論の受容　114
　3.　中共中央と地方及び高河店村における「四清」運動の情勢　117
　4.　農民による階級闘争論の受容　125
　5.　権力関係の再編　132
　　おわりに　139

文革期農村社会の変動分析
　——山西省臨汾近郊農村・高河店を中心に——……………金野　純… 147

　　はじめに　147
　1.　分析の枠組　149
　2.　山西省臨汾・高河店の事例分析——インタビュー記録を中心に　151
　3.　他地域との比較分析　163
　　おわりに　166

高河店における工商業の展開⋯⋯⋯⋯⋯⋯⋯⋯⋯⋯⋯⋯⋯⋯⋯林　幸司⋯ 173

 はじめに　173
1. 「解放」前の高河店における工商業　174
2. 「解放」と高河店の工商業　177
3. 改革開放以降の工商業　180
 おわりに　188

第三部　農村社会・経済の変容

高河店社区における家族結合の歴史的変遷
 ──茹氏を中心として──⋯⋯⋯⋯⋯⋯⋯⋯⋯⋯⋯田中　比呂志⋯ 195

 はじめに　195
1. 宗譜にみる高河店茹氏の歴史　195
2. 満鉄調査に見える高河店の家族の状況　199
3. 聞き取り調査に見る高河店の権力構造の変遷と茹氏　203
4. 聞き取り調査に見る高河店の家族結合の現在　209
 おわりに　215

コミュニティの人的環流
 ──近郊農村の分析──⋯⋯⋯⋯⋯⋯⋯⋯⋯⋯⋯⋯⋯田原　史起⋯ 221

 はじめに─コミュニティの発展と「人」の要素　221
1. 高河店の「近郊性」　223
2. 村を出る　227
3. 村に帰る　237
4. 村で生きる　240
 おわりに　247

山西省農村の「社」と「会」からみた社会結合 ……内山 雅生… 255

　はじめに　255
　1．中国農村社会における社会結合について　257
　2．山西省農村の「社」「会」に関する学術的検討　261
　3．山西省の水利組織からみた人的結合　267
　おわりに　276

第四部　農村生活の変遷

華北農村の医者と医療 ……………………………………李　恩民… 285

　はじめに　285
　1．農村医療制度の変遷　286
　2．農村医者の養成と医療活動　288
　3．農民の健康生活と衛生環境　296
　おわりに──今後の展望　302

高河店における嫁入り道具の変遷 ………張　愛青（朴　敬玉 訳）… 309

　はじめに　309
　1．民国期：千差万別の嫁入り道具　310
　2．建国後30年間：簡素で類似した嫁入り道具　312
　3．改革開放以降：新しく多様な嫁入り道具　316
　おわりに　319

高河店村民の宗教信仰に関する調査 ……徐　躍勤（朴　敬玉 訳）… 323

　はじめに　323
　1．高河店の概況　324
　2．調査サンプルの構成　326
　3．アンケートの調査結果　326

4. アンケート調査結果の分析　328

あとがき 李　恩民… 333

三谷孝先生略年譜ならびに主要業績目録 ……………………………… 337

執筆者・訳者紹介

第一部　民国期の臨汾地域社会

臨汾現地調査（1940年）と高河店

三谷　孝

はじめに

　本研究計画の対象地域である臨汾市は、山西省の省都太原から高速道路で260キロメートルほど南方にある山西南部（晋南）の中心都市である。山西省は、現在でも地元の歴史研究者たちが「中国文明発祥の曙光の地」として誇りにしているように、古代から文明が発達した長い歴史を有する省として知られている。臨汾地域も歴史の変遷とともに堯都・平陽・平水・香平・晋州・白馬・臥牛・晋寧などの名称がつけられてきたが、隋の開皇3年（583年）になって初めて臨汾の名を冠した県が設置された。その後、辛亥革命後の民国初年（1912年）に臨汾県は山西省に直属することとされ、日中戦争開始時の1937年夏には山西省第六専署に属していた。同年11月、山西省に侵入した日本軍の接近にともなって閻錫山の山西省政府は太原市から臨汾県に移動し、中国共産党の八路軍駐晋弁事処も同県に移った。しかし、1938年2月末には臨汾県城も日本軍第百八師団によって占領されることとなった。

　戦時下の臨汾は、山西省西南部に撤退した閻錫山軍によって1940年初めに設置された吉県区の中心県とされ、他方閻錫山とは対立関係にあった八路軍勢力下の地域には、1938年4月に臨汾県抗日政府が樹立された。しかし、臨汾県城には日本軍の第四十一師団が駐屯し、鉄道沿線の主要地域は日本軍の占領下にあった。そうした状況下の臨汾近郊の農村を対象として、1939年末に満鉄調査部・東亜研究所に所属する日本人研究者によって農村調査が実施され、その成果の一部は翌年に公刊された。

　今回の農村現地調査（2006～2007年度）は、臨汾近郊の一農村・高河店

において実施されたが、それは1939年末に行われた上記調査による同村についての当時の記録が現在も参照できるからであり、そのことによって同年を起点としてその後70年に及ぶ高河店の変化の軌跡を追跡することが可能となると判断されたからである。

本稿ではまず、北京・上海・天津・武漢・重慶といった大都市、河北・江蘇・浙江・広東といった沿海諸省とは対照的に研究蓄積の少ない20世紀前半の山西省に関する日本での研究状況を概観し、ついで1939年の現地調査の目的と実施の経緯、その報告書の概要と特徴、そして1939年の調査から70年近くの期間を経て行われた今回の調査で訪れた「高河店の過去と現在」の概況について整理しておきたい。

1. 日本における山西現代史研究

前述したように、近代以降の山西省の歴史についての日本での研究は少ない。辛亥革命以降、1930年の「中原大戦」の敗戦によって下野した短期間を除いて、基本的に閻錫山がこの省の政権・軍権を掌握していたために、五四運動も国民革命も山西省では大きな大衆運動として展開しなかったために、革命の展開に注目してきた1970年代までの日本の中国現代史研究からは余り注目されない地域となっていたからである。その中で、内田知行は、長征による八路軍の西北進出と満州事変以降の抗日世論の高揚を背景にした、山西省での新軍事件・犠牲救国同盟会（犠盟）の活動等についての実証的研究論文を発表したのを端緒として（内田知行、1989年）、閻錫山政権の経済建設、日本軍占領下の社会経済の諸問題（内田知行、2002年、2005年）等、山西現代史についての開拓者的研究を発表している[1]。

また、石田米子・内田知行らの研究者は、日中戦争下での日本軍兵士による性暴力について、盂県の現地調査を数年間にわたって実施し、その成果の一部は、石田米子・内田知行編『黄土の村の性暴力』（石田米子・内田知行、2004年）として公刊された。さらに、戦時下の山西省潞安（長治）の陸軍病院に医師として勤務した湯浅謙は、その時に自ら行った生体解剖という戦

争犯罪を告白した『中国・山西省　日本軍生体解剖の記憶』(湯浅謙、2007年) を出版した。最近刊行された笠原十九司『日本軍の治安戦――日中戦争の実相――』(笠原十九司、2010年) でも、山西省における日本軍の「掃蕩作戦」について論及している。

　さらに近年、日本の敗戦後において、山西駐屯日本軍の一部の首脳が閻錫山とかわした密約によって、2,600余名の日本軍将兵が山西省に残留して中共軍との戦闘に動員されたために、多くの日本兵が中国の内戦で犠牲となり、また戦犯として抑留された事件、すなわち「残留日本軍」の問題が注目されて、残留兵士の戦後を描いた映画「蟻の兵隊」が公開されて反響を呼んだ (奥村和一・酒井誠、2006年)。その監督を務めた池谷薫の著作『蟻の兵隊』(池谷薫、2007年) は、個々の研究論文は発表されていたものの、まだ研究の少なかったこの山西残留問題について、初めてその全体像を明らかにした労作である。また、米濱泰英『日本軍「山西残留」―国共内戦に翻弄された山下少尉の戦後』(米濱泰英、2008年) も同じテーマを扱った著作であるが、残留させられた山下正男少尉からの聴き取りによる同少尉の戦中・戦後が明らかにされている点に特色が見られる。なお、日本軍の山西残留問題については、最近山西省档案館所蔵の一次資料を整理した大部の資料集が刊行された。1156頁に及ぶ第三巻は全頁のすべてが残留日本軍将兵の名簿にあてられているのが注目される (山西省档案館編著、2007年)。

　なお、日中戦争中の山西省には、兵士や宣撫班要員として派遣された文学者も多く、その苛酷な体験を作品に著している。山西省北部の寧武付近に駐屯していた歌人の宮柊二 (1912-1986、1939年12月～1943年10月山西省寧武付近に駐屯、独立混成第三旅団、陸軍二等兵～軍曹) は、戦後に一兵士としての体験に基づいた歌集『山西省』(宮柊二、1949年) を刊行している。宮の上官であった中山礼治は、宮の詠んだ戦旅歌の背景を詳細に探索した『山西省の世界』(中山礼治、1998年) を公刊している。さらに、作家の田村泰次郎 (1911-1983、1940年11月～1944年3月まで主として山西省東部左県付近に駐屯、独立混成第四旅団、陸軍二等兵～軍曹、1943年5月独立混成第四旅団は第六十二師団に改編され、翌年3月以降京漢作戦に参加して

南下、同作戦終了後も1945年8月まで各地を転戦）も小説「肉体の悪魔」（1946年）「蝗」（1964年）（田村泰次郎、2006年）等で、山西省・太行山地域での戦闘の日々を描いている。尾西康充『田村泰次郎の戦争文学』（尾西康充、2008年）は、田村の山西省での足跡を現地調査によって考察した労作である。また、田村泰次郎の友人で北支方面軍宣撫班要員として太原で情報工作に当たっていた洲之内徹（1913-1987）も、戦後に「鳶」（1948年）「流氓」（1962年）「棗の木の下」（1950年）等の小説で当時の活動に触れている（大西香織編、2008年）。さらに、騎兵連隊の兵士として臨汾地域の劉村という村に駐屯していた伊藤桂一（1939年秋〜1941年10月山西省臨汾付近に駐屯、騎兵第四十一聯隊、陸軍二等兵〜伍長）は、『私の戦旅歌とその周辺』（伊藤桂一、1998年）において山西省での兵旅の日々を回想している。伊藤桂一の上記の書物は、臨汾での駐屯生活の状況について簡潔に記載しているのでその一部を紹介しておきたい。

「騎兵第四十一聯隊は、同蒲線沿線の臨汾から、汾河を渡って西へ四キロ、連枝山脈の麓の、劉村という村に駐屯していた。三年間、ここを動かなかった。戸数二百戸位の村で、村民と共存した。土壁で囲まれた村だったが、土壁はいたるところで毀れていたので、周囲に何か所か望楼を築いて、そこに歩哨を置いた。兵数約六百、馬匹七百余である。馬の数の多いのは、駄馬と予備馬がまじるからである。…作戦に出発する時は、駐屯地を出て汾河を渡り、臨汾を経て、一駅北の洪洞へ行き、そこから山脈に入る。一定のコースがきまっていた」。

「同蒲線沿線には、（臨汾の）第四十一師団の南、運城に司令部を置いて第三十七師団、東の潞安（長治）に司令部を置いて第三十六師団などが守備区域を持っていた…」。

「山西省は、汾河流域を挟んで、西方の連枝山脈一帯に閻錫山の山西軍、東の太行山脈の北方山間部に共産八路軍、南部に重慶軍と、ほぼ勢力範囲がきまっていたが、山西軍は、自陣の防禦能力が危殆に瀕すると、日本軍に救援を求めてくる、という、ふしぎな事態も生じることになった」。

「劉村に部隊本部を置き、周辺の金殿鎮、李村、西宜村、土門村といった小集落に、少数の兵員が分屯隊として派遣されていた。金殿鎮は、街道沿いのかなりの町だが、ほかの分屯地は、みな僻村だった」。

こうした伊藤桂一の戦記等の叙述について、現地中国人との対立・八路軍との苛酷な戦闘・掃蕩戦等に意図的に目をつぶって、戦争の悲惨・残酷な面には触れないよう書かれているとして批判する、独立混成第四旅団の元兵士・加藤修弘からの聴き取りに基づく山西省と沖縄での一兵士の戦闘を記録した内海愛子・石田米子・加藤修弘編『ある日本兵の二つの戦場』（内海愛子・石田米子・加藤修弘、2005 年）があることを記しておきたい。また、独立混成第二旅団の見習士官として、敗戦直前に臨汾陸軍赤十字病院に入院した社会学者の中野卓は当時の臨汾市内の様子を次のように記述している

「城門をはいるなり私の軍靴の裏に打ち付けてある、すりへった鉄の鋲が、始末のわるいほどツルツル滑って困りました。城内の街路はテラテラに擦り減った、しかも一つ一つが丸みをおびた古い中世風の石畳がびっしりと敷き詰められているのです。それ自体は実に素晴らしい古風な石畳で、今思い出しても懐かしく実に貴重な史的文化財ではないかと考えるのです…。道の両側の家並み、商店やその古風で趣の深い看板、街行く人々の姿、何もかもが、あの素晴らしい古風な石畳に調和した光景だったのです」（中野卓、1992 年、202 頁）。

伊藤桂一の叙述に見られるように、臨汾県の市街と近郊地域は、第四十一師団の司令部が置かれていたため、八路軍との厳しい戦いが展開された周囲の山岳・省境地域等と比較して相対的に平穏であった[2]。

こうした閻錫山軍・八路軍・国府中央軍と日本軍が対峙・競合し、交戦していた日中戦争下の臨汾の一農村を対象にして山本秀夫らによる満鉄・東亜研究所の調査が実施されたのである。

第一部　民国期の臨汾地域社会

2. 戦前の現地調査の趣旨と経緯

　満鉄では 1936 年 8 月に北支事務局に調査班が設置され、1939 年 4 月には北支経済調査所として改組・拡充された。そして、恵民県・泰安県・彰徳県等華北各地の農村実態調査が行われた（井村哲郎、1996 年、157 頁）。そうした経緯を経て、東亜研究所と満鉄北支経済調査所が協力して実施された戦前最大規模の中国農村調査である「北支農村慣行調査」が 1940 年より開始されるのであるが、「臨汾に関する調査」はその前哨戦のような形で一歩早く開始された。この調査の成果をまとめた山本秀夫（1911-1991）は、調査実施の経緯について後に次のように語っている。

　「山本（秀夫）　私たちも東亜研究所から山西省臨汾の調査に参加しました。満鉄調査部の紹介で調査に入ったのですが、この調査の満鉄側の中心は岩上啓、渋谷恒喜のお二人でした。ところが満鉄からはその後調査報告は出ていないようですね。
　溝口（房雄）　岩上さんは体を悪くされて、それで出なかったのではないかと思います。
　山本　そうなのですか、なぜ、そうなったのか分かりませんで、仕方なくというのも変ですが、調査表を全部北京に送って、少し遅れてですがまとめて、東亜研究所で発表しました（東亜研究所 [1940]）。当時はウィットフォーゲルのガルテンバウばやりでして、われわれ経済専門の者はガルテンバウで解釈して、報告書の理論構成をしたのです。満鉄からは報告書が出なくて、われわれのものだけ残っているのです」（井村哲郎、1996 年、162 頁）[3]。

　山本秀夫は、当時東亜研究所第三部社会文化班研究生として上村鎮威とともに中国現地で研究に当たっていて、満鉄北支経済調査所の調査に参加したのであった。東亜研究所の第三部二班は「支那社会文化」の研究を担当する

部署として設置されている（原覚天、1984 年、109 頁、柘植秀臣、1979 年、50 頁）[4]。

そして、臨汾地域の農村調査は、1939 年 11 月下旬から 12 月中旬に至る約 3 週間にわたって行われ、上述のように満鉄側からは岩上啓・渋谷恒喜、東研側からは山本秀夫・上村鎮威[5] の合計 4 名が調査に参加した。山本秀夫の証言にあるように、その成果は満鉄側では公刊されず、東研側の 2 名のまとめた下記の報告書 2 冊が発表されたのである。

まず、「第一部」の『満鉄北支農村実態調査臨汾班参加報告第一部　事変前後を通じて見たる山西省特に臨汾に関する調査』（1940 年 5 月、東亜研究所、資料丙第百一号 D、担当者：山本秀夫）が刊行された。その「はしがき」（昭和 15 年 3 月上旬の日付）には次のような経緯が述べられている。

　「本調査報告は、昭和十四年十一月下旬より十二月下旬に亙る約一ケ月に亙り、満鉄北支農村実態調査山西省臨汾班に参加に際し得たところの調査を基礎とし、種々なる資料を参考とし、山西省一般に関する綜合的概念を得るを目的として、主として従来の政策の検討に重点を置きつつ、いささか事変後現在の状況に論及せるものである。従って現在に於ける経済状勢その他に関しては、殆んど触れることが出来なかった。今後山西に関する参考資料の一として何等かの点に役だたば幸甚とするところである。追って部落概況に関する調査報告は、本報告第二部として呈出される筈である」。

このように、背景説明に当たる「第一部」の発表より約 1 年遅れて、本論にあたる「第二部」[6] は『満鉄北支農村実態調査臨汾班参加報告第二部　山西省臨汾県一農村の基本的諸関係（上下）』（1941 年 4 月、東亜研究所、資料丙第百八十八 D、担当者：山本秀夫・上村鎮威）として刊行された。その執筆分担は「はしがき」（昭和 15 年 11 月の日付）によれば、第一章（部落共同体の基本的諸関係）・第二章（部落の政治的構成）・第四章（部落の実体的構成）・第五章（部落共同体解体の促進的並びに阻止的要因としての教育

第一部　民国期の臨汾地域社会

と宗教）は山本、第三章（部落の経済的構成）は上村とされており、そこには報告書作成の意義と目的について次のように述べられている。

　「一　本調査報告は、昭和十四年十一月下旬より十二月下旬に互る約三週間に互り、山西省南部臨汾県第一区高河店を対象としたる農村概況調査の報告にして、先に提出したる『事変前後を通じて見たる山西省特に臨汾に関する調査』満鉄北支農村実態調査臨汾班参加報告第一部（資料丙百一）の続編をなすものである。
　二　調査の純経済的細目に関しては、本調査の主体たる満鉄北支経済調査所第四班員諸氏による報告を待つとして、本報告に於いては視角を変え、主として部落全体をその社会、政治、経済、文化等の基本的諸関係の面より総体的に観察し、以つて生ける全体としての部落共同体を理解せんとした」。

3. 臨汾調査報告書の概要

［1］「第一部」の概要

　それではまず、「第一部」の構成から見ておこう。同書に付された目次は下記のとおりである。

　第一章　序説
　　第一節　自然的諸条件
　　第二節　地域並に行政区画的位置（省略）
　　第三節　人口
　　第四節　土地
　　第五節　交通及通信
　第二章　政治
　　第一節　概説
　　第二節　臨汾県政の沿革

第三節　県行政機構
　　　第四節　治安状況
　　　第五節　偽県政府の組織並に諸工作
　　　第六節　山西省主張公道団
　　　第七節　地方自治制
　　第三章　土地村公有制の問題
　　第四章　経済
　　　第一節　概観
　　　第二節　農業…（附）臨汾地方の潅漑状況
　　　第三節　鉱業
　　　第四節　工業
　　　第五節　金融
　　第五章　教育
　　　第一節　事変後の教育状況…（附）青年訓練所
　　　第二節　事変前の教育状況
　　第六章　宗教

　この構成に見られるように、「第一部」は省及び県の全体的状況を、地理的条件・政治・土地問題・経済・教育[7]について、それぞれ概観したものである。作成に際して参照した文献として本文中に明記されているものをあげると以下の通りである。『山西省統計年鑑』・『中国実業誌』・満州日々新聞社「抗日偽県政府を衝く」・満鉄調査部編『第八路軍及新編第四軍に関する資料』・深田悠蔵『支那共産軍の現勢』・聞鈞天『中国保甲制度』・『山西村制彙編』・満鉄『支那土地問題に関する調査資料』・方顕廷編『中国経済研究』満鉄天津事務所『山西省の産業と貿易概況』・日満実業協会『山西省政建設十年計画』・末光高義『支那の秘密結社と慈善結社』等である。この報告書は著者も言うように、「生ける全体としての部落共同体」としての村落（高河店）を理解するための手順として、村落を含んだ県全体・省全体の概況をまとめたものなので、現在の立場から見ても有益な部分を含むものの、それだ

けでは「背景説明」に過ぎないので詳しい内容紹介は省略して、本論に相当する「第二部」の紹介に移ろう。

2 「第二部」の概要

「第二部」は、前述したように約三週間の現地調査の成果に基づいたもので、高河店という一つの村落について、現在では現地の中国人研究者も入手できない貴重な資料を提供している。

まず「序説　調査部落について」では、臨汾県第一区高河店の地理的位置と歴史が紹介される。

つづいて「第一章　部落共同体の基本的諸関係」では、「一　自然に対する諸問題」として汾河の氾濫による水害・旱害・風害・病虫害のことが説明されるが高河店では近年ほとんどその被害を受けていないという。「二　他部落との諸関係」では、「（イ）部落への通路」（交通手段）として鉄道・輸送手段（洋車、二輪の荷物運搬用の車（役畜が引く）・天秤棒利用の人力・自転車・汾河の増水期の船便が紹介され、洪洞県との密接な関係（2、3人の村民が洪洞で店員をしている）が指摘されている。

高河店は、交通が便利で他部落他県との交渉が頻繁なので、物資の流通・文化の交流が比較的円滑に行われる可能性があり、それは、①部落構成家族の姓別の雑多性が、古来より人的交流の頻繁さを示しているものとされる。実際に村の各姓を示すと、茹姓（23戸、3個の異血族を含む。乾隆以前から居住）・張姓（13戸、安徽省清和県出身、乾隆年間に高河店に移住）が村の大姓をなしており、その他に柴姓・趙姓・黄姓・徐姓・李姓・殷姓等全部で20姓の家族から構成されている。康熙年間の大地震で人口が減少したため、清朝政府による強制的な移住が行われたことから、山東の「苦力」その他外来移住者は相当数にのぼっている。また、②他部落民との相互扶助的関係が見られ、外来者に対する排他的感情の稀薄性が指摘されている。この「相互扶助的関係」は、1939年12月現在で、北孝村等31家族が高河村の親戚・知人・廟・学校等に居住しており、1938年2月末の県城陥落時には高河村民は全員山地の他部落の親戚・知人を頼って避難して6月の小麦収穫時にな

って徐々に帰村した事実からも裏付けられるという。そして、著者はこの部分の検討を踏まえて以下のように結論する。

「自然的血縁的な本来の扶助関係が次第に稀薄化され、その反面に他族との間、即ち地縁的派生的扶助関係が次第に強化されつつある。換言すれば、他部落との間の交通関係の発展は、部落の閉鎖性孤立性を開放し、部落の孤立性の開放は次ぎに家族（同族）の孤立性、閉鎖性の開放に向かうということである」。

「（ロ）集市経済体より県城経済体への移行」では、十年程前までは高河店の対岸の高河屯に集市が立ち、日用品・野菜・小農具・役畜の取引が行われていたが、高河店が県城に近接した村であるため、近年過剰農産物の処分・労働力の雇用・役畜の購買等に関して県城を中心とする経済体に編成替えされたことが指摘されている。「（ハ）諸部落群結合の紐帯としての人工潅漑」では、高河店を含む九部落で共同運営している万暦年間に始まった樊家渠という潅漑渠があり、清の順治年間に高河店村民の安世恭が現在の大石堰を築いて本格化した。樊家河村には龍神廟があって、その廟内に九部落の代表のための房子（部屋）が九つあり、毎年代表者が集まって渠の維持費・人夫の費用等を合議で決定している（総理渠長1名・各部落より渠長各1名）。その潅漑面積は4,000畝、水税として1畝当たり60銭から70銭を取り立て、人夫費以外に龍神廟の祭費と用水路の修繕費に充当するが、①毎年2月に石堰を修理する、②3月15日・7月15日には龍王の祭りをする、③龍神廟を修理する、④9月に一回用水路の掃除をする、⑤一家にて多量の水を使用しないこと、違反の時は米5石の罰、⑥面積の届け出を偽った場合は米3石の罰、という規則が決められている。「三　部落共同体解体の諸徴標」では村落共同体が資本主義化の進行にともなって解体していくことについて検討される。「（イ）土地関係」では、高河店の農家一戸あたりの平均経営面積は7.6畝で、人口一人あたりにすると1.36畝と狭小であるが、未開拓の荒地または山林は絶無なので、外延的耕地増大は望めないこと、部落共同体には公共的土地もほとんど無いこと、共有地は19畝、村廟産（女貞廟・関帝廟）は12畝、前者は入札で小作させて小作料は小学校の教育費に充当し、女貞

廟の10畝は尼（現在5、6名）と耕作者の張某という老人の生活費に当て、関帝廟2畝分は小学校費に当てているという。村内には経済的階級の不均衡が存在し、全農家88戸の内、小作農が11戸、自作兼小作農が13戸、地主兼自作農が60戸あり、46畝を所有して14畝を小作に出している1戸を除くと、25畝以上の土地を所有する農家は存在しない。89.7畝を県城の商人が所有しているが、不在地主は13名なので、1人あたりにすると6.9畝に過ぎない。しかし、高利貸商人によるこうした土地収奪が県城中心経済体への依存度の強化を示す指標になっている。

「（ロ）職業」、大半の村民は単純農業生産だけでは生活できず、次のような生計補助的な仕事をしている。成年男子は農閑期には野菜売りに出る、婦女子は綿繰り・土布や靴の生産に従事する、県城内の道路修理・停車場の苦力をして家計を補助する者もいる。雑貨店が1軒あり、隣村の北孝村民と河北省からの移住民と2人で経営し（資本金50円、一日の純益20銭）、煙草・蝋燭・油・線香・砂糖・饅頭・大餅・白豆・くるみ・柿・落花生・梨などを売っている。店は村の中心的場所にあるため児童・婦女の寄り集う所となっているという。また、農業に従事しない巡警（1名）と病人、野菜行商を業とする者、副業・内職として豆腐の製造販売をしている者が3軒、その他棺桶製造・餅売・織布の仕事をする者もいること、さらに洪洞で油屋・酒屋・雑貨店の店員をしている青年が3名、北京への出稼ぎ人が1名、事変後陝西（恐らく抗日根拠地へ参加するために）に行って行方不明の者が1名いる。外来者としては胡麻油と胡麻・綿の実と交換する油屋、瀬戸物・土器と現金・鶏卵と交換する行商人が来訪する。

「（ハ）同族集団」、村の全88戸を構成するのは張姓13戸・柴姓7戸・趙姓7戸・黄姓6戸・徐姓5戸・李姓5戸・殷姓4戸・席3戸・王3戸・陳2戸・廬2戸・葉・田・羅・高・郝・何・常・丁（以上1戸）で、大姓の茹姓は23戸で11戸・11戸・1戸の三枝に分かれている。「優勢な同族団体」、すなわち張・茹・黄の42戸［百分率47.7％］で338.8畝［50％余］を所有する一方、「劣勢同族団体」も存在する。村内の同族関係の特徴について著者は下記のように結論する。

「優勢な同族の家族集団の間にあっても、その土地所有の差異は次第に顕著になる情勢にあり、また族産の欠如という点などによっても明らかなる如く、同族の共同利害を中心とする結合関係は弛緩し、その結果として宗族を単位とする結合は殆ど見られず、各家族集団を単位とする結合が一般的だと見て差し支えない」。

また、外来家族（10家族）も10年を経過すれば土着家族とまったく同様の待遇を受けられ、その間、毎年5月に家屋税が徴収されて、部落の有力者に「花銭」として贈られて余分があれば部落の共同資金とされているという。

「（ニ）家族共同体」では、典型的家族共同体と見られる、茹和芬（77歳）の家族の場合には、水田23畝の内19畝を自作し4畝を小作に出している。三代15人が土塀に囲まれた地域内に居住し、倉庫・畜舎は別個にしているが、役畜・農具等はすべて共同使用とし、家計は戸主によって統一され、土地は家族的共有で、協同で耕作し、生産物の処分も戸主が実権を握るとされる。

「第二章　部落の政治的構成」の「一　部落の自治的統制」では、まず「（イ）統制の主体」で村政の運営の主体が説明される。高河店の村副（38歳）は6.5畝の自作農で、閭長の1名は64歳で5畝の自作農、他の1名は45歳で5畝の自作農である。本部落の共同の村長（南焦堡村出身）の周某は元小学教員で34畝を所有している。教員と村政との関連が強いのは、省政府の政策が部落にまで徹底していた山西省において、部落の自治も省政・県政との関連において統制される傾向が強く、中でも民国10年以来施行されている義務教育の普及が村政にも影響を及ぼしていたためとされる。

民国17（1928）年1月に「修正村長副須知」が発布されたが、そこで規定された村長・村副の選挙は形式を整えたものに過ぎず、その実質は自然的承認（人格者に対する自然的尊敬による承認）によって該当者が選任されているという。「（ロ）閭隣組織」は、部落共同体の互助機関として外敵に対する防衛が主目的の自然発生的組織で、県政府が行政的下位組織網に組み入れて匪賊防衛と徴税網の単位として恒常的に機能させるようにしたものであり、保甲制度の一形態といえる。現在、日本軍の占領下にあるので自衛組織は無

く、高河店では村警1名を置くだけとされる。閭隣組織では、5戸を1隣、5隣を1閭として、閭長（2名）は村長・村副によって指名される。隣長（10名）は閭長と村副が合議で指名し、村長・村副は上述のように形式的には選挙制によって選出される。

「二　村政」では、高河店が、清代には平陽府臨汾永興里、民国時期には河東道臨汾県、1939年現在は冀寧道臨汾県に所属していることが記される。臨汾県5区中の第一区にあたり、百戸未満の部落は「散村」といい、数個の散村で「聯合村」を形成する。聯合村に1名の村長を置き、各散村には村副を置いている。一散村としての高河店は現在、周辺の南焦堡・北孝村・坂下村と連合して一行政単位を形成している。村副の選挙にあたっては部落内全家族が1票の選挙権を有し、選出された4人の村副の互選で村長が選ばれる。村長は任期3年、村副は任期1年だが名誉職とされているために俸給は支払われない。「改進村制条例」（民国16年8月）で村民会議・村公所・息訟会・村監察委員会の設置が規定されたが形式にとどまり、高河店の村公所は建物があるだけで実質的にはその役割を果たしていないという。部落の財政的基礎は、田賦（水田1畝につき銀1銭4分6厘2、平地は1銭5厘77）・攤款（5分2厘885）で、2期（上忙、下忙）に分けて納める。村財政の最大の支出は小学教育費である。日中戦争開始後、高河店は「鉄道愛護村」（同浦線）となって日本軍の治安維持に協力しており、村民が鉄路の警備に出る場合には、給料（30〜50銭）が支払われるという。

「第三章　部落の経済的構成」の「一　自然経済の残存」では「（イ）ガルテンバウ」が説明され、その農業に必須の「①潅漑」はこの村では二種類が存在し、「河川潅漑」として、樊家渠による潅漑（村の全耕地の64.9％を占める）、「井戸潅漑」として、村の井戸は全部で20、その内潅漑用井戸は18であることが指摘される。ついで「②輪作」「③組合せ耕作」「④頭割施肥」「⑤原生的農具」の各項について簡単な説明がなされる（内容は省略）。「（ロ）家内仕事」としては、9歳以上の女子が従事する衣料生産では、綿繰・紡糸・染色・織布の作業が行われている。「（ハ）生産に於ける共同」では、①潅漑における共同、②農耕における共同（役畜と農具の共同利用）、

③調整における共同（碾・脱穀場の共同利用）、④共同的土地所有（学産・廟産）が説明される。「（ニ）自然経済の付随的要素」では、「単純商品生産」・「余剰物交換」として、「①行商」として村に来る商人として油屋・瀬戸物屋・煙草屋等があるが、取引の相当部分は物々交換で行われている。「②集市」、20華里離れた呉村鎮では、1・8・15・22日に市が開かれ、雑穀・野菜・役畜・農具・日用品等が取引される。こうした集市は臨汾に5か所あり、また堯帝廟の廟会が3月18日から4月10日まで開かれ、村人は県城の商店の他に、上記の行商・集市等を利用しているという。「③村落手工業」、衣料生産はまだ綿繰・紡糸・染色・織布の各工程が分解以前の段階にあり、その他に大工が3戸、豆腐屋が3戸あったが、豆腐屋は農閑期三か月間の仕事であり、大工も農業の片手間にする修繕程度の仕事であって、いずれも独立手工業者の域には達していないものと評価される。

　「二　商品経済の浸透」では、自然経済が変容していく状況が検討される。まず「（イ）資本家的商品の流入」では、資本家的商品の流入は極めて限られており、生産手段については（揚水機・綿繰機以外は）全然流入していないこと、「（ロ）労働力の流出」としては、村外居住者は北京の靴屋の徒弟をしている者が1人、隣県の洪洞で店員をしている者が3人いることが指摘される。「（ハ）商業作物の作付」では、総耕地面積の40％で棉花・白菜・煙草・西瓜等の商業作物が栽培され、その商品化率は50％程であるという村民の証言が紹介されている。「三　農民層の分解」では、「（イ）地主的土地所有の存立条件」として、高河店（戸数88戸・人口506人）の総耕地面積は795.1畝、小作地は128.7畝、21畝は学産・廟産、89.7畝は県城の商人の土地、本村村民所有小作地18畝の内14畝は黄金山（46畝を所有する本村随一の物持ち）の土地、4畝は寡婦の土地であることが述べられる。「（ロ）地主的土地所有の運動形態」では、「同一生産力段階における土地所有の分散と集中との不断の対抗運動―斯くの如きが本村における土地所有の運動形態であり、そうして農民層分解の基本的内容はこの状態の中に総括されている」とされており、農民層分解が極めて緩慢にしか進んでいないことが指摘されている。

第一部　民国期の臨汾地域社会

「第四章　部落の実体的構成」では、まず「一　家族構成」として、高河店の戸数が、事変を契機として50〜60戸から88戸に増加したことは血族的大家族の解体が外部の力によって急速に実現されたことを物語るものとされる。「（イ）家族の大きさ」としては、最大が15人、最小が1人で、平均は5.75人で、3〜6人家族が圧倒的多数を占めている。「（ロ）家族形態」の「二　婚姻並びに相続」では「（イ）婚姻並びに離婚」について説明される。「①婚姻の方法」としては、結婚は親同士の間で取り決められ、挙式の費用は男子側が約100円、女子側が50〜60円を負担するものとされ、「②離婚」はまだ希有の現象であり、「③結婚年齢」は男子は18〜25歳、女子は16〜20歳くらいであるという。「（ロ）相続」では、男子の分頭相続（均分）制がこの村では厳重に守られており、このことが村民を土地に緊縛させその零細化を促進する重要な要素となっていると説明される。「三　人口構成」の「（ロ）年齢別性別構成」では、この村では男子1人に対して女子0.8人であり、これは華北農村の一般的傾向を裏書きするものとされる。

最終章の「第五章　部落共同体解体の促進的並びに阻止的要因としての教育と宗教」では、「一　促進的要因としての教育」で共同体解体の要因としての教育がまず検討される。高河店には公立の初級小学校が1校あり、初級女学校も4、5年前に設けられたが、小学校は清朝時代の私塾を継いだものでその創立者の名をとって「王妙蓮立」とされている。県から派遣される教員が2名、女貞廟の尼1名が教師を務めており、全省的に統一された教科書を使用している。しかし、村から高等小学へ進学する者はほとんどなく、師範学校・中学校に進学した各1名も10年も前のことに過ぎないという。また「二　阻止的要因としての宗教」では、アニミズム、家・部落の守護神等が見られ、「女貞廟」（部落最大の建築物）には、地母神・文殊菩薩・南海大士・十二老母等が祀られていて、毎年3月3日に廟会が開かれ、婦女子のみが参詣して線香を上げる。5〜6人の尼が廟内で起居しているという。また村の「関帝廟」では5月13日に男子が参詣して線香を上げることになっている。しかし、これまでの記述のように高河店は宗族的結合が微弱であり、宗教心も一部の村民を除いて恬淡としたものに過ぎないという状況の中にお

いては、宗教的祭祀信仰も新教育に反対し、無信仰に反対する消極的な阻止要因に止まっているに過ぎないものとされる。

4. 高河店の過去と現在

　以上、内容の一部を紹介した1939年の現地調査が行われた当時の高河店は、臨汾県第一区に属して、山西省冀寧道の南端にあたり、同浦線に沿った臨汾県城北方10華里（約5キロ）に位置する一小村であった。県城から調査村落まで幅約10メートルから20メートルの道路がつづき、その間に三、四の部落が点在していた。村付近の道路脇には、春秋時代の梁の都であった土地を示す「古高梁城」（1528年建碑）と刻した石碑が残っていた。この石碑は公路沿いに現在も存在している。明代以前は「高河」と呼ばれ、清代に「高河鎮」と改称された。民国に移る頃次第に「高河店」と呼ばれるようになったという。

　当時の高河店は、「第二部の概要」にも記したように、戸数88、人口505人の小村落であった。これまでの検討から、当時の高河店の特徴を整理すれば、①幹線道路に沿っており交通条件に恵まれている、②そのために県城中心の経済圏に包摂されつつある、③水利灌漑等の協同を通じて近隣の村落と相互協力的関係にある、④雑姓村落で外来者に対する閉鎖性は余り見られない、⑤人口に比して土地が狭小なため農業だけでは生活できず副業や出稼ぎの収入に頼る村民が多数を占めている、ということになるだろう。

　それでは、現在の高河店はどのような村になっているだろうか[8]。

　高河店は、臨汾市の中心街の鼓楼の北6華里の地点にあって、霍侯1級国道（霍州と侯馬を結ぶ公道）が村内を貫通している。北は涝洰河、西は汾河に臨み、南は南孝、東は南焦堡と接している。

　現在の戸数は450戸、人口1,680人、総面積1,530畝、その内耕地は800畝、住宅地は330畝、灘地が400畝、商品作物として主に臨汾市民・洪洞県民に供給する蔬菜を栽培している（人口は、共産党による解放時には200〜300人、1960年代には700〜800人、改革開放政策後には外来人口が増加し

て現在に至っている。外来人口は主として山西・山東・河南・河北等の出身者が多い)。

現在の共産党村支部書記の徐北斗は1998年から現職を務めており、村の党支部は3人で構成(書記・副書記・党委員[女性])されている。独自の村民委員会が存在しないため、共産党の村支部が村民委員会を代行している。

行政沿革を整理すれば、中華民国時期の1946年に、臨汾県は7区・50余個の行政村・428の居村に区分されたが、その際高河店は第一区に属した。

中華人民共和国成立後の変遷を示せば下記の通りである。

① 1949～52年には、臨汾県第四区南焦堡行政村に属す(自然村)。
② 1953～55年、臨汾県城関鎮南孝郷に属す(自然村)。
③ 1956～60年、臨汾県屯里郷南孝高級社に属す(自然村)。
④ 1961～71年上期、臨汾県屯里公社に属す(生産大隊)。
⑤ 1971下期～83年、臨汾市城区公社に属す(生産大隊)。
⑥ 1984年、臨汾市党家楼郷に属す(村民委員会)。
⑦ 1985～91年、臨汾市北郊郷に属す(村民委員会)。
⑧ 1992～98年、臨汾市北城鎮に属す(村民委員会)。
⑨ 1999～現在、堯都濱河辦事処に属す。臨汾市開発区が代管(村民委員会)。

農産物は、解放以前からの白菜・キャベツ・南瓜・トマト・唐辛子・茄子・葱・韮等に加えて、1980年代からは北城鎮は野菜基地となり、カリフラワー・苦瓜・レタス等が栽培されるようになったが、その一部をなす高河店では胡瓜・トマト・油菜等の都市向けの作物が多く栽培されている[8]。

村内の小学校には幼稚園も併設されており、1年から5年までのクラスがある。教室にはコンピューターも設備されており、村が教育を重視していることが村幹部の自慢の種とされていた。中学としては開発区に浜河中学があり、2006年には村民の子弟6人が大学に進学、4人が大学院に進学した。奨学金として村から大学生には2,000元、大学院生には5,000元が支給される

という。現地調査に協力してくれた山西師範大学の研究者の話によると、高河店は都市近郊農村として臨汾市内に吸収されつつあり、もう数年すれば「農村調査」の対象ではなくなるだろうとのことだった。

　前述した1940年前後の高河店の社会経済概況と比較してみると、①幹線道路に沿った交通条件に恵まれている、②そのために県城中心の経済圏に包摂されつつある、③水利灌漑等の協同を通じて近隣の村落と相互協力的関係にある、④雑姓村落で外来者に対する閉鎖性は余り見られない、⑤人口に比して土地が狭小なため農業だけでは生活できず副業や出稼ぎの収入に頼る村民が多数を占めている。従って③の重要性が後退したことの他は、①②④⑤の特徴はそのまま現在に至っているということができるが、輸送手段の飛躍的な発展にともなって高河店はすでに臨汾市の経済圏に吸収されたものと考えられる。そうした流れから見れば高河店はこの70年に都市化を遂げた農村の一事例をなすものといえるだろう。

●注
1)　以下、研究者名・作家等関係者名について敬称を省略させていただく。
2)　新民会職員として臨汾に赴任していた夫の余郷清に伴われて、1942年10月から1945年3月まで同地に滞在した余郷みつ氏（桑名市在住）も当時の臨汾では治安は悪くなかったことを証言している（2008年3月30日、山本真及び三谷による聴き取り）。また筑波大学大学院修士課程地域研究科寺尾周祐の修士論文『日中戦争期、華北対日協力政権による統治と社会の組織化』（2005年、72頁）を参照した。
3)　ガルテンバウとは「小経営農業の東洋的形態、莫大な人間労働力の投下を条件として成立」する農業形態を意味する用語であり、山本の述べるようにウィットフォーゲルの『解体過程にある支那の経済と社会』（平野義太郎監訳、1934年、中央公論社）の中で使われて日本の多くの研究者に影響を与えた。山本も上村も当然この書物を読んでいたものと思われる。
4)　山本秀夫の研究歴については川村嘉夫作成『山本秀夫著作目録（1935～1981年）』（1981年）参照。この『著作目録』については浜口裕子・家近亮子両氏のご厚意によりコピーの恵与を受け、その他の点についてもご教示を

第一部　民国期の臨汾地域社会

　　得た（たとえば、この臨汾農村の調査について山本秀夫は短期間ではあるが総力をあげて取り組んだ成果として自信をもたれていたという）。また、この調査報告は、戦後本格的に展開される山本の中国農村問題研究の嚆矢とされている。その後、山本は1944年に東亜研究所広東事務所主事を務めた後、1946年5月に日本に引き揚げている。
5) この調査の終了後、上村鎮威は帰国して、京都大学人文科学研究所の所員になったものと推定できる。人文研の名簿に「1940年4月〜1949年10月」の間「所員」であったことが記載されている。
6) 「第一部」の「序説」において著者は次のように述べている。「本報告の目的は山西全体に亙る調査内容に非ずして、臨汾県しかもその中の一村落高河店の実態調査を目指しているのであるが、一村落の状況を知るためには一県全体に関する予備知識を必要とし、また一県に関する状況は省全体の一般的前提の上に立たねば之を正確に把握することが出来ぬ。しかしかく対象を順次に拡大することは短期間内によくなし得ることに非ず。その上散漫になる恐れある故常に当面の対象に戻りつつその対象把握に是非共必要なる場合に限ってそれが前提へと溯って対象把握を容易ならしめるように努めた。併し本報告第一部に於ては高河店部落を対象から取り除き臨汾県の大要に止めた、部落に関しては報告第二部において取扱う」。
7) 「宗教」は叙述の分量も少なく、ほとんどが末光高義の著作等によっているので、他の項目と同列に論じることはできない。
8) 高河店の現状については、今回の調査の中国側共同研究者の張瑋・張愛青両先生の作成したレポート（2006年10月28日報告）によっている。

●参考文献
《邦文文献》
　東亜研究所『満鉄北支農村実態調査臨汾班参加報告第一部——事変前後を通じて見たる山西省特に臨汾に関する調査』（担当者：山本秀夫、1940年、東亜研究所）
　東亜研究所『満鉄北支農村実態調査臨汾班参加報告第二部——山西省臨汾県一農村の基本的諸関係』（担当者：山本秀夫・上村鎮威、1941年、東亜研究所）
　上村鎮威「山西省臨汾県高河店生産構造分析」（『東亜人文学報』第一巻第四

号、1942年2月）
臨汾陸軍特務機関『臨汾概況』（1939年11月）
柘植秀臣『東亜研究所と私――戦中知識人の証言――』（1979年、勁草書房）
原覚天『現代アジア研究成立史序論』（1984年、勁草書房）
井村哲郎編『満鉄調査部――関係者の証言――』（1996年、アジア経済研究所）
防衛庁防衛研修所戦史室編『北支の治安戦〈1〉〈2〉』（1968年、1971年、朝雲新聞社）
石田米子・内田知行編『黄土の村の性暴力』（2004年、創土社）
池谷薫『蟻の兵隊』（2007年、新潮社）
伊藤桂一『私の戦旅歌とその周辺』（1998年、講談社、2007年、講談社文芸文庫）
内田知行「犠牲救国同盟会と山西新軍」（宍戸寛他『中国八路軍、新四軍史』1989年、河出書房新社）
内田知行『抗日戦争と大衆運動』（2002年、創土社）
内田知行『黄土の大地　一九三七～一九四五――山西省占領地の社会経済史』（2005年、創土社）
内海愛子・石田米子・加藤修弘編『ある日本兵の二つの戦場』（2005年、社会評論社）
奥村和一・酒井誠『私は「蟻の兵隊」だった――中国に残された日本人』（2006年、岩波ジュニア新書）
大西香織編『洲之内徹文学集成I』（2008年、月曜社）
尾西康充『田村泰次郎の戦争文学』（2008年、笠間書院）
笠原十九司『日本軍の治安戦――日中戦争の実相――』（2010年、岩波書店）
田村泰次郎『肉体の悪魔』（2006年、講談社）
中野卓『「学徒出陣」前後　ある従軍学生のみた戦争』（1992年、新曜社）
中山礼治『山西省の世界』（1998年、柊書房）
宮柊二『山西省』（1949年、古径社）
湯浅謙『中国・山西省　日本軍生体解剖の記憶』（2007年、ケイ・アイ・メディア）
米濱泰英『日本軍「山西残留」』（2008年、オーラル・ヒストリー企画）

第一部　民国期の臨汾地域社会

《中国語文献》

臨汾市志編纂委員会『臨汾市志』全三冊（2002 年、海潮出版社）

張成徳・孫麗萍主編『山西抗戦口述史』全三冊（2005 年、山西人民出版社）

梁正崗主編『臨汾革命老区（堯都区）』（2002 年、臨汾市堯都区老区建設促進会）

『中国共産党臨汾市堯都区地方組織建党 80 件大事（1919 ― 2001）』（2001 年、中共臨汾市堯都区宣伝部・中共臨汾市堯都区委党史研究室）

張国祥『山西抗戦史綱』（2005 年、山西人民出版社）

山西省档案館編著『二戦後侵華日軍"山西残留"』全三巻（2007 年、山西出版集団・山西人民出版社）

臨汾における政治勢力とその統治

岩谷 將

はじめに

本章では民国初期から国共内戦時期（1911〜1949）を対象に、臨汾を中心とした山西南部内陸農村における統治と社会的変遷について検討する。

民国以降の政府に課せられた課題の一つは、清朝中期以来の人口増加とそれに引き続く戦乱によって弛緩した社会的凝集力を高め、近代国家に求められる諸政策を実施する上で必要となる社会的基礎を形成することにあった。地方指導者や諸政権はいかなる方法によってこれらの課題を解決しようとしたのか。その成否はどうであったのか。また、その試みは後の共産党政権にいかなる基礎を用意したのであろうか。本章の目的は、以上の課題を山西省南部とりわけ臨汾を中心に検討するとともに、本書の調査対象である臨汾について、民国初期から共産党統治に至る歴史的経緯を明らかにすることにある。

清朝中期に始まる人口の急増と社会的流動性の高まりは、行政に関わる諸経費を著しく増大させたが、清朝は新たな対策を打ち出すのではなく、既存の行政システムで処理しようとした。そのため、それ以前においても人口や資源の規模に比して小さかった行政機構の非効率性に拍車をかける結果となった。

それは、例えば明末以降、市場町が全国的に急増をみたにもかかわらず、それらを管轄する県数は固定されており、決定的に不足した状態であったことからもうかがえる。一説によれば、これを仮に漢代や唐代を基準として人口や資源の増加分を調整した場合、清代の県の数は実際の1,289県の数倍に

あたる 8,000 位にのぼったであろうとされている[1]。また同様に、清代以降、人口や定期市が急速な増加傾向にあったことも指摘されている[2]。市鎮や人口の増加に対して行政都市である県城の数が増加をみないとすれば、その管理能力に限界を来たすことはおのずと明らかである。

　徴税についても、圧倒的な県政府不足のもとではその行政に見合うだけの十分な収入を確保することは困難である。王業鍵の研究によれば、1750年から1910年の間に税の実徴額は二倍程に増えたものの、人口比の負担でいえば、三分の一にまで減少していた[3]。これは人口一人あたりの行政実行能力が往時の三分の一にまで減少したことを意味する。近代国家の建設にとって必要とされる戸籍制度の実施、地方統治制度の確立、税制の整備などには多大な財源を必要とする。しかし、これらの財源は上述の近代的諸事業の達成により吸収可能となることもまた事実である。清朝末期以来の諸政府に課された課題とはこの矛盾を解決することにあったといえよう。

　こうした課題に対する解決策として、――その思惑に違いはあるとはいえ――、清末以来の指導者ならびに諸政権が採用した方法がいずれも地方自治に類する制度の導入であったことは注目に値する[4]。後に検討するように、王朝政府は郷村社会に対しては治安と徴税を除いて無関心であり、おおよそ公共の便益を提供する存在ではなかった[5]。したがって、各地域社会における公共財は、徐々に各地域社会の有力者らによって担われるようになっていた背景があった。こうした諸事業を制度上も地方社会に行わせようというのが、帝政末期の清朝の考え方であった。例えば、光緒34年（1909年）に発布された「城郷鎮地方自治章程」が、各県を鎮や郷に分けて自治単位とし、郷董などを置いて各々定められた教育、衛生、土木工事、産業、慈善事業、公共事業にかかる費用の徴収を執り行うと定めていたことからもその間の事情がうかがい知れよう[6]。

　その後、清朝による自治制は袁世凱によって取り消され、自治は停止されたが[7]、新たに同様の法令が1914年から15年にかけて北京政府によって公布された[8]。袁世凱による1910年以降の「北洋新政」から北京政府に至る「自治」も基本的な考え方は同じであるが、支配の効率や管理に重点が置か

れるようになった点に相違がある。無論、江南地方では自治に一定の成果がみられたが[9]、そうした自治が政府による管理の強化を伴った上からの自治と対抗関係にあったことに注意する必要がある。

いずれにせよ、以上の過程を通観するならば、一方で行政力の限界から地方の「民治」を地方自治として取り込む流れと、他方で近代国家建設に必要となる諸事業遂行のために「地方自治」という枠組みを利用する流れがあり、時勢は徐々に前者から後者へと進んでいった。近代国家への志向が強まるにつれ、効率や管理への志向もまた強まらざるを得ない。ここにおいて、はじめて国家が密なる支配を郷村へと伸ばしていく動機が生まれる。その意味で、山西省における閻錫山の統治は、より効率や管理に重点を置いたものであり、近代以降の中国の統治に新たな端緒を開くものであった。これはその後共産党政権にまで引き続く管理や参加、動員といった社会的凝集力と政治的統合の問題を考える上で興味深い材料であるといえる[10]。

以下では、まず山西省臨汾の特徴を把握した上で、民国初期から共産党統治に至る臨汾においていかなる政治勢力がいかなる統治を具現化しようとしたのかについて、第2編以降の共産党による統治へと連なる歴史的な経緯を順次検討し、本章の課題に対する知見を提供したい。

1. 臨汾概況

臨汾は山西省西南部に位置し、省南部の中心都市である。東を浮山県、南を襄陵県、西南を郷寧県、北を洪同県と接し、東北部の一部が安澤県と接している。県の中央部に汾河が流れているため、中央部ならびに東北部は平野となっている。他方、東南部と西部は山地となっており、姑射山、九孔山、樊岩山などが聳え、呂梁山脈に接する西部は東部に比べ急峻である。山がちな山西省にあっては珍しく、臨汾は山地が34％にとどまり、県の大部分を平野が占める[11]。耕地面積の比率は24.9％であり、全省平均の10.5％に比べるとかなり肥沃である[12]。その土地からは綿花や麦、高粱、トウモロコシが多くとれ、県内8つの集鎮（市）で綿花、たばこなどが売買された[13]。しか

し、民衆の税負担は省内でも重く、1933～35 年における毎戸平均負担は山西省平均で 3.92 元であるのに対し、臨汾は 5.65 元である[14]。また、1934 年度の地方税を例に他省と比較すれば全国が 1.06 元であるのに対し、山西省は 1.539 元と平均よりかなり高い[15]。時期的にみて、閻錫山の施政によるものであるか、あるいは歴史的経緯によるものか、目下判断する材料を欠くが、当該時期の臨汾は全国的にみて住民の負担が重かったことが指摘できる。

歴史的に顧みれば、臨汾には明・清時代に平陽府が置かれ、民国初期には晋南鎮守使が赴任し、日本統治下には冀寧道公署が置かれた。宋・元朝時代、臨汾は北方文化の中心地として隆盛し、曲陽と同じく重要な都市として、北の大同、南の平陽と並び称された。しかし、明朝末期の匪賊の乱以降徐々に衰退し、清朝同治年間の捻軍の蜂起を受けて後、光緒年間の大飢饉によって人口の過半数を失うに至り、その殷盛を再び極めることはなかった[16]。閻錫山が統治を行う前にあっては「商工業いずれも見るべきものなく、市況不振、又昔日の面影を留めず」と著しい衰退の中にあり、生活程度は低かったという[17]。このような山西省の衰退傾向は 1917 年に閻錫山が省長に就任することによって大きな転換を迎える。閻錫山は日本留学を終えて帰国後、山西都督就任に次いで省長を兼任するに至り、以後省内地方政治の刷新を試みる。

以上の諸点から理解されるように、臨汾は内陸農村の性格を持つとともに、地域の重要都市として重点的な施政の対象となっており、内陸農村の歴史的変遷をうかがう上で格好の素材であるといえる。

2. 閻錫山による村政と国民党の自治

閻錫山自身が述べたように、元来山西省における村落の凝集力は決して低いものではなかった[18]。とりわけ、廟を中心とした宗教的な繋がりによって村落の結びつきが形成されていた点に特徴があり、衰退傾向にあったとはいえ、山西省は華北諸省に比べても村落結合における宗教的色彩は強かった[19]。その意味で、閻錫山が行おうとした地方政治の刷新は一定の組織的基礎を有していたといえる。

閻錫山の施政は「区村制」を中心とした地方制度である「村制」と、村民政治を内容とした「村政」に集約され、両者を通じて行われた[20]。

閻錫山は日本への留学経験から、日本において警察や教育、徴兵などの行政が滞りなく行われているのを目の当たりにし、これらが国力の増強に繋がっていると考えた。そして、その要が密なる行政網にあると観察している[21]。このような行政網を山西省において具体化したものが村制である。それは編村と呼ばれる村の編成から着手された。百戸以上を一つの村とし、それ以下の場合は主村を選んで、周辺の小さい村（附村と呼ばれる）と合わせて村を編成した。主村には村長が、附村には副村長が置かれ、県知事の命令を執行する役割を担った。その後、村内の編成として閭・鄰が、県と村の間に区が設置され、山西省内に県—区—村—閭—鄰の階層を持つ行政網があまねく張り巡らされた[22]。

他方、この時期における実質的な政策としては「六政三事」が進められた。「六政三事」とは水利、植樹、禁煙（麻薬撲滅）、天足（纏足をしない足）、剪髪（辮髪の廃止）、蚕桑（養蚕と桑の植樹）の六政と、植綿、造林、牧畜の三事を指す[23]。これらは一種の社会改良施策であり、村制の編成と平行して行われた。村制が一定の成果を収めた後、さらに村民会議や村監察委員会、村息訴会、村保衛会などが設けられ、「村政」すなわち村民政治として、村民の参加を中心に据えた制度が目指された。

臨汾では以上の政策にならって、まずは村制が実施された。1917年に編村が行われ、村長、副村長および村公所が設けられた[24]。翌年には区が設けられ、県内が五つの区に分けられ、各々区長を置いた[25]。編村によって、155の主村、174の附村と1,029閭、4,988鄰が成立し、県内の行政系統が整備された[26]。翌年には新たに高級小学校、省立師範学校、農業学校の他、税捐徴収局（税務署）が建てられ、1920年には植綿試験場、女子蚕桑伝習所が設立された[27]。とりわけ、教育については先進的な県であると賞賛され[28]、以後も引き続き小学校など346校が県内に設けられ、ほぼ村毎に初級小学校が設置された[29]。また、県内に各村負担で約3,000人からなる自衛団も組織され、各区に置かれた[30]。

その後、国民政府の法規に基づき区—郷—閭—鄰に名称が改められるとともに、区・郷に民事調停を司る調解委員会や、財政等を監査する監察委員会が設置され、村民会議が設けられた[31]。臨汾県高河店でも能力・声望が高く、教養を備えた者が選挙で選ばれている[32]。しかし、積極的な参加を伴う事項については往々にして形式に堕して形骸化することが多く、村民の参加を通じた村政の活性化をはかるまでには至らなかったようである[33]。

山西省における改良主義的な近代化政策は他省に先駆けて導入された。これらの政策は南京国民政府にも取り入れられ、南京国民政府時期の地方行政制度のひな形となった点において注目される。このことは政治的に南京国民政府と不即不離の関係にあった山西においても、実質的に南京国民政府による地方行政制度の施行に大きな齟齬をもたらさなかったことを示している。次節では全国統一した国民党政権が山西省においていかなる施政を試みようとしたか、また閻錫山はどのように反応したのかについて検討する。

・国民党

全国統一を目指して長江流域から北進していた国民党政権は、閻錫山や馮玉祥ら地方軍事指導者の協力のもと、1928年6月、北京を占領した。この間、4月18日に成立した南京国民政府は、10月10日に全国政権として発足し、12月には東北の張学良が国民党政権を受け入れたことにより、名目上全版図を支配下に収めた。しかし、東北を含めた多くの省は実質的には各地方軍事指導者の支配下にあり、山西省もまた閻錫山の統治下にあった。

本節では閻錫山が国民党政権と関係を取り結び、その後徐々に独自の傾向を示すようになる、1928年から1937年の間における山西省の支配への取組みを、国民党の活動と閻錫山の関係に焦点を当てて検討する。

山西省における国民党の活動は国民党の前身である同盟会にまで遡る。辛亥革命前後にはかなりの勢力を誇っていたが、その後党員が政界に身を投ずるなどして党籍を離れたため一時衰退した[34]。新たな胎動は北京大学出身の学生達が1922年に太原平民中学を、翌年に太原暁報社を開設し、三民主義の宣伝と浸透をはかったことに始まる[35]。しかし、この時期は閻錫山との関

係から、秘密地下活動を余儀なくされた。1927年に入って閻錫山が国民党と関係を取り結んだため、6月4日に省内各機関で青天白日旗が掲げられ、以後は公開活動を行うに至る[36]。この間、国民党は1924年に臨時省党部を設立したものの、共産党との頻繁な衝突が正式省党部設立の障碍となっていた。その後、上海で蔣介石らが反共クーデターを起こしたのを受けて、1927年には山西省においても清党委員会を設けて共産党を排除し、各地に支部を設けていった[37]。1929年4月には省党部が正式に成立し、党員は清党直後の6,616人から1930年には9,124人へと順調に増加し、51県で県党部が組織された[38]。臨汾では1926年に県城内の関帝廟に臨時県党部が成立し、閻錫山によって閉鎖される1930年まで活動を行った[39]。

　国民党がこの時期目指した政策は各種組織を通じた自治の推進と宣伝による社会改良であった。具体的には、政府が戸口調査、土地調査、土木事業、教育、水利、衛生などの民政事業を推進し、党は党の主義ならびに自治の意義を宣伝するとともに、各種団体の組織化およびそれらを通じた政治参加の訓練を行うというものであった[40]。しかし、このような試みは必ずしも山西の地域社会で受け入れられた訳ではなかった。先に見たように、政府が行うべき民政事業は、山西ではすでに閻錫山が行ってきたところであった。したがって、山西省においては、国民党としての施策はむしろ党が行う事業によって差別化をはかり、民意を獲得することが喫緊の課題であったといえる。しかし、後述するように山西省内の国民党は各派閥の対立を抱えており、闘争にあけくれ所期の成果を得ることはできなかったばかりか、迷信打破・偶像破壊を唱えた廃仏毀釈運動は地域社会の反対を受け、国民党に対する心証を悪化させた[41]。

　1930年代に入ると反中央・反蔣介石を旗印とした中原大戦が勃発し、山西を支配する閻錫山と国民党との間に亀裂が生じ、省内における国民党の活動は停頓を余儀なくされた[42]。その後、中原大戦における閻錫山の敗北・下野に伴う混乱を経験するものの、結局のところ山西の支配は再び閻錫山に帰した。この間、国民党山西省党部においては中央のC・C系やそれに反対する改組派が入り乱れ、社会に対する施策を進めるよりは、派閥間の抗争に終

始し、民心を獲得することはできなかった[43]。とりわけ、国民党が進めようとした地方自治が、内容的に従来から山西省で執り行ってきた村政と表面上大きな相違がなかっただけに、国民党そのものの存在意義が問われた。国民党が行った迷信打破運動などの独自の政策は、むしろ民衆の反感を強めただけに終わった。1930年に活動を停止した国民党が臨汾に戻るのは1942年であり、具体的な活動を再開するのは日中戦争終結後の1945年を待たなければならなかった[44]。その意味で、臨汾社会に対する国民党の影響は微弱であった。

いずれにせよ、国民党は1920年代の末から山西省に組織的基盤を得て、一定の影響力を行使することが可能となった。しかし、その影響力は社会的というよりは、政治的なものであり、地域社会においてではなく、山西省を支配する指導部における影響力であった。対して、閻錫山の支配は一時的な中断を経験するものの、村政を中心とした閻錫山の施策は、地域社会に対する力からいえば持続的な影響力を発揮した。戦時下における日本側の観察においても、「山西省は永年閻錫山の治下に在りて、住民間には閻崇拝の念、相当根強」い、と述べられているのはそのことを強く物語っている[45]。

ただ、経済面からいえば、1930年代前半期に閻錫山が引き起こした一連の戦乱は、他省の兵隊の駐兵による民衆負担の増加、また閻錫山の敗北に伴う通貨の暴落により、地域社会に大きな打撃を与えたことも指摘されなければならない[46]。その後、太原へ帰還した閻錫山は、経済復旧のため、大連蟄居中に自ら考案した「山西省政十年建設計画案」を実施に移すことを試みるが、程なくして日中戦争の勃発をみることとなった[47]。

3. 戦時下の臨汾と抗戦

1937年7月に始まった日中戦争は当初の早期解決方針とは裏腹に長期化の様相を呈し、1938年には山西省の大部分が日本軍の手中に落ちた。邯鄲より作戦を開始した第108師団は、潞安を占領後、支隊を臨汾に向かわせ、1938年2月27日、臨汾を占領した[48]。以後、臨汾では日本の占領統治が始

まる。占領下の臨汾は中華民国臨時政府、ついで華北政務委員会の管轄下に入り、宣撫班、県政連絡員、新民会などが中心となって、治安恢復と行政の浸透がはかられた。

華北における作戦に伴い、現地占領地域の治安恢復を早急に行う必要から、1937年7月、天津軍司令部の発意により宣撫班の組織が着手された。8月に入り、宣撫班が編制され、以後逐次各地域に赴いて宣撫活動が行われた[49]。臨汾では第108師団が臨汾を拠点に介休から候馬鎮の間を警備するとともに、1937年11月に宣撫班が置かれ、第45宣撫班（のち50班）が各宣撫工作を実施した。1938年3月には県政連絡員も臨汾に派遣された[50]。

占領半年後の1938年10月における臨汾地区の状況は、「約10万の敵匪が蟠踞し、近時後方攪乱を企図して其の活動極めて活発」であった。したがって、治安が維持されていたのは、軍の駐屯する主要県城内と鉄道沿線1～2キロの範囲に過ぎず、警備圏内においても鉄道や電線などの破壊工作や襲撃が相次ぎ、非常に険悪な状態にあった[51]。とくに臨汾は汾河を挟んで平地が開けているものの、東南部と西部が山地となっており[52]、両山間部の住民は被占領地の奪還を信じ、正規軍や共産党指導による自衛隊を組織し、あるいは新たに県政府を樹立、擁護するなどして抗日活動を行っていた[53]。この時期、約一ヵ月の間に鉄道破壊・電線切断45件、停車場・列車襲撃および県城砲撃（主なもの）10件、抗日反戦逆宣伝文撒布15件などの事件が起きている[54]。

一方、県城近辺についてみれば、日本軍の西進に伴い住民の多くは山間部に避難しており、県城内には極少数が残るのみで、約4万人いた人口は2,500人に減少していた[55]。宣撫班はこれら避難民を帰順させるため、まずは様々な催しを開いて民心を獲得し、あわせて秘密結社の頭目を懐柔することに意を用いた。山間部の共産党地区から住民を帰順させ、徐々にその根拠地を減少させることが、宣撫班に課せられた最初の任務であった[56]。

臨汾地区における敵対者との交戦は小康状態にあったが、県城への帰来者は少なく、中々工作もはかどらなかった。その後、山西農民の廟などへの信仰心に着目し、「堯帝廟の修復、廟祭を開いたことにより、活気を呈し、帰

来者も増えた」という[57]。そのせいもあってか、39年9月には人口4,000余名に回復した[58]。また、紅槍会などの秘密結社への働きかけを通じて民心の獲得を企図し、南方にある絳県の紅槍会会長の張楽文を招撫し、全県三万人程度の自衛団を組織させるなどの活動を行った[59]。

　以上の宣撫工作と並行して、鉄道路線を守るため史村鎮から洪洞県の近くまでを対象に鉄路愛護工作が行われた。具体的には「先ず我々に協力を誓う人達に鉄道を利用できる証明書を発行、つづいて小学校の設立、学童を愛路少年団に、村内の婦人、成人の人々を愛路のために組織しその見返りとして軍用品や生活必需品を送り込」んだ。日本側の経験でも空虚なスローガンでは民衆は動かず、必ず実益が伴わなければ成功しないことが指摘されている[60]。当時工作に当たった宣撫班員は「敵側の対民衆工作は、民族の団結を説き、日本帝国主義の侵略戦争に反対せよといえばそれは大きい効果を得るが、我々はそうは行かない」との感想を残している[61]。こうした事情もあって、日本軍が愛護村とした村の中には共産党の連絡点が設けられ、県委員会の組織部長などが活動を行っている状態であり、日本側の工作には限界があった[62]。

　他方、県政連絡員は主として行政の浸透をはかるべく中国側行政機関の補佐を行うもので、県顧問と特務機関員を兼ねていた。彼等は満洲における自治指導員と連絡将校を併せたような存在であり、実際には内面指導と称して保甲制度の実施や道路愛護団の結成、合作社の普及など行政そのものを動かしていた[63]。

　治安が一定程度回復すると、日本軍は幾つかの組織を通じて中国側行政機関の指導を行った。日本軍は重複していた業務を統一して経費削減を行うため、また直接的な指導形態を改めるため、宣撫班を中国側組織として発足させた新民会へと統合した[64]。臨汾でも1940年3月、新民会と宣撫班の合同が行われた[65]。臨汾には冀寧道の道辦事処が置かれ、管下の21県中15の分会と2,144人の会員・協賛員を組織した[66]。ただ、元来山西省においては新民会の浸透は浅く、その組織的展開ならびに活動においても十分な基礎を有していなかった[67]。そのため、多くの県では宣撫班が中心となって活動し

ており、新民会との統合は人事面で摩擦を生じさせたが、それは臨汾においても同様であった[68]。当時の調査によっても、「当地においては新民会の活動殆ど見るべきものなく且県連絡員も地方農民との接触なしとすれば、現実に宣撫班独り舞台の観あり」と述べられているように、実際には新民会も従来の宣撫班員によって活動が行われていた[69]。

では、以上の活動はいかなる効果をもたらしたのであろうか。1940年に行われた第三次県政会議によれば、臨汾の治安状況は全348村中、確実に政令が行き届く村が139村で約4割、ある程度行き届く村が48村と約1割強を占めると報告されている[70]。しかし、以上の報告は、裏を返せば宣撫班等の活動にもかかわらず約半数の村は依然として政令の及ばない地域であったことを物語っている。また、1939年の時点では314村中280村の治安が回復されたと報告されていることから、報告が正しい限り、治安は悪化傾向にあったと理解される[71]。とくに鉄道を挟んだ東西両県境には共産党の抗日勢力、また反共を掲げる土匪などが出没し、治安は不安定であった。河東地区は「便衣隊土匪の被害比較的少なきも、河西地区に於ては依然として彼らの活動活発にして之等に対して徹底的対策なき為村民の拉致被害多く現在の治安状況を急速に回復すべき要有り」と報告されている[72]。

こうした事態に対し、臨汾では236名の警備隊と99村に成立した自衛団919名で治安維持を行った[73]。全般的にみて臨汾は日本軍の影響力が強い地域であったが、臨汾においてさえ、その力が及ぶ範囲は限られたものであったことが理解できる。比較的治安の安定している県であっても鉄道沿線を離れると全く治安の行き届かない状況となり、少し離れた県となるとその傾向はさらに強まった。

治安悪化がもたらす困難はとりわけ経済面において如実にあらわれる。当初、臨汾地区は、「現地物資の調達・民需物資の配給状況共に漸次良好にして、臨汾市場を筆頭に各地市場は活況を呈しつつあり。連銀券の流通は順調に行われつつあり」と報告されていたが[74]、治安の不安定化とともに物資の流出が加速し、占領地域内の物価高騰が生じるに至った[75]。

警備隊や自衛団といった武力にのみ頼る方法には限界があったため、山西

第一部　民国期の臨汾地域社会

省公署では漸次保甲制の推進や模範村の設定による治安強化を目指した。臨汾では1941年8月に治安強化運動が進められた[76]。しかしながら、そもそも軍と中国側組織の間に懸隔があったうえ、実際の活動を行う中国側の組織に人材を欠いており、しばしば行政に携わるものが問題を引き起こしていた[77]。臨汾では道尹、県長などの上層においても人材の欠乏、またその質が問題視されていた[78]。そのため計画された政策は往々にして画餅となり、困難は一層増したといえる。

以上の施策によってもなお、臨汾を道公署所在地とする冀寧道の県政浸透度は、連絡村数59％、保甲実施村数43％、納税村数54％と概ね半数に留まっていた[79]。1943年からは政治工作が行われたが、基本的な情勢に変化はみられなかった[80]。以後、敗戦に至るまで、日本軍の施策は治安強化運動および鉄路愛護運動などに代表される治安政策に終始し、積極的な施政を行うには至らなかった。

日本の占領統治は治安面においては一定程度成果を得たが、その範囲は県城、鉄道沿線に限られた。徴税からみても県政の浸透は限定的であったことが理解できる。戦時下の施政は、道路の修築など民衆に負担を強いる消極的なものに終始し、地域社会は治安の悪化、勢力の分断によって地域間の繋がりは断絶し、村落の凝集力は低下した。では、この時期同じく臨汾を部分的に支配した共産党はどのような状況にあり、どのような施策を行ったのであろうか。

・共産党

国民党の囲剿戦（共産党包囲撃滅作戦）により長征を強いられ、共産党は陝西省に到達した。困難に陥っていた共産党は窮状を打開するため、1935年秋頃より近在の省への影響力を強めようと、閻錫山との提携を模索し始めた[81]。当時の共産党の状況認識は12月の瓦窯堡における政治拡大会議によって明確に打ち出され、それは抗日反蒋をスローガンに最も広汎な民族統一戦線を打立てるという決議に結実した[82]。この過程において毛沢東は閻錫山の支配する山西が戦略的に孤立しているのをみて取り、山西西部の十

数県を新たに陥れ、陝西の物質的条件を補おうと考えた[83]。この考えは翌年に実行に移され、閻錫山に直接的な脅威を与える[84]。軍事的な措置とあわせて、共産党は閻錫山に書簡を通じて協力を呼びかけるとともに[85]、内部から閻錫山軍に取り入る工作を行った[86]。その後、日本の綏遠進攻も加わって、閻錫山は共産党と事を構えず、協力関係を築いて日本に対抗する方針に傾いた[87]。

閻錫山は1936年から共産党と協力関係を結び、それは11月に山西犠牲救国同盟会（以下犠盟会と略す）の結成として具体化した[88]。閻錫山は犠盟会の指導を中共秘密党員で北方局の指示を受けた薄一波にあたらせる[89]。1937年1月には、閻錫山は反共を主たる目的として自らが唱道した主張公道団幹部に対し、「山西が置かれた環境は、独立して維持することが難しく、共産党に亡ぼされなくとも、必ず日本に亡ぼされる。仮に剿共と抗日を並行して行うにしても、山西にこのような力はない。ゆえに私は抗日に専念して剿共を行わないことに決めた」と述べた[90]。共産党はこうした閻錫山の対共感の好転を利用し、摩擦を生じさせるような対決姿勢を取らず、閻錫山によって設立された合法的な組織である犠盟会を通じて、裏面より山西省内における影響力の増大をはかった。

中国共産党はすでに1926年には臨汾に党支部を組織して活動を行っていた[91]。しかし、1927年の四一二反共クーデター以降、活動は頓挫した。共産党が臨汾に再来するのは1937年であり、春に臨汾県支部が設立される。1937年7月に入って臨汾に犠盟会分会が成立し、第六政治主任公署の管轄下に置かれるとともに、特派員が派遣されて組織の拡充や抗日救亡活動を行った[92]。太原の陥落を前に犠盟会本体も臨汾に移り、臨汾では県特派員や県長、武装自衛隊長の訓練を行う[93]。その他、新軍教導総指揮部、民族革命大学などが設けられた[94]。

同年11月には八路軍が臨汾に進駐し、県城から15キロの劉村鎮に駐晋辦事処を設置した[95]。この頃、太原の陥落を控え、中共中央北方局、山西省委なども臨汾に至り、一時、臨汾は華北における共産党の中心地となった[96]。しかし、日本軍は太原を陥れた後省南部へと迫り、臨汾の陥落は不可避的と

なった。

　臨汾陥落を控え、閻錫山軍、共産党・軍各機関は臨汾から撤退した。そのため、臨汾における行政組織は崩壊し、共産党は東部県境に臨汾県河東特区行政委員会（後に河東辦事処）を、西部県境には臨汾県抗日民主政府を組織したのみで、活動は民兵ならびに決死隊による散発的な遊撃戦へと移行した[97]。

　その後の臨汾における統治の構図は日本軍の降伏まで基本的に維持され、県中央を縦貫する鉄道沿線ならびに県城を中心とした地域を日本軍および臨汾県公署が支配し、東西両県境に共産党が拠点を設け、遊撃戦と掃蕩が繰り返された。共産党根拠地の縮小や停頓を伴ったものの、この間における地域支配の構図に大きな変動はなく、むしろ政治勢力間において合従連衡による変動を経験した。1936年以来、共産党と協力関係にあった閻錫山は、1939年11月に日本軍と和平談判を行い、反共へと方針を転換したため、臨汾河西抗日民主政府は閻錫山軍の攻撃を受けた[98]。1941年8月には日本側の閻錫山に対する対伯工作により日本軍と晋綏軍（閻錫山軍）との間に停戦協定が結ばれ[99]、また1944年にも臨汾協定が締結され、共産党の支配地域である太岳区へ日本軍と閻錫山軍が共同で攻め入るなど複雑な関係が展開した[100]。

　以上のように日本占領下の臨汾地区をめぐる各政治勢力の角逐は複雑を極めた。それは日本軍、閻錫山、共産党の合従連衡に伴う複雑な過程であった。閻錫山と共産党の対立は日本の降伏後にも引き継がれ、県内に分裂した政権が存続することになる。

4. 国共内戦と共産党政権の成立

　日本軍の降伏後、蒋介石・毛沢東による重慶会談で幕を開けた戦後中国は、双方の妥協が得られないまま内戦の様相を呈し、その抗争は激化の兆しをみせた。戦後の山西省は閻錫山が日本の降伏を受け入れ、山西各県を接収するとともに引き続き統治を行った。したがって、臨汾も県域のほとんどが再び

閻錫山の支配下に入った。県の大部分は国民党統治下にあったが、実質的には閻錫山の支配下にあった。日本の降伏を受けた閻錫山は山西省の主要都市に軍隊を派遣し、接収を行うとともに施政を布いた。臨汾でも東部県境を除く地域において閻錫山の政策が実施された。

　この時期の地方社会に対する閻錫山の施政は「兵農合一」政策であった。これは5—6戸を一組として組をつくり、兵隊を出した家は残りの家から食料を得て、兵隊を出していない家は兵隊を出した家に食料を提供し、兵農を一体として政府の負担を減らすものである[101]。臨汾においても1946年から短い期間ではあったが実施された[102]。しかし、兵農合一政策は民衆に重い負担となり、加えて接収後駐屯した軍隊の規律が悪く、度々食料の徴発、また徴兵を行ったため、閻錫山部隊に対する不満は高かった[103]。村に対する要求は一致せず、ばらばらの要求が行われたため誰もが困難な対応を迫られる閭長になることを避けていたという[104]。

　一方、共産党は、日本軍の降伏によって河西地区における拠点を失ったものの、河東地区においては依然として根拠地を維持し、1948年の臨汾戦役によって共産党が臨汾県城を占領するまで実効支配した。

　河西地区は日本降伏後、閻錫山の支配下に置かれ、臨西県民主政府が打立てられるのは1947年11月であった。そのため、河西地区では主として遊撃戦が行われ、具体的な政策の実施は、1948年の臨汾攻略を待たなければならなかった[105]。

　他方、臨汾河東民主政権は共産党の根拠地である太岳区の岳南根拠地に属し、行政的には中共太岳四地委が指導する太岳公署の管轄下にあり、共産党による統治が行われた。日本降伏後は党支部36、党小組115、党員414人に発展し、太岳区が発行する商業流通券を流通させ、閻錫山支配地域とは全く異なる統治を行った。河東民主政権は時期によって増減をみるものの、おおよそ100程度の村を影響下に置いていた。共産党の根拠地で一般的に行われていた借糧運動（消費分以上の糧食を富戸から勝ち取る運動）、減租減息運動（小作料の引き下げを要求する運動）、冬季生産運動、反奸清算闘争（反地主運動）など大衆運動に訴えた政策を相次いで行った。また民兵を含む独

第一部　民国期の臨汾地域社会

自の地方武装組織を編成するとともに、多くの兵を軍に供給し、解放軍の臨汾攻略に貢献した[106]。

　1947年に入るとマーシャルによる国共両軍の停戦協定が失効し、国共両党間の軍事協約は失われ、全土に及ぶ激しい内戦が本格化した。1947年初頭に国民党は華北の主要都市を奪回し、東北の北部を除いて全国の主要都市を手中に収め、共産党の本拠地ともいえる陝甘寧解放区へ進攻した。他方、共産党は1947年後半から反撃を開始し、河北省南部の要衝である石家荘を攻略し、1948年から大攻勢に転じた。

　1947年冬には南部山西省のうち、運城と臨汾を除いた韓信嶺以南の各県城が共産党の勢力下にあったが、12月28日に運城が陥落し、南部で残すところは臨汾のみとなった[107]。1948年2月に入ると徐々に情勢は緊迫し、晋冀魯豫軍区は中央軍事委員会および晋冀魯豫中央局の指示に基づいて臨汾攻撃の準備を開始した。下旬より人民解放軍は臨汾攻略に向けて臨汾の飛行場を占拠し、4月から攻勢に出た[108]。1948年5月18日、臨汾は県全域が共産党の支配下に入り、以後臨汾県下全域において共産党による統治が始まる[109]。

　この時期における閻錫山の地域社会に対する施策は内戦に対応するために地域社会の人的・物的資源に極度に依存するものであり、管理と収奪を主たる目的としたものであった。国民党の政策にあわせて憲政移行の準備は行われたが、地域社会の実態は憲政移行に逆行するものであった。

　他方、共産党の政策は群衆運動を主体とした社会改革を目指したものであり、これまでの地域社会、また農村社会の構造を根底から覆そうとするものであった。1930年代以降の相次ぐ戦乱、また中国経済そのものの転換は内陸農村地域である臨汾にも影響を与え、村落内における宗教的な繋がりや行政組織における弛緩を生じさせ、地域社会の指導者層にも変化をもたらした。引き続く日中戦争の勃発は、揺らぎつつあった社会秩序に打撃を与え、地域社会の繋がりを県・区・村レベルにおいて分断し、共産党の浸透に好都合な条件を用意した。

　また、その分断は村内のレベルにおいても生じたのであり、一定の敵対勢

力を必要とするような大衆運動に適した状態を生み出した。ただ、臨汾においては社会改革的な施策は軍事的占領の後にやってきたのであり、それは勝利の原因ではなく結果であった。しかし、軍事的成長は、小規模な根拠地や拠点によって支えられていたのであり、その意味で分断された農村社会の生成は共産党根拠地を生みだし、軍事的成長の基礎を提供したといえよう。

おわりに

　本章では辛亥革命以降、本書で扱われる共産党政権の成立までを対象として臨汾の歴史的変遷と統治の様相を検討した。

　民国初期から始まった閻錫山の村政は、従来から一定の基礎を有していた山西農村に比較的堅固な行政組織と、部分的ではあるが住民による政治を形成した。それは管理的な側面を重視したものではあったが、村落に凝集性を与え、また地域間の繋がりをもたらし、参加を主とした自治への一定の基礎を生み出した。しかしながら、1930年以降の戦乱と経済的困難は内陸農村にまで影響を与え、村政を基礎とした農村社会は徐々にほころびをみせ始めた。

　日中戦争の勃発は、その傾向をさらに推し進めた。日本軍の到来は住民の逃避を促し、治安の悪化と遊撃戦の激化は村落内の凝集性を失わせ、地域間の関係を希薄化させるとともに地域ごとの分断をもたらした。相次ぐ治安工作は民衆の負担を増し、またいくつもの支配勢力の存在は村内にも様々な立場の違いや亀裂を生じさせ、結果として行政組織を基礎とした地域的凝集力を弱体化させた。一方で、宗教や結社を通じた人的結合が行政組織を通じた結合に代わる凝集力として作用した。この時期、管理の側面が強められたが、農村社会における行政組織を通じた結合が弱体化したため、期待した効果は得られなかった。このような局面は戦後の閻錫山の支配においても同様であり、従来の「村政」の基礎を失ったが故に収奪に依存しなければならなかった。

　対して共産党は大衆運動など人的結合を利用した動員によって組織的弱体

の問題を回避した。むしろ、農村における凝集力の弱い組織的状態が、共産党が浸透する機会と状況を生み出したともいえる。すなわち常に繰り返される運動と、農村における組織的弱さとは表裏一体の関係にあった。その意味で、当時の山西南部農村の状況は、共産党浸透の基礎を有していた。

　問題は共産党の支配もいずれは大衆運動による動員から、堅固な行政組織に基づくものへと移行しなければならない点にある。1948年以降、臨汾では土地改革が行われ、地域政権が打立てられていく。

●注

1) 斯波義信「社会と経済の環境」橋本萬太郎編『民族の世界史 五——漢民族と中国社会』山川出版社、1983年、186頁。県数については以下参照。廖従雲『中国歴代県制考』台北、台湾中華書局、1969年、109頁。

2) 石源潤「明・清・民国時代河北省の定期市」『地理学評論』第46巻第4期、1973年、252頁。

3) Yeh-chien Wang, *Land Taxation in Imperial China, 1750–1911*, Cambridge, Massachusetts: Harvard University Press, 1973, p.113.

4) この点については黄東蘭『近代中国の地方自治と明治日本』汲古書院、2005年、参照。

5) 村松祐次『中国経済の社会態制（復刊）』東洋経済新報社、1975年、146頁。

6) 『政治官報』第445号、1908年12月28日。また、故宮博物院明清档案部編『清末籌備立憲档案史料』北京、中華書局、1979年、724～741頁。東亜同文会調査編纂部『第一回 支那年鑑』東亜同文会調査編纂部、1929年、59～69頁、参照。事業の各々の例については第三節自治範囲、第五条、参照。

7) 『政府公報』630号、1914年2月7日。

8) 「地方自治試行条例」『政府公報』954号、1914年12月30日。「地方自治試行条例施行細則」『政府公報』1054号、1914年4月15日。

9) この点については田中比呂志の一連の研究が参考となる。田中比呂志「民国初期における地方自治制度の再編と地域社会」『歴史学研究』第772号、2003年2月、35～48頁。田中比呂志「清末の江蘇省における諮議局の設置と地域エリート」『東京学芸大学紀要　第三部門　社会科学』第55巻、2004

年 1 月、21 ～ 38 頁。田中比呂志「清末民初における地域エリートと社会管理の進展――江蘇省宝山県地域社会を例として――」『東京学芸大学紀要 人文社会科学系Ⅱ』第 58 巻、2007 年 1 月、55 ～ 68 頁。

10) このような考え方は、以下の論文に多くを負っている。Philip Kuhn, "Local Self-Government Under the Republic Problems of Control, Autonomy, and Mobilization", in Frederic Wakeman, Jr. and Carolyn Grant ed., *Conflict and Control in late Imperial China*, Berkeley: University of California Press, 1975, pp.257-298.

11) 陸軍山岡部隊本部編『山西省大観』生活社、1941 年、第三巻、1、8 頁。

12) 山西省政府編印『民国二十二年份山西省統計年鑑』出版地・出版年不詳、下、75 ～ 76 頁（以下『年鑑』と略す）。

13) 山西省民政庁編印『山西民政刊要』太原、1933 年、299 頁（以下、『刊要』と略す）。周宋康『山西』上海、中華書局、1939 年、250 ～ 251 頁。

14) 山西省村政処編印『清理村財政報告――民国二十二年至二十四年――』太原、出版年不詳、23 ～ 36 頁。

15) 『年鑑』上、174 ～ 175 頁。

16) 楊文洵他『中国地誌新誌』上海、中華書局、1935 年、5、149 頁。『民国臨汾県志』巻二、戸口略。

17) 東亜同文会編印『支那省別全誌』1920 年、第 17 巻、山西省、63 頁。

18) 閻錫山「呈大総統文」（1922 年 11 月 11 日）山西村政処編印『山西村政彙編』太原、1928 年、2 頁（以下『彙編』と略す）。

19) 中村治兵衛「清代山西の村と里甲制」『東洋史研究』第 26 巻第 3 号、1967 年、84 頁。

20) 黄東蘭、前掲、第 10 章。

21) 閻錫山「官吏必要之覚悟―応増添者第二為新知識」（1918 年 5 月 3 日）閻錫山『閻伯川先生言論類編』出版地不詳、第二戦区司令長官司令部、1939 年、巻 3、上、60 頁。

22) 各規定・各法規については周成『山西地方自治綱要』上海、泰東図書局、1922 年。『彙編』前掲、法規、参照。

23) 具体的な内容については山西村政処編印『山西六政三事彙編』太原、1929 年参照。

24) 山西省臨汾市志編纂委員会『臨汾市志』北京、海潮出版社、2002 年、上、

第一部　民国期の臨汾地域社会

　　　　27 頁（以下『市志』と略す）。
25)　『民国臨汾県志』巻一、区郷考。
26)　『年鑑』167 頁。
27)　『市志』上、26〜27 頁。
28)　『山西』前掲、251 頁。
29)　『民国臨汾県志』巻二、教育略。
30)　『刊要』232 頁。民国時期の臨汾高河店では土匪が多く出没したとの証言もある（三谷孝編『中国内陸地域における農村変革の歴史的研究（平成 17 年度〜19 年度科学研究費補助金（基盤研究（B）研究成果報告書）』2008 年、143 頁）（以下『報告書』と略す）。
31)　『刊要』184 頁。
32)　『報告書』38 頁。
33)　たとえば、『彙編』前掲、189〜190 頁など。また梁漱溟も山西村政について同様の所感を残している（梁漱溟「北游所見紀略」『村治』第 1 巻第 4 期、1929 年）。
34)　「山西省党務報告」李雲漢『中国国民党党務発展史料——組織工作』台北、近代中国出版社、1993 年、上、20 頁（以下、『党務』と略す）。また、入党者の目的の多くが官途に就くためであった。『民国沁源県志』巻二、党務略。
35)　韓克温輯『克温憶往録』出版地・出版者不詳、1979 年、13 頁。陳存恭等『劉象山先生訪問紀録』台北、中央研究院近代史研究所、1998 年、111 頁。
36)　閻伯川先生紀念会編『民国閻伯川先生錫山年譜長編初稿——民国十一年至民国十六年——』台北、台湾商務印書館、1988 年、（二）741 頁。劉大鵬『退想齋日記』太原、山西人民出版社、1990 年、356 頁。
37)　「山西省党部党務報告」中国国民党中央執行委員会編印『中国国民党第二次全国代表大会各省区党務報告』広州、1926 年、12 頁。『克温憶往録』前掲、14 頁。1924 年の党部は一度共産党との関係から頓挫し、25 年に改めて成立した。苗培成『往事紀実』台北、正中書局、1979 年、34、38〜39 頁。李冠洋「中国国民党山西省党部簡述」『山西文史資料』第 13 輯、1983 年、160〜162 頁（以下『山西文史』と略す）。
38)　「中央執行委員会組織部報告」『党務』上、123 頁。「中国国民党中央執行委員会組織部工作報告」第二歴史档案館『中華民国史档案史料匯編』南京、江蘇古籍出版社、1994 年、第 5 輯第 1 編—政治 2、261〜262 頁。

39) 『市志』下、1123頁。
40) 岩谷將「中国国民党訓政初期の理念と実態——地方自治政策における地方党部を中心として——」『アジア経済』第47巻第1号、2006年1月、40～43頁。
41) 『民国陵川県志』巻十、雑録。
42) 馬超俊「華北視察述要」『中央党務月刊』第27期、選録、1930年、145～147頁。
43) 中央調査統計局編印『関于改組派的総報告』出版地・出版年不詳、第二冊、第五章。武霊初「国民党改組派在山西的活動」『山西文史資料』第13輯、170～172頁。続約齋「也談国民党改組派在山西的活動」同、第38輯、185～187頁。
44) 『市志』下、1123頁。
45) 臨汾憲兵隊『状況報告』昭和13年10月、22頁（防衛研究所図書館蔵）。
46) 山西省政協文史資料研究委員会編『閻錫山統治山西史実』太原、山西人民出版社、1981年、160～162頁（以下『史実』と略す）。
47) 本計画は政治・経済に関する多岐にわたる改革案であったが、その眼目は経済にあった。この時期における経済施策とその成果については窪田宏「日中戦争期中国山西省における大倉財閥の活動」『東京経大学会誌』95号、1976年を参照。また計画案については山西省政府編『山西省十年政建設計画案』出版地・出版年不詳、参照。
48) 第百八師団長谷口元治郎『状況報告』昭和15年2月15日（昭和15年「陸支普大日記」第8号所収）。防衛庁防衛研修所戦史室『支那事変陸軍作戦(2)』朝雲新聞社、1976年、2、13頁。
49) 多田部隊本部『宣撫班小史』3～4頁（防衛研究所図書館蔵）。
50) 山本秀夫『満鉄北支農村実態調査臨汾班参加報告第一部——事変前後を通じて見たる山西省特に臨汾に関する調査——』東亜研究所、1940年、64、108頁（以下『調査』と略す）。
51) 臨汾憲兵隊『状況報告』前掲、17～18頁。
52) 『山西省大観』前掲、8頁。
53) 臨汾憲兵隊『状況報告』前掲、18頁。
54) 臨汾憲兵隊『状況報告』同上、20頁。
55) 臨汾憲兵隊『状況報告』同上、22頁。また、高河店でも住民は西方の山岳

地に逃避したという。『報告書』38、59頁。
56) 具体的には「宣撫工作の期する所は今次聖戦の真義を徹底し、所在大衆を宣撫教化して、興亜の禍源たる抗日反満の思想を根絶し、後方治安の確保に協力せしむると共に、進んで之を指導し、之を組織して掃共滅党の一翼たらしめ以て東亜共同体の結成、東亜新秩序の確立に邁進するに在り」一、軍に対する協力　1. 作戦協力（情報収集・偵察など）、2. 兵站線確保（愛護村組織指導）、3. 警備協力（警察隊・自衛団の組織、紅槍会などの結社の獲得）、4. 敵組織体破壊工作（敵軍投降勧告など）二、民衆宣撫　1. 民衆鎮定安撫工作（各種調査、避難民の帰来工作、宣伝など）、2. 新政工作（維持会の結成指導、新政府護持運動など）、3. 新生工作（剿共滅党工作、東亜新秩序建設工作）、4. 救恤工作（難民救済、職業紹介など）、5. 保護奨励工作（良民証発行、避難所開設、植樹愛林など）、6. 経済工作（各種経済組織の結成、市場開設、対敵封鎖など）、7. 教育文化工作（教化組織・思想領導組織の結成など）、8. 団体指導（青少年隊・婦女会・自衛団組織指導訓練など）三．対象調査　1. 一般調査（戸口、免責、鉄道、道路、河川、資源など）、2. 特殊研究調査（敵軍事政治組織政策、共産党国民党、秘密結社）とされている（杉山部隊本部宣撫班「宣撫工作業務概要」昭和14年、31～41頁）（防衛研究所図書館蔵）。
57) 樋口忠「宣撫指揮班長」興晋会在華業績記録編集委員会『黄土の群像』興晋会、1983年、63頁（以下『群像』と略す）。
58) 臨汾陸軍特務機関『臨汾概覧』1939年11月、2頁。
59) 樋口忠「宣撫指揮班長」『群像』62頁。
60) 「臨汾県官雀村ノ工作」杉山部隊本部『治安工作経験蒐録』杉山部隊本部、1939年、第1輯、95～97頁（防衛研究所図書館蔵）。
61) 市川不二夫「宣撫行——若き日を思い感あり——」『群像』182頁。
62) 張耀庭口述「抗戦時期的小程村」『臨汾文史資料』第2輯、1987年、59頁。
63) 中澤善司『知られざる県政連絡員——日中戦争での日々——』文芸社、2003年、45～49頁。成立の経緯については「北顧回想録」刊行会『北顧回想録——您好麼——』北顧会、1972年、1～39頁、参照。
64) 「対民衆工作機構統合ノ統合ニ関スル件」北支那方面軍司令部参謀部第四課『月報（一二月分）』1939年、7～11頁（昭和15年「陸支密大日記」第14号所収）。なお、1942年までには県連絡員、合作社も新民会に統合された。

井ノ口良彦「宣撫官・県連絡員・新民会記録」『群像』74頁、85頁。
65) 樋口忠「宣撫指揮班長」『群像』65頁。
66) 中華民国新民会中央総会『中華民国新民会中央総会民国二十九年（自三月至十月）実施工作概況』中華民国新民会中央総会、1940年、26、29～31頁。
67) 統合前の山西省における新民会支部は93県中5県にすぎなかった（『宣撫班小史』前掲、23頁）。統合後においても27県に支部（総会）が存在しなかった（北支那方面軍司令部参謀部第四課『月報（六月分）』1940年、16頁、昭和15年「陸支密大日記」第36号所収）。
68) 樋口忠「宣撫指揮班長」『群像』65頁。
69) 『調査』116頁。
70) 山西省公署『山西省第三次県政会議実録』太原、山西省公署、1940年、59頁。
71) 「第一軍作戦地域内治安状況」23頁（昭和14年「陸支受大日記」第65号所収）。いずれにせよ、軍による治安面積は過大に報告される傾向にあったため、いずれの時点においても実際の治安状況は報告より悪いと見るべきである（阿部助哉『黄砂にまみれて——ある特務機関員の青春——』時事通信社、1981年、58頁）。
72) 『調査』106頁。
73) 『山西省第三次県政会議実録』前掲、60頁。
74) 「第一軍作戦地域内治安状況」前掲、29～30頁。
75) 『調査』107、110頁。
76) 董維民「日偽侵晋档案輯要」『山西文史』第97・98輯、1995年、331頁。
77) 華北政務委員会編印『華北政務委員会三週年施政紀要』北京、1943年、3頁。
78) 『調査』15頁。
79) 乙第3500部隊編印『山西省概観』出版地不詳、1942年、26頁。
80) 『華北政務委員会三週年施政紀要』前掲、4～5頁。
81) 劉沢民他『山西通史大事編年』太原、山西古籍出版社、1997年、下、1558頁。
82) 「中央関于目前政治形勢与党的任務決議案」中央档案館『中共中央文件選集』北京、中央党校出版社、第10巻、1991年。
83) 中共中央文献研究室編『毛沢東年譜——一八九三—一九四九——』北京、

第一部　民国期の臨汾地域社会

人民出版社・中央文献出版社、1993年、上、497〜498頁。

84)　『毛沢東年譜』前掲、507頁。満鉄経済調査会『支那共産軍最近ノ動向——主トシテ山西進攻後ノ情勢ニ就テ——』満鉄経済調査会、1936年。

85)　「毛沢東致閻錫山信（1936年5月25日）」中央統戦部・中央档案館『中共中央抗日民族統一戦線文件選編』北京、档案出版社、1985年、中、153〜154頁。

86)　中央白軍工作部「怎様進行争取白軍的工作（1936年8月2日）」中国人民解放軍総政治部連絡部編印『敵軍工作史料』北京、1987年、第1冊、土地革命戦争時期、524〜529頁。なお、閻錫山は伏字となっている。

87)　閻錫山と共産党の関係については内田知行「閻錫山の民衆統制と抗日民族統一戦線」増淵龍夫先生退官記念論集刊行会『中国史における社会と民衆——増淵龍夫先生退官記念論集——』汲古書院、1983年、233〜264頁、参照。

88)　山西犠牲救国同盟会ならびに山西新軍については内田知行「犠牲救国同盟会と山西新軍」宍戸寛他『中国八路軍、新四軍史』河出書房新社、1989年、197〜290頁、参照。

89)　山西新軍史料征集指導組辦公室編印『山西新軍綜述』出版地不詳、1993年、7〜11頁。

90)　軍事委員会中央調査統計局「最近三月来晋綏情況調査」1937年3月、最近三月来晋綏情況調査表（1）『国民政府档案』001066201001国史館蔵。主張公道団については、史法根他『民国時期山西省各種組織機構簡編』太原、山西省地方志編纂委員会辦公室、1983年、71頁、参照（以下『簡編』と略す）。

91)　中共臨汾市堯都区委宣伝部・中共臨汾市堯都区委党史研究室編印『中国共産党臨汾市堯都地区地方組織建党80件大事（1919-2001）』臨汾、2001年、17頁。

92)　山西新軍史料征集指導組辦公室編印『山西新軍大事記』出版地不詳、1993年、11頁。『大事記』1〜2頁。

93)　牛藎冠「山西犠牲救国同盟会紀略」全国政協文史資料委員会『中華文史資料文庫』北京、中国文史出版社、1996年、第5巻、870〜872頁。

94)　李毅主編『臨汾地区抗日戦争大事記』臨汾、中共臨汾地委史志研究室、1985年、8頁（以下『大事記』と略す）。『簡編』、75頁。裴西園『烽火経歴記』出版地不詳、自刊本、1994年、3〜4頁。

臨汾における政治勢力とその統治

95) 蘇福文「八路軍駐晋辦事処在劉村鎮」『臨汾文史資料』第3輯、1988年、12〜13頁。
96) 梁正崗主編『臨汾革命老区（堯都区）』臨汾、臨汾市堯都区老区建設促進会、2002年、47〜59頁（以下『老区』と略す）。『市志』30頁。
97) 「臨汾県河東人民武装自衛隊ノ状況」北支駐屯憲兵隊司令部『情報月報』（支憲情第19号）昭和14年6月。『老区』78〜89、114〜124頁。『大事記』17〜25頁。なお、河東辦事処では村落より田賦を徴収した。第一軍特務部『戦時月報（一二月）』1頁（昭和14年「陸支受大日記」第71号所収）。ただ、臨汾に対する共産党の工作は困難を伴うもので、1942年後半においても十分な活動を行うことができなかった。「岳南区1942年半年（4月至9月）工作総結報告（節録）」山西省史志研究院『太岳抗日根拠地重要文献選編』北京、中央文献出版社、2006年、403〜404頁。
98) ただこの談判は合意には至らなかった。しかしながら、内田氏は研究の中で「閻錫山側と日本軍側に部分的合意があったと推測され、共産党側と閻錫山側の衝突となった新軍事件に一定の作用を与えた可能性」を指摘している。「犠牲救国同盟会と山西新軍」宍戸寛『中国八路軍、新四軍史』河出書房新社、1989年、274〜275頁。征敏「閻錫山軍事活動年譜」『山西文史』1995年4号、141頁。『市志』34頁。
99) 「第一軍の対伯工作」（防衛研究所図書館蔵）。「対山西軍基本協定並に停戦協定締結の件」（昭和16年「陸支密大日記」第56号所収）。
100) 『市志』34〜35頁。
101) 具体的な内容は、閻錫山『兵農合一輯要』南京、正中書局、1948年参照。
102) 『報告』144頁。『史実』375頁。
103) 『報告』57、64、137、144頁。また、山西省内全般において評判は悪かったという（陳存恭等『劉象山先生訪問紀録』台北、中央研究院近代史研究所、1998年、115頁）。
104) 『報告』141頁。
105) 『老区』206〜207頁。
106) 中共太岳四地委「岳南半年工作総報告」《山西革命根拠地》編集部『山西革命根拠地』第22期、1989年12月、12〜16頁。『老区』185〜204頁。
107) 北京軍区《華北第三次国内革命戦争史》編写組『華北第三次国内革命戦争史』石家荘、河北人民出版社、1990年、162〜164頁。

第一部　民国期の臨汾地域社会

108）　同上、165 〜 171 頁。
109）　中国人民解放軍総部編印『中国人民解放戦争軍事文集』出版地不詳、1949年、第 3 集、355 頁。『市志』39 頁。

山西省の農村経済構造と食糧事情
―― 臨汾市近郊農村高河店の占める位置 ――

弁納 才一

はじめに

　2006年と2007年に山西省臨汾市近郊の高河店村において農民への聞き取り調査に参加する機会を得た[1]。筆者の問題関心は、中華民国期における中国農村経済構造の特質を食糧事情から明らかにすることにあり、その中で華北農村とりわけ山西省臨汾市高河店村がどのような位置を占めていたのかを確認することにあった。だが、聞き取り調査においては、1949年以前のことを聞くことはほとんどできなかった。

　ところで、日本においては、後に見るように日中戦争期の山西省農村経済及び食糧事情の特質を考える上で参考となる調査報告書はいくつかあるが、中華民国期における山西省農村経済を本格的に論じた研究はほとんど見当たらない[2]。ただし、日中戦争期に刊行された著書が、「同じく北支と云つても山西省は、他の3省とは余程その趣を異にしてをる。先づ目に着くのは、地形の極端な変化である、即ち他省は殆んど平地ばかりで山が少いが、山西は非常に山が多く、従つて他省の産業が地上資源を主体としてゐるにも拘らず、山西は鉄、石炭等の地下資源が主体をなしてゐる」[3]のであり、「地上資源の生産量は些少にして、河北、河南、山東の各省のそれに比すべくも無く、辛じて省内の需要を充し得る程度であり、而も食糧問題からすれば雑穀を主体とする充足の状態であつて、小麦のみに依ることは出来ない」と華北の中での山西省の特徴を説明している点は注目したい[4]。

　一方、中国においても中華民国期山西省の農村経済を論じたものがいくつかあるが[5]、資料として拠るべきものはほとんど見あたらない。こうした中

で、『山西近代経済史』(1995年)の著者である劉建生らによれば、山西省農村経済及び食糧事情の概略は以下のように捉えられている。1932年から実施された「山西省政十年建設計画案」の中で農業がまず第一に掲げられていた。その結果、山西省の農業経済は非常に大きく発展し、とりわけ食糧生産の発展がやや速く、1914年から1936年までの間に小麦の生産量は664,700トンから802,210トンへ24.9％増加した。また、1931年から1936年までの間に山西省の棉花栽培面積は約6倍にまで増加した。ところが、抗日戦争時期になると、食糧が不足するようになり、1942年には太原付近及び河北省・河南省・山東省が大凶作に見舞われ、食糧価格が急騰し、閻錫山が支配する山西省西部の民衆は数年来貯えてきた食糧を搾り取られて食糧が尽きてしまった[6]。

このように、中華民国期山西省の農村経済に関する研究は極めて不十分である。よって、本章では、これまでに山西省で行ってきた農村聞き取り調査の主要な対象時期以前にあたる中華民国期における山西省農村経済の状況と食糧事情について検討してみたい。本章で言う食糧事情とは食糧の生産・流通・消費にかかわる網羅的かつ複合的な状況のことである。なお、本章では、煩雑さを避けるために、資料・史料からの引用部分も含めて原則として常用漢字と算用数字を用いた。

1. 山西省農村経済の概況

1918年の調査報告書によれば、山西省の「主ナル作物ハ小麦、棉、高粱、黍、豆、玉蜀黍等ニシテ棉作ハ両三年来激増シ従テ小麦作ヲ減セリ」とはいうものの、「交通不便ノ為メ」「穀類ヲ他省ヨリ移入スルコト容易ニ非ズ勢ヒ今日ノ如ク耕地ノ7、8割ニ小麦作ヲナス」という[7]。また、同報告書は、山西省「土民ノ常食タル小麦作至ル所ニ発達シ耕地ノ大部分ヲ占メ」、「運城地方ニテハ作付面積ノ順次ニヨレハ小麦、高粱、粟、玉蜀黍、棉、野菜ノ順ニシテ小麦ハ耕地ノ7―8割ヲ占メ棉ハ1割以下」で、「汾河流域ノ曲沃地方ニテハ小麦、棉、黍、高粱、豆ノ順ニシテ小麦作ハ耕地ノ約7割強ヲ占メ

棉ハ1割以下」だったのに対して、「黄河流域ノ米棉産地トシテ有名ナル栄河県ニテハ小麦50％雑穀40％棉10％」を占めていた[8]。

中華民国期の山西省経済に関する同時代的な分析として、矢野信彦『山西経済の史的変遷と現段階』（1943年）があるが、その多くが閻錫山の「山西省政建設十年計画」に関する説明であり、農業については「北部は雑穀と燕麦、中部は雑穀と小麦、南部は小麦と棉花が主産物であつて其の量に於ては南部の運城地区が断然多く山西省の穀倉であり、中部平野が之に次ぎ、北部は比較にならない程少ない」と記すのみである[9]。

以下において、主要な食糧作物である小麦・高粱・小米（粟）・玉蜀黍と商品作物として近代に急速に栽培が拡大した棉花について、その生産・移出動向を見ておきたい。

小麦の販売価格は他の食糧より高いので、山西省の中農や貧農は、しばしば小麦を市場に売り出して粟・玉蜀黍・高粱・イモ類を主食の代替としていた。小麦市場としては、北部は大同が中心で、南部は臨汾と晋城が中心で、中部は陽曲・楡次・太谷が中心だった[10]。

1930年代前半山西省各県における食糧作物の生産量を見てみると、小麦では南部の聞喜県が最も多く、これに同じく南部の潞城・稷山、さらに中部の平遙・汾城・洪洞などの諸県がつぎ、高粱では中部の忻県が最も多く、これに同じく中部の陽曲・平遙・崞県、さらに南部の晋城・潞城などの諸県がつぎ、粟では南部の潞城県が最も多く、これに南部の晋城や中部の楡次・孟県・濤陽などの諸県がつぎ、玉蜀黍では南部の潞城県が最も多く、これに中部の平遙・夏県・晋城・趙城などの諸県がついでいた（表1を参照）。そして、小麦・高粱・粟・玉蜀黍の合計生産量から見ると、南部の潞城県が2,732,594担で最も多く、これに中部の平遙県（2,076,252担）や南部の晋城県（2,006,895担）がついでいた。

しかも、1930年代前半山西省各県における1畝当たりの生産量は、小麦が1.03担で、潞城県を除く、上位10県はそれを上回っており[11]、高粱が1.29担で、上位10県のうち7県がそれを上回っており[12]、小米（粟）が1.031担で、上位10県のうち6県がそれを上回っており、玉蜀黍が1.35担

第一部　民国期の臨汾地域社会

表1　1930年代前半山西省主要各県における例年の食糧作物の生産量

(単位：担)

小麦		高粱		小米		玉蜀黍	
県名	生産量	県名	生産量	県名	生産量	県名	生産量
聞喜	983,739（1.3）	忻県	1,055,700（2.3）	潞城	905,791（0.78）	潞城	495,213（1.15）
潞城	867,082（0.56）	陽曲	625,000（1.25）	晋城	801,495（1.35）	平遙	432,000（2.16）
稷山	770,000（1.4）	平遙	610,092（2.34）	楡次	560,000（3.5）	夏県	260,000（2.6）
平遙	740,264（1.4）	崞県	535,334（1.44）	孟県	511,000（1.4）	晋城	240,000（1.92）
汾城	570,023（1.12）	晋城	487,680（1.92）	濤陽	474,500（0.65）	趙城	222,250（3.175）
洪洞	510,380（1.69）	潞城	464,508（1.2）	襄垣	420,000（0.84）	長治	221,150（1.95）
永済	506,423（1.17）	楡次	409,600（2.56）	霊邱	360,000（0.9）	高平	216,072（1.2）
安邑	493,174（1.2）	離石	234,000（2.6）	永済	329,666（1.44）	陵川	180,437（1.95）
介休	481,700（1.68）	代県	210,343（0.88）	離石	308,000（3.08）	黎城	175,581（1.56）
臨晋	479,939（1.56）	高平	199,040（1.6）	陵川	294,613（2.16）	孟県	168,000（1.4）
晋城	477,720（1.2）	大同	180,000（0.6）	陽城	277,500（1.0）	和順	153,936（1.44）

出所：『中国実業誌（山西省）』第4編11～82頁より作成。カッコ内は1畝当たりの生産量を表している。

で、上位10県のうち8県がそれを上回っていた[13]。このように、生産量の多い地域は、ほぼ単位面積当たりの生産量も多かった。

　一方、1935年における各県の食糧作物の生産量を見てみると、小麦にやや大きな違いが見られる。すなわち、小麦の生産量では南部の潞城県が最も多く、これに平遙・洪洞・聞喜などの諸県がついでいた。また、移出量を見てみると、小麦では中部の平遙県が最も多く、これに洪洞・潞城・太谷・聞喜などの諸県がつぎ、高粱では忻県が15万担余りを移出した以外は、ほとんどあるいは全く移出されておらず、粟では襄垣県が最も多く、これに霊邱・楡次・孟県などの諸県がつぎ、玉蜀黍では移出量が10万担を超えたのは平遙県のみで、全く移出されていない県もいくつかあった（表2を参照）。

　このことから、小麦と粟が販売のために生産されている部分が多かったのに対して、高粱と玉蜀黍は基本的には自給食糧となっていたことを看取しうる。また、中部の平遙県は主要な食糧作物生産県であるとともに中心的な食糧作物移出県でもあった。

表2　1935年の山西省主要各県における食糧作物の生産量と県外移出量
(単位:担)

	小麦		高粱		小米（粟）		玉蜀黍
県名	生産量 (移出量)	県名	生産量 (移出量)	県名	生産量 (移出量)	県名	生産量 (移出量)
潞城	867,082 (173,146)	忻県	959,310 (151,910)	潞城	905,791 (　　0)	潞城	495,213 (　　0)
平遙	740,264 (235,577)	陽曲	825,000 (　　0)	楡次	672,000 (140,000)	平遙	480,000 (120,000)
洪洞	588,900 (207,418)	平遙	677,880 (　　0)	壽陽	474,500 (13,000)	夏県	325,000 (52,000)
聞喜	491,869 (85,619)	潞城	464,508 (　　0)	孟県	438,000 (120,000)	黎城	204,845 (　　0)
稷山	462,000 (　　0)	楡次	448,000 (8,000)	晋城	427,464 (9,000)	高平	180,060 (　　0)
安邑	443,856 (60,000)	崞県	446,112 (3,600)	襄垣	420,000 (210,000)	長治	176,920 (56,316)
介休	401,416 (70,000)	晋城	335,280 (　　0)	陽城	333,000 (12,836)	趙城	175,000 (22,750)
永済	393,884 (　　0)	代県	210,343 (　　0)	壼関	328,523 (13,500)	平定	165,000 (　　0)
太谷	376,134 (130,770)	大同	210,000 (10,000)	霊邱	360,000 (180,000)	孟県	156,000 (20,000)
夏県	343,200 (65,000)	太原	207,343 (　　0)	大同	315,000 (15,000)	和順	153,936 (26,707)

出所：表1に同じ。

　山西省農村では、近代になって棉花栽培面積が急速に拡大した。とりわけ1926～27年にピークを迎えた後、1933年から再び急増している（表3を参照）。その中でも、1930年代における山西省の棉作の拡大はアメリカ棉花種の栽培が拡大したことによるところが大きかったのであり、山西省では主要にはアメリカ棉花が栽培されていた[14]。

　表3及び表4からわかるように、棉産地は山西省の中部から南部にかけての汾河流域に集中していた。しかも、1930年代中頃にはそれまであまり棉

表3　山西省運城地区の主要棉産県棉花栽培面積（1919〜37年）

(単位：万畝)

年度	省合計	稷山	安邑	河津	栄河	臨晋	永済	虞郷	解県	万泉	新絳	猗氏	芮城	絳県
1919	48.6	1.4	2.7	4.1	4.3	4.4	4.0	4.3	3.8	—	3.2	2.1	—	—
1920	61.5	1.3	2.3	5.2	6.1	5.7	4.3	5.7	6.2	—	—	1.1	—	—
1921	69.5	1.0	1.7	5.4	3.5	3.3	15.1	4.4	4.5	—	3.7	1.2	—	—
1922	83.9	1.2	3.1	3.7	7.0	5.0	3.9	5.0	7.5	—	4.4	1.6	—	—
1923	87.5	1.4	0.7	6.2	9.3	2.6	4.1	4.9	0.8	2.2	6.1	0.9	1.4	—
1924	61.3	—	—	—	—	—	—	—	—	—	—	—	—	—
1925	75.5	—	—	—	—	—	—	—	—	—	—	—	—	—
1926	140.7	3.0	3.7	8.7	10.7	5.8	6.4	5.4	7.6	3.6	6.7	3.6	2.8	2.9
1927	129.8	3.3	4.1	8.3	10.7	5.9	6.6	5.3	7.6	3.6	5.7	3.8	3.0	3.0
1928	94.9	2.2	2.5	5.8	7.4	3.8	4.6	4.1	5.3	2.1	5.5	2.4	1.9	2.3
1929	31.3	0.7	0.4	0.1	0.4	—	2.1	0	0.1	—	0.7	—	—	0.5
1930	27.4	0.8	0.3	0.3	1.1	1.6	0.7	0.6	0.4	2.0	1.4	0.4	0.4	0.2
1931	34.8	0.8	0.3	0.5	8.3	1.1	0.7	0.6	0.4	2.0	1.2	0.3	0.4	0.2
1932	30.1	0.7	0.3	0.4	6.0	1.0	0.3	0.6	0.3	1.0	1.2	0.2	0.3	0.2
1933	131.0	2.6	1.9	2.5	16.4	3.8	5.1	4.6	4.1	5.8	5.4	1.4	2.7	7.8
1934	179.6	4.0	2.3	3.4	18.4	5.3	7.6	5.5	5.0	6.6	5.8	2.3	3.5	8.4
1935	106.7	0.7	1.7	1.2	8.6	6.4	7.1	4.5	5.1	4.2	0.7	3.5	5.0	3.5
1936	207.4	5.9	6.4	4.0	10.5	7.3	9.3	6.6	5.2	6.9	6.4	4.4	6.8	9.2
1937	248.1	6.4	6.9	4.6	15.6	8.8	10.0	8.0	7.7	7.2	6.9	4.8	6.0	11.1

出所：中華棉業統計会『中国棉産統計』より作成。1924〜25年の各県ごとの棉産統計はない。なお、100畝以下を切り捨てた。また、表中の「—」はデータがないことを表わしている。

花が栽培されていなかった地域でもアメリカ棉花が栽培されるようになった。土布生産地として著名な中部の平遙県では、在来棉花を用いた土糸・土布の生産ではなく、洋糸（機械紡績糸）を用いた新土布が生産されたのであり、農村手工業が近代化過程の中で新たに勃興したものだった。平遙県の土布業は、農村副業としての手工業が伝統的な経済としてではなく、近代的な経済として登場してきたのである。自給食糧の生産を放棄して、新土布生産によって食糧（穀物）を購入する農家が増加したことになる。抗日戦争直前には、

表4 山西省運城地区以外の主要棉産県棉花栽培面積（1919〜37年）

(単位：万畝)

年度	洪洞	臨汾	曲沃	趙城	翼城	文水	汾陽	汾城	平遙
1919	4.0	3.7	3.2	—	—	—	—	—	—
1920	4.5	4.3	3.9	1.3	—	—	—	2.8	—
1921	6.3	4.3	3.0	4.1	—	—	—	1.2	—
1922	8.8	6.3	7.8	5.8	—	—	—	2.8	—
1923	8.4	6.8	9.3	4.6	4.6	—	—	5.3	—
1926	17.9	8.6	10.3	7.0	3.8	—	—	2.3	—
1927	8.8	9.2	10.5	4.1	3.7	—	—	2.5	—
1928	6.7	8.3	6.5	6.6	2.2	—	—	1.7	—
1929	1.9	4.2	3.7	1.2	0.6	0.1	0.3	2.3	—
1930	0.5	0.4	1.7	0.4	2.1	0.4	0.3	1.3	1.7
1931	0.5	0.3	1.5	0.4	1.6	1.0	0.5	0.9	2.0
1932	0.7	0.2	1.2	0.4	1.6	1.0	0.7	0.9	3.0
1933	5.9	9.6	15.9	4.2	3.5	2.9	0.3	1.8	1.2
1934	12.8	11.9	18.6	6.3	6.8	1.9	1.5	5.3	1.2
1935	9.0	3.5	1.5	4.2	2.0	4.9	3.0	0.2	1.6
1936	11.3	11.2	17.6	7.7	8.1	7.0	5.5	6.7	3.5
1937	13.9	4.1	18.0	3.6	10.3	—	—	7.0	—

出所：表3に同じ。

平遙県でも棉作が拡大していることから、棉作が穀物栽培を減少させつつあった。戦時中、占領下の華北で日本が食糧と原棉の確保を同時に追求したことは明らかに矛盾に満ちていた。

2. 山西省の食糧事情

山西省では、「住民の大部は米の代りに麦粉にて製せらるゝ麺、糢々、焼餅麭子、及び粟粥、粟飯、高粱飯或は高粱粥等を常食とす、されば省内は此等穀類の栽培盛なり、而して穀類中麦は最も大部分を占むる重要品なれば、

省内殆ど耕作せられ、其の作付歩合も最も多」かったが、「辛ふじて本省内の需要を充すに止り、一度旱魃、降雹等の天災ある場合は直隷河南の各省より其供給を仰がざる」をえなかった[15]。また、山西省では、「粟は小麦に次ぎ其需要量多く従て其栽培も到る処に行はる、然れ共省内の需要を充すのみにて、敢て外省に移出せらるゝことな」く、「粳粟は単に穀子と称し、此を精白したものを小米又は小米子と云ひ」、「山西に於ては朝食には必ず小米の稀飯を食」していた[16]。そして、山西省において「粟の需要最も多きは太原、太谷等」だったが、太原市場や太谷市場に出回る粟は「他の穀類と共に南部地方産のもの」だった[17]。ただし、「高粱及玉蜀黍は小麦に比し廉価なるを以て、下層人民は高粱玉蜀黍粉其他蕎麦粉を用ゆること極めて多」かったとされている[18]。

中華民国期に山西省を支配していた閻錫山自らが語ったところによると、「山西国民経済は従来、全く農産物の輸出と省外に於ける取引の収入に依存し、それらが全省収入総額の10分の8を占め」るほどで、「山西の食糧は従来河北に売出されてゐたのであるが、平綏線が包頭まで開通した後は、綏遠の食糧が低廉に過ぎるため、豊年にでも遭へば山西の糧食は輸出の道がなくなった」という[19]。

小麦と粟は山西省の「主食糧品にして、前者は晋北の極寒地以外殆んど産出を見ぬ処はない、又後者は全省に普遍的である。小麦は一般民衆の常食或は麺粉廠によつて粉となし、麦麩（フスマ）は牲畜の飼料に供」されていた[20]。

ところで、食糧作物と作付けが競合する「棉花は大部分一毛作で棉田には他の農作物を栽培しない（気候の関係で不可能な場合が多い）のが普通であるが、山西省の南部には稀れに、麦の未だ収穫期に至らない前に、棉花を間作する処もある、然し其結果は余り面白くない様である」とし、山西省新絳地方では、1930年頃には1畝当たりで棉花は穀類より1.95元の増収となっており、「棉花は、他の雑穀類の栽培に比較すれば、兎に角多少有利である」という[21]。

次に、日中戦争期に刊行された緊急食糧対策調査報告書などの日本側の調

査資料によって各地域ごとの食糧事情を概観しておきたい。なお、華北綜合調査研究所によって緊急食糧対策調査が実施されたのは南部の潞安と運城であり、山西省においてはこの両地域及びその周辺一帯が主要な食糧作物生産地だったと認識されていた。

山西省は華北各省中で「農家毎戸当耕地面積カ最モ多ク平年ニ於テハ自給自足シ得ルノミナラス且ツ亦一部分ハ石家荘ヲ経由シテ河北省」の「京漢沿線地帯ニ移出セラレ多キトキハ10万瓲ニ達シ」ていたが、1939年には「旱害ヲ蒙リ本省ノ北部及山岳地帯ノ高燥地ニ於テハ収穫高半減又ハ皆無ノ処多」かった。また、「北部雁門道ノ生産状況トシテハ粟第一位ヲ占メ高粱、黍、燕麦等ノ順位ニヨツテ生産サレ」、「中部冀寧道ニ於テハ小麦最モ多クコレニツイテ粟、高粱、玉蜀黍、黍、蕎麦、豆類等ヲ産シ」、「南部河東道ノ生産状況トシテハ小麦最モ多ク粟、玉蜀黍、高粱、大麦、豆類等ノ順位ニヨツテ生産サレ」、「山西省ニハ小麦カ圧倒的大数ヲ占メテ」いた。一方、「最モ下級ナ穀物ナル」燕麦については、北部では「鰤崎、定襄、静楽、神池県ノ如キ最北部ノ一帯地方ニ多ク作付面積ノ30％以上ヲ占メ」たのに対して、中部では「燕麦ハ極テ僅少」で、南部では「燕麦ノ生産ハ全然ナ」かった[22]。そして、「山西省ニ於ケル雑穀ハ食料品トシテ主ナルモノハ小麦、粟、高粱、燕麦、玉蜀黍、豆類等」で、「南部ハ小麦ヲ第一位トシ中部ハ高粱、東西ノ両部ハ粟北部ハ燕麦ヲ以テ主要食料品ト」していた[23]。ちなみに、1939年度の「山西省建設庁調査ニ拠ル比率ハ小麦24.87％粟19.79％高粱9.49％糜子（うるち黍）8.96％燕麦8.78％蕎麦8.59％豌豆4.21％玉蜀黍3.58％大豆2.27％黍子1.91％黒豆1.78％大麦1.17％胡麻0.54％米0.43％蚕豆0.25％其他3.38％ノ如キ順序」となっていた（ただし、カッコ内は引用者）[24]。また、雑穀は家畜の飼料、「酒、酸、味噌、醤油及豆腐等ノ製造」、種子としても消費された[25]。

省中部の沁県を中心とする襄坦・沁・武郷・遼・楡社・沁源の6県は「平年ニ於テハ生産雑穀ノ約2割ヲ余剰トシテ出シ、ソレハ主トシテ太原、平遙方面ヘ又多少ハ安沢、浮山方面ヘ流出スル」という。また、省南部の潞安を中心とする長治・長子・壺関・潞城・屯留・黎城・平順の7県のうち、黎

城・平順の2県は「山嶽地帯デアツテ平年ニ於テ尚糧穀不足ノ状態ヲ示スガ、此ノ2県ヲ除ケバ当地域ハ大体3割5分ノ余剰雑穀ヲ持ツ豊饒地デアツテソレハ主トシテ河南、河北方面及安沢、浮山ノ山嶽地区ニ流レル」という。さらに、沢州地域（高平・晋城・陽城・陸川の4県）は前記の「二地域ガ粟ヲ主トスル雑穀ノ生産地デアルニ対シテ小麦ノ産地」だが、「生産量ニ関シテハ殆ンド余剰ヲ持タザルノミカ」、晋城県以外の県は「総ベテ不足ヲ示ス」状況だったために、「大体地場生産ノ小麦ヲ主トシテ河南方面へ出シ、其ノ金ヲ以テ自家消費用ニヨリ安価ナ潞安地域ノ雑穀ヲ入レル」という[26]。

省南部の中でも「運城地区（行政区域トシテハ略河東道ト一致ス）ニ於ケル小麦ノ生産ハ平年 650―660 万担」だったが、そのうちの大部分を占める 500 万担が運城地区内で消費され、残りの 150～160 万担が移出された[27]。もとより、運城地区は「山西省随一ノ穀倉地帯ニシテ省内ニ小麦・雑穀ヲ供給スルト共ニ棉花ノ主産地テモアリ」、「事変前ニ於ケル生産ハ小麦約 350 万担、棉花約 30 万担、粟・玉蜀黍・高粱ノ雑穀 6―70 万担トサレテキルカ、事変後ハ其ノ生産及移出ノ趾量カ減少シ」たが、「事変前後ヲ通シテ著シイ変化ヲ見タルモノハ、雑貨商・食料品商ノ激増テ」、「食料品商ハ4戸カラ87戸ニ増加シ」たという。また、「収買雑穀ハ、粟・玉蜀黍・緑豆・莞豆・黒豆・芝麻（胡麻）等テアルカ、主トシテ民需用トシテ配給セラレ、粟ハ軍管理工場労働者ノ食糧トシテ確保サレ」た。なお、1937 年 7 月～1941 年 3 月の運城における主要物資の物価指数を見ると、「主要農産品タル麺粉（付近農民ハ麦粉ヲ常食トシ余剰ヲ販売シテキル）・小麦・粟・玉蜀黍等ノ指数カ 150 内外ナルニ対シ、一般必需物資ノ指数ハ 300 内外ニ達シ」、「鋏状価格差ノ拡大ヲ示シテキ」た[28]。

これに対して、「潞安盆地は大体に於て人口稠密で農産物の余剰を殆んど持たない県と人口希薄で耕地が広く、1人当耕地面積が豊かで余剰の穀物を豊富に持つ県に分れ」、「穀物の豊富な余剰を持つ県は盆地西部の屯留、長子及び襄垣の3県で」、この「穀物過剰地帯」には「近年、山東から移民が行はれ緩傾斜の山腹耕地等も彼等の手で開拓され、従つて1畝当りの収量は低いが、広面積が結局余剰農産物を生」み、1937 年の「事変前は 80％乃至そ

れ以上が邯鄲、豊楽、彰徳等京漢線沿線に流出して居た」。そして、農民は「比較的高価で商品性に富むものは売却し、多く安価なものを食べ」、「一農家の作付は年々同一の割合で主食物を作付する訳でなく、相当の変動があり」、「農家の食糧移動」は「華北は主食物の種類が多いだけに、非常に複雑になり、その意味で日本内地や華中、華南と大いに異る」上に、各々の土地で「作られる作物の多寡に応じて、それら主食物間の比価を異にする事情が伏在」していたとされている。例えば、長治県第一区史家荘の「主穀物の生産は粟、玉蜀黍、高粱、黒豆、黍、小麦等であつて」、「小麦の後作を作らぬ関係から、小麦の作付歩合は少な」く、「従つて農家の主食物の多くは粟と玉蜀黍であるが、粟は玉蜀黍に比して高価であり、高価に売却し得るため、農家は余剰があれば主として粟を売り、玉蜀黍をより多く食べる」が、「富める家は粟を多く食べるし、貧しい家は玉蜀黍を食べる回数が多くなる」という。なお、「食品形態は、粟の場合に於ては」「御飯に焚くか、お粥にするかで」、玉蜀黍の場合は「粉に挽く、そして飴餎（飴餎と称する道具で圧出して「ウドン」状のものにしたのを当地では、ホーラと発音する）或ひは疙瘩（大きな饅頭形にしたもの）にして食べ」、高粱も「玉蜀黍と同様に一度粉にして楡皮粉を混じて飴餎若しくは疙瘩にして食べ」ていた。これに対して、晋城県第四区峪南荘では「長治県方面とは作物作付の形態が異なり、純然たる二年三作の形になるので、生産物に依存する主食物は小麦、粟、黄豆、高粱、玉蜀黍等の順序になる」が、「東溝鎮の集市を間近に控へて居るので、穀物の購入販売が容易な所から、貧しいものは奥地から来る高粱玉蜀黍等を相当に購入」していた。また、晋城県第一区崗頭荘では「作付状況に於て峪南村と酷似して居る。従つて主食物は粟、小麦、豆類、高粱等になる。小麦の消費量が潞安地区に較べて多い事も同様である。玉蜀黍は崗頭村に於ても作付が非常に少ない」。「従つて消費量は非常に少な」かった。なお、「峪南村及び崗頭村の特徴は潞安近傍に比して、二年三作で地力維持の関係から豆類の作付が非常に多」く、「従つて豆類が食糧となつて多く粉の形で混合され」た[29]。

さて、雑穀の出廻状況を見てみると、まず、南部については、「運城ノ雑

穀出廻リ背後地トシテハ解県、夏県、万泉、臨晋、猗民ノ諸県ニシテ小麦、玉蜀黍、高粱、粟、豆類等ノ出廻カ主ナルモノ」で、「市場出廻雑穀ハ地場消費ニ充当セラルゝ外ニ大部分ハ太原市及北部各県ニ移出」され、「臨汾ニ於ケル雑穀出廻背後地ハ従前甚タ広ク事変前ニ於テハ潞安、浮山、安沢、蒲県、襄陵、汾城及郷寧ノ東部地方ヨリ多量ノ雑穀カ出廻リ」、臨汾を「経由シテ他地方ニ移出」された。また、中部については、太谷県は「雑穀ノ集散地ニシテ之カ背後地ハ祁県、霊石、介休、沁県、交城、文水、汾陽ノ諸県」で、1937年の「事変前」は「出廻量相当ニ多ク太原、石家荘方面ヨリノ商人カ買付或ハ当地糧商カ自カラ上述ノ如キ地方ニ移出」し、「平遙県ノ背後地トシテハ従前治安良好ナル年ニ於テハ汾陽及沁源ノ北部方面ヨリ出廻」り、「楡次県ハ集散市場ニシテ事変前ニ於テハ多量雑穀カ南部ノ運城、臨汾、洪洞、趙城、霍県、汾城北部ノ忻県、崞県東部ノ昔陽、和順等ノ地方ニヨリ」楡次県に出廻り、「太原市ハ山西省ニ於ケル交通ノ要衝ニ当リ省内ニ於ケル中央集散地市場」で、「事変前ニ於テハ出廻背後地ハ甚タ広汎ニシテ北部ハ繁峙、五台、定襄、崞、忻南部ハ太原、徐溝、祁、太谷、文水、交城、汾陽、孝義東部ハ楡次、寿陽、孟西部ハ静楽、岢嵐、偏関等ノ地方ヨリ」太原市場に出廻り、「地場消費ニ充当セラルル外ニ正太線ニヨツテ石家荘ニ移出」され、寿陽は「事変前ニ於テハ他地方ニ多量移出ノ余力ヲ有」し、陽泉は「消費市場ニシテ平年ニ於テモ雑穀ハ太原市楡次、太谷等方面ヨリ補給」され、祁県における農産物の出廻は「小麦最モ多ク粟、高粱之ニ次キ粟ハ地場消費ニ供セラ」れ、「背後地トシテハ」「隣県数県ナルモ従前治安良好ナル年ニ於テハ石家荘ヨリモ出廻」っていた。さらに、北部については、「寧武県ハ山岳地帯ニシテ平年ニ於テモ出廻数量ハ極メテ少ク他地方ヘノ移出余力ヲ有セサルモ只タ筱麦及筱麦粉（即チ燕麦）ハ神池、及五塞ヨリ」寧武県を「経由シテ他地方ニ移出ヲナシ或ハ」寧武県「商人カ筱麦ヲ買入シテ製粉シタル後再ヒ他地方ニ移出スルモノ極ク少数」で、「忻県ノ背後地トシテ静楽、定襄及寧武ノ南部ヲ有スルモ従来出廻少」なく、「原平鎮ハ崞県ノ管轄ニ属シ事変前ニ於テハ雑穀ノ出廻盛」んだった[30]。

1939年10月～1940年9月の山西省における雑穀の出廻状況は、1939年

度に「稀有ノ災害ヲ蒙リ並ニ治安尚確立セサルニヨリ」「地場出廻量ハ甚タシク減少」し、運城では1939年度の「不作ニヨリ出廻量ハ平年ニ比シ頗ル減少」し[31]、臨汾では「治安不良並ニ統制ノ影響ニヨリ出廻数量ハ極メテ少数ニシテ地場消費ニ当テラレ移出不可能」となり、太谷では「治安ノ影響及統制ニヨリ出廻量ハ事変前ニ比シ5分ノ1ニ過キサル状態」で、平遙の背後地は「統制並治安ノ影響ニヨリ僅カニ県城周囲約40支里以内ノ郷村ノミ」で、「汾陽及沁源ノ北部方面ヨリ」の「出廻ハ殆ントナ」くなった。楡次県は「治安ノ不良又ハ搬出禁止セラレタル関係上出廻数量甚タ減少シ」、「主トシテ県城付近約50支里以内ノ地方ヨリ県城市場ニ出回ルニ過キス」[32]、太原市は「事変後ハ治安尚確立セサルニ因リ出廻範囲ハ甚タ縮小」し、「僅カ太谷、楡次及付近約40支里以内ノ地方ニ過キサル状態」で、寿陽は1939年の「生産減、治安不良並ニ統制ノ影響ニヨリ出廻数量ハ非常ニ減少」し[33]、忻県は1939年度の「生産数量減少ノ為出廻量ハ減少シ地場消費用トシテモ足ラサルカ故ニ運城、太谷及太原市ヨリ玉蜀黍、高粱、小麦等ヲ移入」し、その「一部ハ逆ニ背後地ニ吸収」され、原平鎮は「治安不良又ハ雑穀統制ニヨリ出廻数量ハ極メテ減少セラレ地場出廻モノハスヘテ地方消費ニ充」てられた[34]。

　山西省では「全省テ普遍的ニ小麦カ生産サレナカラ其ノ生産量ノ絶対多数カ農村ニ於テ自家消費サレテ居リ、商品化スル小麦ハ極メテ寥々タルモノテ而モ其ノ58％ハ都市及鎮ニ於ケル磨坊原料ニ供サレ，機械製粉工場ノ原料トシテ取得サレルモノハ商品化量ノ42％即チ全生産量ノ僅カ3％ニ過キナ」かった[35]。

　1940年の調査によれば、「小麦の生産費は河北、山東、江蘇、山西の各地の10ヶ所に於て調査され」、その生産費用は「山西省臨汾に於ける8.36円を最低とし、河北省石門に於ける34.88円を最高とし」、「臨汾に於ける小麦の1官畝当り収量は48市斤であるのに対し、石門に於けるそれは207市斤であつ」た[36]。

　山西省における「馬鈴薯の主要産地は晋北にしてその中、嵐県、大同、天鎮、応県、朔県等が多い。晋南地方は殆んど皆無、従つてまた臨汾も問題と

ならぬ。馬鈴薯の産量は常年級[ママ]800万担である」という[37]。

以上から、山西省における主要な食糧作物は小麦・粟・高粱・玉蜀黍などであり、それらの食糧作物にとっての対抗作物が棉花だったことがわかった。そして、食糧作物は飼料や酒造原料としても消費されることから奪い合いがあり、また、1930年代に栽培が拡大した棉花はアメリカ種棉花で、紡績工場の原棉として在来棉花より高価で買い上げられたため、土布生産の原料としても消費されることから食糧作物よりも収益の高い農産物となっていた。

3. 山西省都市近郊農村の経済状況と食糧事情

1 臨汾県高河店村

ここでは、臨汾県及び臨汾市近郊農村である高河店村の経済状況の特質と食糧事情について見てみたい。

「臨汾小麦市場ノ背後地圏、ソレハ一西南ハ陝西河南両者ニ隣接シ黄河ニ依テ形成サレル三角地帯ニアル集中的小麦生産地帯テアル即チ」「臨汾、臨晋、虞郷、栄河、万泉、猗氏、解、夏、新絳、聞喜、絳、稷山、河津、永済ノ14県ニ亘ルガ尨大ナル麦作地帯ヲ集貨可能圏トスル」。とりわけ「聞喜県地方ハ省内第一ノ麦作地帯テ其ノ作付生産共ニ首位ニア」った。ただし、小麦に対する「臨汾市場ノ需要ノ薄弱ニ依テ」小麦の「大半ハ河津及晋城ヲ移出ノ拠点トシテ陝西省西安並河南省孟、鞏、陝及霊豊ノ各県ヘ流出シテ居タ」。「背後地圏ヨリ臨汾市場ヘノ集貨量ハ大体製粉工場ノ小麦需要量ニ磨坊製粉原料所要量、更ニ若干ノ移出量ヲ加ヘタモノト見テ差支ナク」、「事変後諸情勢ノ転変ハ」「小麦ノ省外ヘノ流出ヲ制約シ臨汾並運城ヘノ出廻ルートカ集中シツツア」った。「殊ニ近時臨汾ノ中継市場トシテ多大ノ機能ヲ発揮スル運城市場ヘハ遠距離背後地ヨリノ集貨カ陸続トシテナサレ」ていた[38]。

たしかに、臨汾県公署の調査によると、1939年における臨汾県の農産物作付け面積は、小麦が32万畝、玉蜀黍が12万畝、高粱が6.5万畝、小米（粟）が5.8万畝、緑豆が5,200畝などとなっており、高粱と粟が供給超過とされる以外は、供給不足だったとされている[39]。

また、臨汾県で栽培される蔬菜は主に白菜であり、その作付け面積は1,250畝、生産量は220万斤だった。一方、工業原料となる農産物のうち、棉花が最大で、日中戦争以前の平年作付け面積は7.5万畝だったが、1939年には1,339畝に激減していた。同様に煙草も4,000畝から797畝に減少していた[40]。

　清代から民国期には、臨汾県では龍祠村の一帯のニラを除くと、蔬菜の生産は発展せず、抗日戦争前になっても県城内には6軒の蔬菜販売店しかなかった[41]。

　ところが、「高河店においては殆んど全部落の成年男子は、農閑期には野菜売に出るを常とする。而して婦女子は一般に自家生産の棉操り(ママ)に従事し、その他に土布を織つたり土布を以て靴を作つたりしてゐるものもあ」った[42]。

　高河店村における「組合せ耕作は事変前は主として高粱と白豆との間に行はれてゐたのであるが、事変以来鉄道警備の必要から高粱の作付が禁止された」が、「玉蜀黍の代作が可能である」という[43]。また、高河店村の「商業作物には、棉花、白菜、煙草、西瓜等があ」り、棉花は「事変前に於てはその作付面積は約300畝に達し、商品化率は約50％に及んだといふ。300畝と言へば本村の総耕地面積の約40％に当り」、「大掴みに言つて作付面積で測つた本村に於ける農業の商業化率は20％であるといふことができる」とし、また、「白菜は事変前からも作付されてゐたが、さして重要なものではなかつたやうである。しかし、事変以来は県城に日本軍が駐屯したためにこの方面からする需要の著増によつて棉花に代つて、最重要なる商業作物となつてゐる」という[44]。

　「小商品生産として」「高河店村に於て見られるのは、主として蔬菜の生産てあり、その作付戸数は白菜のそれを除いては極めて少数で」、「事変後県城に日本軍が駐屯したためこの方面よりする需要の著増によつて各戸が殆んど例外なくこれをつくり、作付面積は小麦、玉蜀黍に次いで第3位を占め」た[45]。

　都市近郊農村の高河店村では、穀物よりも都市向けに販売される蔬菜の栽培が盛んであり、同時に棉花も栽培されていた。臨汾県が主要な穀物生産地

65

だったことから、高河店村では蔬菜や棉花などの商品作物の栽培に特化して必要な食糧としての穀物を購入するようになっていた。

2 臨汾県以外の村

　山西省においても数多くの村志類が刊行されているが、1949年以前の山西省農村の経済状況を示す報告書類は少ない[46]。そこで、ここでは、臨汾市近郊農村の高河店村と比較するために、同じく日中戦争中に日本側によって調査が行われた太原市近郊農村の黄陵村と平遙市近郊農村の南政村及びやや遠隔地に位置する平遙県第1区岳壁郷南載村について概観したい。

　まず、太原市近郊農村の黄陵村に関する調査報告書は『北支農村の実態——山西省晋泉県黄陵村実態調査報告書』であるが、同書の「緒言」によれば、華北交通株式会社は1939年4月に創業を開始し、同年9月より同社資業局員を中心として鉄道沿線各地の農村実態調査を実施し、この調査は1940年3月に太原において2週間行われたという。なお、「晋泉県（旧太原県）」は「太原市の周辺県の一であ」り、「山西省中最も大都市の影響を被る県の一であると言ひ得る」とされている[47]。晋泉県における農作物の作付状況を見ると、1942年度には冬小麦が24.3万畝、高粱が15.95万畝、粟が15.54万畝、豆類が10.85万畝、玉蜀黍が5.04万畝などとなっており、「県公署の調査に依れば穀類の移入は殆どなく、むしろ小麦、大麦、米、蔬菜類の移出が行はれ、小麦の如きは年移出量24万市斤に達する」という[48]。

　一方、平遙市近郊農村の南政村に関する調査報告書である『山西省農村概況調査——平遙ニ於ケル生産分析ヲ中心トシテ』の「凡例」によれば、同調査報告は1940年12月10日〜20日の「約10日間ニ亘リ山西省平遙県南政村ニ於テ行ツタ農産物（小麦、高粱、玉蜀黍、粟）生産費調査ノ報告テアル」という。また、同書は、調査・分析に基づく見解も示されており、注目に値する。

　すなわち、平遙県では「製粉、綿紡織、燐寸製造、醸造、木材加工等」の「家内工業モ相当盛ニ行ハレテ居」た。ただし、日本軍の侵略を受けてからは、「農耕用大家畜ノ徴発ニ依リ畜力ノ不足ハ相当深刻ニシテ犂耕ノ不能等

ニ依ル農耕管理ニ相当ノ支障ヲ来シ」、また、農民が「先ツ食糧ノ自給自足ノ安全」を確保しようとしたために「棉花、豆類其ノ他特用作物カ食糧作物ニ転換サレ事変前ニ比シ其ノ作付面積ハ減少シ」た[49]。このように、平遙県でも、日本軍の侵略が農業生産を破壊するとともに、農産物の作付体系に変化をもたらしていた。

平遙県南政村は「戸数300戸中農業経営戸数284戸」であることから「純農村」と見なされているが、経営面積は10畝未満が48.2％を占めて最も多く、ついで10～20畝未満が30.9％となっており、「非常ニ零細過小農経営」で、「飢餓的生活」を送らざるをえなかったと見なされ、「大多数ノ農家カ農業経営ノミニ依存シ得サル状況ニ置カレ」、「農戸ノ約30％ハ農耕ノミヲ以テ生活ヲ立テルモノニ非ス、商業及労働を兼業ト為スコトニ依テ生計ヲ維持」していた[50]。

このような事情から、南政村は「出稼商業及労働ヲ為ス者カ非常ニ多イ特殊ナ性格ヲ持ツ」とされている[51]。南政村においても、他の都市近郊農村で一般的に見られた脱農化（あるいは過小農化）が進行していたと言える。

さて、主要作物のうちで「作付カ圧倒的ニ大キイ」「小麦ハ普通ノ農家ニ於テハ主要ナル換金作物テアツテ商品化サレテキル」[52]。しかも、「農産物ノ販売ハ県城内ヨリ仲買業者カ来テ売渡スモノモアルカ（約30％）」、販売される農産物の「多クハ平遙県城内ニ各個ノ農民カ搬出シテ販売（約70％）シテキ」た[53]。

主要な食糧作物の生産地だった平遙県の市近郊農村である南政村では、販売目的の小麦が生産されていた。これは、棉花栽培より小麦栽培の収益が高かったためであろう。

なお、租税公課の中の水利費については、「水利費ハ全部小作人ノ負担テアル、斯クノ如ク富裕ナル上層農戸ノ経済負担カ薄ク、貧困ナル下層農戸カ更ニ重圧ヲ加ヘラレ封建的遺制トシテ村落自治ニ於ケル政治的、経済的性質ヲ見ルコトカ出来ル」と見ていたが[54]、水利費の徴収については、単に「封建的遺制」としてのみ捉えるだけではなく、より一層踏み込んだ分析・考察が必要であろう。

第一部　民国期の臨汾地域社会

　以上に見てきたことから、以下のような2つの疑問が生じる。まず、主に販売するために小麦を栽培していた南政村の農民は、何を主食としていたのだろうか。そして、もし生産した小麦を全て販売していたとすれば、食糧として何を購入していたのだろうか。また、農村において「相当盛ニ行ハレテ居」た「製粉、綿紡織、燐寸製造、醸造、木材加工等」の「家内工業」の詳細は全く不明である。この点は、自作農が94％を占めるが、「零細過小農経営」が多いことの意味を考える際に重要であろうと思われる。というのは、様々な「家内工業」による収益確保が「零細過小農経営」の存続を可能にしたと考えられるからである。

　以上の疑問点については、今後、聞き取り調査を行って確認してみたい。また、水利費に対する評価については、水利問題について強い関心を持っている内山雅生・祁建民の両氏による聞き取り調査と分析に期待したい。

　ところで、すでに見たように、平遙県は主要な食糧作物の生産県であるとともに中心的な食糧作物の移出県でもあり、かつ土布の生産地としても著名だった。だが、平遙県は土布の原料である棉花の生産地としては知られていない（表3を参照）。平遙県では、「天津との連絡を益々緊密ならしむる正太鉄道が開通した」ことによって、「織布原糸たる綿糸の供給は極めて円滑に行はれるやうになると同時に、製品たる綿布の流出も漸く活発とな」り、1927年には土布生産量は80万匹に達した。ところが、1929年に「省督辦の反蔣戦によって惹起された政治経済上の一大混乱」によって、土布生産も衰退し、1934年に土布業が「活況を呈しはじめ」たが、1937年の日中戦争「勃発と共にその短い前進は停止逆行を余儀なくされた」[55]。

　1930年代半ばのデータに基づく農村実態調査（調査実施時期は1941年頃であろうか）によれば、平遙県第1区岳壁郷南載村は、「平遙県下著名の兼織農村として知られ、全村戸数の半数以上が兼織農家であると謂ふ予備調査の結果に基づいて」調査対象に選ばれたが、「僅に12戸—全村180数戸のうち—の兼織農家しか見出し得なかつた」という。南載村における土布の生産は、布荘による賃機が本格化した1923～24年頃に始まり、平遙土布の最盛期である1928～29年には「全村戸数の半数以上が兼織農家であつた程、土

布の製織が普遍化し」ていた。そして、日中戦争中の調査で「兼織農家」として確認することができた12戸は、「1経営を除けば、他は殆んど20畝以下の中小規模の農家であり、その中3経営は1畝以下の零細規模であ」り、平均的な経営収入構成を見ると、「農業収入46％、製織収入54％となつて居り」、「土布製織は副業よりも寧ろ主業に近」かった[56]。残念ながら、以上の資料では南載村でどのような農業が展開されていたのかについては全く言及されていないので、農村経済の実状を知ることはできないが、南載村でも土布業が零細規模農家の存続を可能にさせていたと考えられる。

おわりに

　中華民国期の山西省農村経済は、華北の他の地域と共通性を有するとともに、特異性も際立っていた。それは、基本的には地理的要因によるものだったと考えられるが、「山西省モンロー主義」として知られている閻錫山の支配・政治によるところが大きかったかもしれない。ただし、山西省農村経済も決して一様ではなく、北部・中部・南部の各地域によってかなりの差異が見られた。この点は、各地域の食糧事情においてより一層明らかに反映していた。

　だが、一方で、南部の臨汾市近郊農村の高河店村に着目して見ると、他地域の都市近郊農村との共通点も見えてくる。すなわち、山西省においても都市近郊農村は非穀物生産地へと移行しており、食糧作物生産（食糧の自給自足型）から商品作物生産（食糧の購入）さらに脱農化・工業化（手工業）・都市化という変化のパターンを見出すことができる。とりわけ、臨汾市近郊農村の高河店村などの都市近郊農村で見られる商品作物生産は蔬菜栽培である。また、脱農化の進行は農業外の就業機会の拡大と並行していた動きであると見なすことができる。そして、このように食糧としての穀物を自給せずに購入する農家が大量に発生していたことは、穀物を販売目的で生産する動きを促進したとも考えられる。

　近現代中国農村における商品経済の発展は、穀物の商品化をも伴っていた。

第一部　民国期の臨汾地域社会

平遙県でも、商品作物の棉花（アメリカ棉花）の栽培や新土布の生産という手工業の勃興によって、多くの農家が自給用の穀物生産から離脱していた。このような中国農村の「城市化」・「工業化」はすでに20世紀前半に進行していた。

●注

1) 科学研究費補助金（基盤研究（B）（一般）「中国内陸地域における農村変革の歴史的研究」2005年度～2007年度、研究代表者：三谷孝）に研究分担者として参加した。
2) 高橋孝助『飢饉と救済の社会史』（青木書店、2006年）第4章では清朝末期の山西省の穀物事情について論じているが、それに続く中華民国期に関する記載は見られない。また、内田知行『黄土の大地　1937～1945　山西占領地の社会経済史』（創土社、2005年）も山西省の農村経済にかかわる分析はほとんどなく、抗日戦争時期の「山西省における物資の生産消費構造」（89頁）として若干言及されているにすぎない。
3) 矢野信彦『山西経済の史的変遷と現段階』（山西産業株式会社、1943年）はしがき。
4) 同上書、104頁。
5) 陳翰笙「山西的農田価格」（社会調査所『社会科学雑誌』第1巻第1期、1931年3月）、劉献之「五台山的僧侶地主与農民」（中華書局『農林通訊』1935年1月版）、趙梅生「山西平順県農村経済概況」（千家駒編『中国農村経済論文集』中華書局、1936年）、張稼夫「山西中部一般的農家生活─替破産中的農家清産的一筆帳」（千家駒編『中国農村経済論文集』中華書局、1936年）などでは、資料としての価値も兼ね備えているが、土地所有問題や生産関係に重点が置かれており、農村経済構造の特質を把握するには不十分である。
6) 劉建生・劉鵬生等著『山西近代経済史』（山西経済出版社、1995年）449～474頁。
7) 「支那ノ棉花ニ関スル調査（山東省、直隷省、山西省）」（『支那ノ棉花ニ関スル調査（其ノ一）』臨時産業調査局、1918年）117～118頁。
8) 同上書、123頁。

9) 前掲書、『山西省経済の史的変遷と現段階』104頁。
10) 実業部国際貿易局編『中国実業誌（山西省)』(1936年) 第4編、16頁。
11) 同上書、17～22頁。
12) 同上書、54～60頁。
13) 同上書、67～73頁。
14) 拙稿「20世紀前半中国におけるアメリカ棉種の導入について」(『歴史学研究』第695号、1997年3月) を参照されたい。
15) 東亜同文会『支那省別全誌』第17巻、山西省 (1920年) 371～372頁。
16) 同上書、375～376頁。
17) 同上書、379頁。
18) 同上書、425頁。
19) 東亜研究所『満鉄北支農村実態調査臨汾班参加報告第一部：事変前後を通じて見たる山西省特に臨汾に関する調査』資料丙第101号D (1940年5月) 215頁。
20) 同上書、234頁。
21) 大島譲次『天津棉花と物資集散事情』(1930年) 70頁、72～74頁。
22) 興亜院華北連絡部『山西省ニ於ケル雑穀調査』調査所調査資料第186号 (経済第57号) (1941年11月1日) 6頁、8～9頁
23) 同上書、13頁。
24) 同上書、19頁。
25) 同上書、22～24頁。
26) 華北綜合調査研究所緊急食糧対策調査委員会『緊急食糧対策調査報告書潞安地区』(1943年) 3～4頁。
27) 華北綜合調査研究所緊急食糧対策調査委員会『緊急食糧対策調査報告書運城地区』(1943年) 1頁。
28) 満鉄・北支経済調査所『山西省運城地区農村概況調査報告書：安邑県第三区寺北曲村部落調査ヲ中心トシテ』(1941年) 3頁、57～58頁、64頁、79頁。
29) 北京大学附設農村経済研究所編『山西省潞沢地区農業概況報告』(北京、1943年) 72頁、79～85頁。
30) 前掲書『山西省ニ於ケル雑穀調査』26頁、28～42頁。
31) 同上書、26頁。

第一部　民国期の臨汾地域社会

32)　同上書、28～32頁。
33)　同上書、34～35頁。
34)　同上書、40頁、42頁。
35)　満鉄・北支経済調査所編『北支製粉業立地調査――山西――』（1940年7月）16頁。
36)　華北交通株式会社『鉄路愛護村に於ける昭和15年度主要農産物生産費調査報告書』華北交通調.1第3号（1941年5月）7頁。
37)　東亜研究所『満鉄北支農村実態調査臨汾班参加報告第一部――事変前後を通じて見たる山西省特に臨汾に関する調査』資料丙第101号D（1940年5月）235頁。
38)　満鉄・北支経済調査所編『北支製粉業立地調査――山西――』（1940年7月）16頁、18～19頁、21頁。
39)　東亜研究所『満鉄北支農村実態調査臨汾班参加報告第一部――事変前後を通じて見たる山西省特に臨汾に関する調査』資料丙第101号D（1940年5月）234～236頁。
40)　東亜研究所『満鉄北支農村実態調査臨汾班参加報告第一部――事変前後を通じて見たる山西省特に臨汾に関する調査』資料丙第101号D（1940年5月）236～238頁。
41)　山西省臨汾市志編纂委員会編『臨汾市志』（海潮出版社、2002年）565頁。
42)　東亜研究所『満鉄北支農村実態調査臨汾班参加報告第二部（上）――山西省臨汾県一農村の基本的諸関係』資料丙第188号D（1941年4月）98頁。
43)　東亜研究所『満鉄北支農村実態調査臨汾班参加報告第二部（下）――山西省臨汾県一農村の基本的諸関係』資料丙第188号ノ2D（1941年6月）42頁。
44)　同上書、50頁。
45)　上村鎮威「山西省臨汾県高河店生産構造分析」（『東亜人文学報』第1巻第4号、1942年2月）360頁。
46)　例えば、①晋中市志研究院編『平遙古城志』（中華書局、2002年）は、「一城二寺（平遙古城、双林寺、鎮国寺）」を扱ったもので、農村社会経済については全く言及していない。②要宜慎主編『河底村志』（山西古籍出版社、1996年）山西省重点郷鎮村志系列叢書（特輯）は、1949年以降の河底村に関して記述している。③陽高県志辦公室編『陽高県情』（山西古籍出版社、1996年）は、陽高県の1995年の状況を報告したものである。④小店村志編

山西省の農村経済構造と食糧事情

纂委員会編『小店村志』（山西古籍出版社、1999 年）の 98 頁、103 頁に蔬菜に関する記述が見られる。⑤山西省史志研究院編『柏溝村志』（山西古籍出版社、1997 年）山西省重点郷鎮村志系列書（第一輯）は、柏溝村の 1949 年以降に関して記述している。⑥王俊山主編『大寨村志』（山西人民出版社、2003 年）67〜68 頁に食糧生産に関する記述が見られる。⑦王海主編『古村赤橋』（山西人民出版社、2005 年）199〜203 頁。⑧平定県《娘子関志》編纂委員会編『娘子関志』（中華書局、2000 年）77 頁。

47）華北交通株式会社資業局編『北支農村の実態——山西省晋泉県黄陵村実態調査報告書』（1944 年 10 月）1 頁。

48）同上書、17〜18 頁。

49）北支派遣軍篠塚部隊経理部（岸本光男執筆）『山西省農村概況調査——平遙ニ於ケル生産分析ヲ中心トシテ』（1941 年）6 頁。

50）同上書、8〜11 頁。

51）同上書、47 頁。

52）同上書、12 頁。

53）同上書、13 頁。

54）同上書、27〜28 頁。

55）山本達弘「平遙土布の生産形態（上）」（『満鉄調査月報』第 23 巻第 1 号、1943 年 1 月）3〜24 頁。

56）山本達弘「平遙土布の生産形態（上）」（『満鉄調査月報』第 23 巻第 1 号、1943 年 1 月）24〜39 頁。なお、山本達弘「平遙土布の生産形態（下）」（『満鉄調査月報』第 23 巻第 2 号、1943 年 2 月）の内容と合わせて、すでに満鉄北支経済調査所『平遙土布ノ生産形態』（1942 年 2 月）として刊行されていた。また、これと関連するものとして、平野虎雄・山本達弘「山西に於ける織布業に就て」（『満鉄調査月報』第 21 巻第 10 号、1941 年 10 月）もある。

第二部　中国共産党と農村変革

土地改革・大衆運動と村指導層の変遷
——外来移民の役割に着目して——

山本　真

はじめに

　本稿では、山西省における土地改革・大衆運動及びそれに伴う村指導層の変遷を、臨汾の北郊に位置する高河店村の事例から検討する。その際、清末に発生した大飢饉のために人口が激減し、民国期にかけて他省からの避難民が多く流入したという山西省南部の社会経済構造の特色に注目しながら考察を進めたい。

　特に外来の移民に着目するのは、以下の理由による。すなわち、筆者は高河店村において、主に民国時期から人民共和国成立後までの社会変容と村指導層の変遷について聴き取りを行ったが、その際、多くの村人が外来移民について言及した。これにより、その存在が土地改革の様態やその後の幹部の抜擢に大きな影響を与えたのではないかとの仮説を立てるに致った。事実高橋孝助氏の研究で明らかにされているように、山西省では1870年代の大旱魃「丁戊奇荒」を経て、人口が約37％も減少したという[1]。その後、労働者を招き入れる開墾政策がとられ、また民国時期に頻繁に発生した華北における自然災害も相俟って、山西省の一部地区には週辺の諸省から移民が大量に流入した[2]。では、こうした外来移民の存在は、山西の社会構造やその後の革命の展開にいかなる影響を与えたのだろうか。これは十分考察に値する問題であると筆者は考える。

　というのも、近年の華北革命史研究においては、共産党が日中戦争や内戦に勝利した要因を探るチャルマーズ・ジョンソンやマーク・セルデンの古典的研究を乗り越え、その政策が直面した様々な困難や限界性、民衆の反応な

第二部　中国共産党と農村変革

どを多角的に分析するアプローチがとられるようになった。さらに地域の民俗と根拠地建設との相関関係に着目する研究が成果を上げている[3]。これとは別に社会史の領域では、自然災害と人口の流動に着目する研究も進展しつつある[4]。その一方で、こうした視点を連結させ、人口流動により特徴づけられる社会構造と、土地改革、共産党の政権建設との相関関係に着目する研究は、管見の限りこれまでほとんど行われてこなかった。しかし、筆者は過去に行った福建における革命史研究の経験から社会構造の特殊性や地域の文脈に注目することの重要性を強く主張したい〔補注〕。なぜなら革命や社会変革が一般大衆にもたらした意味を内在的に理解するためには、地域社会の在り方にまで踏み込み、その特徴を抽出する分析が不可欠となるからである。

　こうした問題認識に基づき、本稿では高河店村での聴き取りを主要資料とし、これに満鉄が日中戦争時期に作成した調査報告、太岳根拠地の機関紙『新華日報』〔太岳版〕、「解放」後に臨汾で発行された『晋南日報』などの新聞資料を組み合わせながら、上記の仮説を検証していきたい。

　なお本稿で利用する聴き取り資料は、筆者が2006年12月と2007年8月に参加した高河店調査での記録であり、その全文は三谷孝編『中国内陸地域における農村変革の歴史的研究』平成17～19年度科学研究費補助金（基盤研究（B））研究成果報告書、平成20年、に収録されている。例えば筆者が2007年に李SM氏から行った聴き取りであれば、本稿では（山本・07・李SM）のように記述し引用する。上記科研報告書にはインフォーマントの生年、職業、履歴なども記載されているが、本稿では匿名化を行った上で個人情報は省略した。

　以下、本稿の構成を予め提示したい。まず第1節においては、清末期から民国前期にかけて山西や華北一帯で発生した自然災害と、それにより惹起された人口流動が山西の社会経済に与えた影響を概観する。引き続き、民国時期に周辺諸省から山西南部へ流入した移民が小作や雇農層を形成したことを明らかにする。第2節では、戦後内戦時期に、太岳根拠地及び臨汾周辺地区での大衆動員において外来移民が果たした役割を分析する。第3節と第4節では、高河店に焦点を絞った事例研究を行う。第3節での分析を通じて、民

表1 華北4省における農民離村状況（1935年から過去3年の総数）

省名	県数	報告県数	全家離村の戸数	全戸数に対する離村率（％）
山西	105	82	20,852	1.4
河北	130	120	117,559	3
山東	108	93	196,317	3.8
河南	104	94	172,801	3.9

出所：『農情報告』4巻7期、1936年7月、171-173頁。筆者が閲覧したのは英語版である。

国時期の高河店における社会・経済、そして村指導者の状況を確認する。これを踏まえ、第4節では、共産党統治下の高河店における土地改革の特徴、そして村指導層の変遷の実態を明らかにし、最後に一連の変革に対して外来移民が果たした役割を指摘したい。

1. 近代山西における社会の荒廃と人口の流動

[I] 大旱魃による社会の荒廃

　清末の1876～78年に、山西省を含む華北を襲った大旱魃「丁戊奇荒」により、山西では、1877年の1,643万人の人口が1883年には1,033万人にまで減少した。その傷跡は深く、1953年に至っても人口は1,417万人に止まり、大旱魃時の水準を回復しなかったとされる[5]。もちろん当時の人口統計の正確さについては問題が残るが、人口減少の深刻さについては疑問の余地はないであろう。清末山西晋祠に生きた郷紳劉大鵬も『退想斎日記』において以下のように書き留めている[6]。

　　余が若かったころ、里中には商家が甚だ多く、隣里郷党は皆まずまずの
　　暮らしをしており、非常に貧困な者はいなかった。大飢饉に遭遇するや、
　　餓死者は数百人、家が断絶したのは六十余家に上り、里中にはたちまち生
　　気がなくなり、商売をする家も数家に過ぎなくなった。

第二部　中国共産党と農村変革

またキリスト教伝道団体である中国内地会の報告書は、飢饉後の惨状について「幾つかの県の若干の郷村では、僅かに1戸から20戸しか農戸が存在しないが、過去には数十戸が自らの故郷に居住していた」と記述している[7]。さらに民国時期に入っても、華北では自然災害が相次ぐこととなった。1920年には華北と陝西省において、さらに1928年から30年にかけては西北・華北で大旱魃が発生した[8]。その他、軍閥混戦、匪賊の跳梁により、河北、山東、河南の華北三省では表1のように農民の離村が相次いだ[9]。

２　外来移民の流入

華北から東北への移民については既に多くの研究成果が蓄積されてきた[10]。しかし、華北からの移民の流出先が東北に限られていたわけではない。1920年代から30年代前半における状況は、「山東、河南の農民もことごとくが東北に流浪するのではない。1927と1928年の両年には山東西部の定陶、嘉祥（中略）などの難民で山西、陝西、河北に身を寄せる者がとても多かった」[11]と記されたように、山東から山西への避難民も相当数存在した。また河南からの難民について、ある調査は「近年、河南農村の中の貧困な農民が離郷し、外地で生計を謀る者が日一日と増加している（中略）毎年多くの農民が群れを成し、隊を結び山西へ向かうが、多数は雇農であり、土地を借り小作する者は少数である」[12]と報告している。さらに階級的に目覚め行く農民陳鉄鎖を主人公として山西省の一農村（省南部の沁水県がモデルとされる）の社会変容を描いた趙樹理の『李家荘の変遷』では、鉄鎖は祖父の代に河南林県から移住してきた農民であり、村で不利な扱いを受けていたと設定されている[13]。ちなみに河南北部の林県からは、同じく山西省南部の安沢県にも大量に移民が流入していた。『安沢県志』は、客籍民が多く、土着民が少ないことが人口構成の最大の特色であると述べている。さらに1986年の調査に基づき、全県の農村常住戸15,324戸中で、河南省出身者が6,864戸と44.7％を占めており、その半ばが林県出身だと記述している[14]。

このように、本稿で考察の対象とする清末以降の時期においては、大飢饉による人口の減少に対応して、華北から山西南部に向かっての人口移動が確

80

表2 山西省南部各県、自作、自小作、小作、雇農比率

県	自作農 戸数	%	自小作 戸数	%	小作農 戸数	%	雇農 戸数	%	合計 戸数	%
太原	6,450	41.67	3,009	19.44	3,010	19.44	3,010	19.45	15,479	100
太谷	5,704	30	3,803	20	7,606	40	1,901	10	19,014	100
平遙	11,292	36.12	9,065	28.98	4,308	13.77	6,610	21.13	31,275	100
長治	21,178	61.75	7,059	20.58	2,529	7.37	3,532	10.3	34,298	100
長子	28,694	98.17	—	—	536	1.83	—	—	29,230	100
晋城	24,000	49.69	15,000	31.05	6,500	13.46	2,800	5.8	48,300	100
武郷	12,372	46	8,875	33	1,346	5	4,303	16	26,896	100
和順	5,408	50.03	1,894	17.33	833	7.62	2,734	25.02	10,929	100
沁源	5,485	61.16	3,200	35.68	125	1.4	158	1.76	8,968	100
臨汾	14,048	50	7,025	25	5,812	20.69	1,211	4.31	28,096	100
汾城	8,000	46.24	—	—	7,300	42.2	2,000	11.56	17,300	100
曲沃	13,007	72.9	3,463	19.41	1,297	7.26	76	0.43	17,843	100
安澤	8,287	42.12	3,210	16.32	7,122	36.2	1,055	5.36	19,674	100
吉県	3,132	51.08	1,100	17.94	1,500	24.46	400	6.52	6,132	100
永済	5,700	30.94	5,100	27.68	1,315	7.14	6,307	34.24	18,422	100

出所:実業部国際貿易局纂『中国実業誌(山西省)』1935年、第二編56(乙)~63(乙)。なお表中の数値は原資料のママである。

認できる。では、なぜ人々の流れがそのように方向付けられたのだろうか。これについては日常的な移動ルートが歴史的に確立しており、それを辿って人々が山西省に入ってきたことが推測される。例えば、民国時期の河南省林県油村で天門会による叛乱に参加した老人を1988年に調査した三谷孝氏は、叛乱が鎮圧された後、処分を避けて山西省安沢県に逃れた村民が多数いたことを聴き取っている[15]。どうしてこのルートなのかといえば、林県の大工・左官・鍛冶屋・薬屋・旅芸人等が出稼ぎに行くルートと重なっているからであろうと三谷は筆者に語ってくれた。また直江広治氏の『中国の民俗学』に山西と河南間の人の移動を考えるのに示唆的な叙述があり、参考となる[16]。

第二部　中国共産党と農村変革

3　山西南部諸県における自作、小作、雇農比率

　国民政府実業部国際貿易局纂『中国実業誌』によれば、山西省各県の自作、自小作、小作、雇農（農業労働者）の比率は、それぞれ57.67％、21.64％、11.36％、9.33％とされる[17]。同じ調査による山東省での自作62.41％、自小作18.55％、小作11.12％、雇農7.92％と比較した場合、山西では自作率が若干低い一方、雇農比率がやや高くなっていることが看取される[18]。また表2は、山西省各県の自作、自小作、小作、雇農の比率を示したものである。以下では表2の中から、外来移民の流入と小作・雇農の相関性が示唆されるいくつかの県の事例をとりあげ、検討を加えることとする。

4　各地の事例

（a）安沢県（古県）

　山西省南部の太岳山地に位置する古県は、民国期には安沢県に所属していた。表2では小作・雇農の合計が全農家の約42％を占めている。同県は土地が広く人口が少なかったため、山東、河南などから避難民が不断に流入したという。結果、1912年に約3万人であった人口が、1937年には約10万人に達したが、これに伴い独特の小作制度が形成された[19]。民国時期の古県では、1,000石以上の穀物を小作料として徴収する地主が16家存在した。彼らの多くは「山西商人」として有名な平遥の商人であり、「儀太昌」や「儀成昌」と呼ばれる商店がその大なるものであった。商店は、小作料として徴収した穀物を県城の糧食店に集積した後に、多くは洪洞県曲亭鎮に運び販売した。また「二東家」と呼ばれる中間経営者も存在した。彼らは、大地主から土地を借り、自ら経営するか、或いは別の小作に又貸しすることにより利益を得た。このような地主は、荒地を移住民に耕作させることで、座して富を蓄積したとされる[20]。

（b）吉県

　表2において小作、雇農の合計が農戸総数の約31％を占めた吉県は、山

西の西南部の山地（臨汾の西隣）に位置している。吉県第一の富商「東川源」は吉県東川の大地主兼商工業者であった。その経営者である劉家の祖籍は平遥にあり、乾隆年間以前に吉県に移住してきたという。「東川源」は1920〜30年代に最も繁盛し、地主経営以外に酒と酢の製造、そして製粉を業とした。こうした地主は、村近辺の土地であれば長工（年雇いの農業労働者）を使役し農業経営を行った。また山地において耕作する農民は、その大部分が山東と河南からの被災民であった。1929年の山東・河南の災害により、貧しい人々が家財を背負い、老人や子供とともにここに逃れてくると、山地は彼らにより開墾されたという[21]。

(c) 臨汾及び山西南部の諸県

1933年刊行の民国『臨汾県志』によれば、光緒3（1877）年の大災害以来、人口の減少は総人口の半数以上に及んだ。その後河北と山東から移民が流入し、全県人口の3割を占めることとなったという[22]。臨汾の南に位置する汾城・襄陵（現在の襄汾）でも河川沿いや山地に大量に移民が流入した[23]。そのためか表2では小作と雇農の合計が全農戸の53.76％に及んでいる。さらに雇農が単独で34％に達した永済県（山西省の南西端）では、全県の大多数の村に山東、河南からの被災民が定住していた[24]。

その他、表2においては雇農や小作の比率が低い県でも、県志を参照すると、相当数の外来人口の流入が確認できる場合がある。例えば太行地区の長子県では、1918年の山東の旱魃において南常郷斉民荘、横水郷山東溝などに山東人が流入し、1919年の旱魃では、河南北部の林県から避難民が流入した[25]。また太行区の平順県における「山田」の耕作は極めて苦しい作業であったが、これに従事する小作農は約1,000余戸であり、人口は7〜8,000人、県人口の10の1を占め、大半は河南から来た移民であったという[26]。

[5] 臨汾高河店における外来移民

ここでは我々が調査を行った高河店村での外来移民の状況を紹介したい。日中戦争時期に実施された満鉄の調査では全村戸口の約10分の1が外来移

民であり[27]、総じて避難民として分散的に流入し、労働者として雇用された。以下聴き取りにより得られた具体的事例を示すことにしたい。

①盧XZ氏（女性）。1941年生まれ、出生地は高河店村付近の西高河村である。彼女の父は6歳の時に、兄弟3人と河北から避難してきた。ここには親戚はいなかった。父は雇用労働や行商（野菜売り）を行った。土地改革前には土地をもたず、土地改革では貧農に区分され、地主の土地を分け与えられた（山本・07・殷JT・盧XZ）。

②李SM氏は、1929年生まれ、学歴はなく、非識字である。「解放」前には土地を所有していなかった。日中戦争時期（1937年ごろ）父が殺害され、母と兄弟とともに河南から避難してきた。当初は共産党の支配地区にいたが、兵士となることを嫌い高河店に移り住んだ。高河店では2年間ほど短工となり、後に行商をした。「解放」後は解放軍兵士となった（山本・07・李SM）。

③王YS氏は、1928年生まれ、父は山東からの避難民であり、小作や行商で生計を立てた。兄弟姉妹は4人であり、10歳で小学校に入り3年間学んだが、母が亡くなり、困窮のため退学した（山本・06・王YS）。

④劉XS氏の父親は河南人であり、水災を避けて移り住んできた。父親は天秤棒の片方に兄を、もう片方に行李と布団を担いで逃げてきた。高河店では、行商を行った（李恩民・07・劉XS）。

ところで、外来移民について、満鉄の調査では「事実部落民の排他的心理は極めて薄く、外来家族と雖も一年を経過すれば、同部落土着家族と全く同様の待遇を受けるのである」と叙述している[28]。しかし、実際には外来移民に対する住民感情は、以下に引用するように単純なものではなかった。

①大部分は、河南や河北から来た者だ。本地の"土生土長"（地元の人間）ではない。たとえ3代4代経って、本地で生まれていても"外来戸"と呼ぶ。外来戸には見下す意味が含まれる。家屋があるだけで土地がない

(と本村人とは見なさない—訪問者補い)(山本・07・柴 YL)。
②彼らは最初、廟に住んでいたが、後に黄金山の家屋を分配された。民国18年(1929年)ごろに村に来た者もいるが、土地と家屋がないために、外来の人と看做された。土地改革後、土地と家屋を所有して初めて本村人と看做された(山本・07・席 ZJ)。

このように、土地と家屋との所有が本村人となる基準であった。さらに外来移民に対する排他的意識の存在も垣間見られ、満鉄調査の記述と食い違っている。

2. 山西太岳根拠地における大衆運動の展開

1 国共内戦時期、太岳区と臨汾における大衆運動の動向

臨汾盆地の東北に位置する太岳山地には、日中戦争中、共産党による根拠地が建設された。日中戦争時期から内戦期にかけての共産党の活動概況は本書岩谷論文を参照されたいが、1944年夏の時点で、その統治区は太岳山以南を中心に38県に及んだ[29]。

日中戦争の勝利により、日本軍からの脅威は去ったが、国民政府との摩擦が増大するなか、太岳区では1945年冬から、「過去のつけ」の清算闘争に大衆を立ち上がらせた[30]。日中戦争時期からの「老解放区」である沁源、安沢、冀氏、士敏、沁水、陽城などでは「査減運動」(小作料減額の再検査)が全村に遍く及んだという。新たに支配下に入った「新解放区」の晋城、長子、趙城、翼城、臨汾、垣曲、王屋、済源、高平などの諸県の多くの村でも、「反漢奸」、「訴苦」(被った苦しみを訴える)運動が展開された。こうした「解放区」では「減租清算」(小作料の減額と過去のつけの清算)が実施され、大衆は漢奸、悪覇、地主、豪紳、高利貸し、から過去に不法に奪われたと見なした土地や食糧、財物などを「取り戻した」という[31]。

山西省南部に位置する臨汾周囲の諸県でも、1946年5月の「五四指示」(既に進行していた漢奸・土豪劣紳・悪覇からの土地没収を公式に認めた指

示）以前から、実際には「過去のつけ」の清算を名目として地主への闘争が展開されていた[32]。さらに1947年に入ると、国民党統治区と接する所謂「沿辺区」において、大衆運動が激化した[33]。こうしたなか臨汾盆地の北部、霍県でも闘争の展開と地主側武装勢力（復讐団）による報復が深刻化したが、これについてはジャック・ベルデンの『中国は世界をゆるがす』に詳しい描写がある[34]。

２　大衆運動における外来移民の役割

以下では大衆運動における外来移民の役割を分析する。場所は山西東南部となるが、1947年の和順県（長治盆地北部）に関する報道が興味深い。表２から読み取れるように、和順県は雇農比率が相対的に高い県であった。晋冀魯豫辺区中央局の機関紙『人民日報』によれば、該県第一区の某村では、全村220余戸のうち少なからざる人口が外来移民であり、奴婢と同じような悲惨な生活を送っていた。彼らは年末には余剰食糧がなく、厳冬に寒さをしのぐ綿の衣服すら所有しておらず、「解放」され立ち上がることを切実に要求したという[35]。また臨汾の南方、曲沃県には1941年に河南から大量の被災民が流入し[36]、1947年当時も県城の北街には200戸余りの外来移民が居住していた。多くは河南人と山東人であり、行商で生計を立てていた彼らは、住居も土地も所有しておらず、「解放」後には、家主に対する闘争に立ち上がった[37]。さらに表２において雇農が農家総数の34％を占めた永済県の程胡荘でも、共産党の工作隊が最初に目を付けたのが、山東からの外来移民であった[38]。

また『臨西県史略』は、臨汾の大衆運動における外来移民の役割を以下のように叙述している。県西北部に位置する楊家坡村には二つの山村が付属していた。付属村（30戸余り）の住民の職業は雇農か雇工であり、その半数は外来移民であった。楊家坡村全体では、張姓が有力であり、全村を左右する勢力を有していた。宗族観念が強く、張姓以外から農民協会の主席を選ぶことは困難であったため、張姓ではあるが、祖籍が他村にある張広文を農民協会主席に選出した。このように本地の人々が保守的な宗族意識を維持する

土地改革・大衆運動と村指導層の変遷

一方、貧雇農とりわけ外来移民が闘争への積極性を示したという[39]。

臨汾北部の魏村では、共産党の工作組が指定した二人の貧農団の責任者のなかの一人が、外来移民の貧農であった。当初、多くの民衆が敢えて工作組に接近しようとしないなか、例外的に共産党に協力したのがこの人物であり、彼はまもなく幹部に抜擢された[40]。その他、臨汾の蘭村には、山東から避難してきた王長雄がいた。王は、当初は豆腐を製造する労働者として糊口をしのいでいたが、後には自ら豆腐を販売し、土地3畝を借り入れた。1947年12月に蘭村が「解放」され、48年6月に工作組が村に入ると、王は治安組長、貧農団団長、共産党員に抜擢された[41]。

このように、大衆運動において外来貧困層は重要な役割を果たした。もちろん全ての外来移民が積極的に革命に参加したとは限らないが、少なくとも、革命を惹起することを目指す共産党が、外来移民に着目し、積極分子としての役割を担わせようとしたことは間違いあるまい。ただし、外来移民は地域社会において本来周縁的な存在であった。このため、彼らが闘争へ参加し、革命の果実（地主の土地や財産）を享受すると、本村人との間に微妙な摩擦が醸し出される事態が発生した。これに関連して川井伸一氏は、農村革命が進展するなかで、農民大衆のなかでも革命の果実を手に入れることができる者とそうでない者が生まれ、社会に新たな亀裂が発生したと指摘している[42]。外来移民が革命の果実の受益者となれば、本村人への分け前が減少したため、反発を招いたと考えられる。

その後、1948年春に軍事情勢が好転した後、毛沢東による「晋綏辺区幹部会議における講話」を契機に、極左路線の修正が進められた。同講話は中農の保護、生産力の重視が骨子とされており、土地改革の穏健化が進展した[43]。こうした情況下で闘争を激化させることは却って地域社会の亀裂を深刻化させる原因となるため、本村人と外来移民にも融和が呼びかけられるようになった。例えば、1948年3月、太行区黎城二区の望壁村では、本村と外来移民による派閥が生まれ、本村人は外来移民が村の政権を握ることを警戒していた。これに対し共産党は本村と外来とにかかわらず、農民は一つであるとして農民階級の一体性を宣伝した[44]。さらに、1949年3月の報導で

は、ある村には十数戸の外来移民がいたが、土地を分配することを嫌った本村人は、彼らを本籍地に送り返すことを希望したという[45]。こうした記事は、元来本村人が外来移民に対する排他意識を有していたことに加え、土地分配という利害対立が加わり、階級的連帯の維持が困難となっていたことを示す事例といえよう。そして、これに苦慮した共産党は、1949年1月にその機関紙である臨汾『晋南日報』において「農民の内部は団結しておらず、外来戸と本地戸、閭と閭との間で互いに排斥している」と、危機感を吐露したのである[46]。

3. 民国時期の臨汾高河店村における社会・経済情況、村指導層

本節では調査地である高河店村の民国時期における社会・経済情況、村指導者層の実態を概観する。

1 高河店の農業経営と農民の生活水準

1939年に高河店において実施された満鉄の調査によれば、村民88戸（純粋な農家は84戸）のうち、小作は11戸に過ぎず、自小作が13戸、「地主兼自作」が60戸を占めた（原資料においてこのように記されているが、在村地主は2戸のみであった）。自作が主流を占めるとはいえ、村内農家の1戸当たりの平均経営面積は、7.6畝に過ぎず、5畝以下の経営が41戸、5～25畝以下の経営が46戸と、村内農家の経営は概して零細なものであった。土地所有情況も分散的であり、村内最大の富戸黄金山を除き25畝以上を所有する農家は存在しなかった。小作地については、総耕地面積795.1畝のうち、128畝に過ぎず、耕地の約16％に止まっていた。在村地主としては、黄金山が46畝を所有し、そのうち14畝を小作に出していた以外では、4畝の小作地を所有する寡婦がいたのみである。その他89.7畝の土地が県城内商人に抵当流れ、或いは売却により所有権移転し、小作に出されていた[47]。

ところで、国立北京大学農学院の『山西農業と自然』は、山西省統計処の調査に基づき、臨汾汾河流域の農家当たり平均耕地面積（経営面積）に関し

て41.6畝という数値を提示している[48]）。これに照らせば、高河店村農家の経営規模の零細さは際立っているかに見える。では、平均経営面積7.6畝とされる高河店の農家経営と生活水準の実態はいかなるものであったのか。以下では聞き取り調査に基づき、この問題を検討したい。

　あるインフォーマントは、当時は人口4～5人の農家であれば、生活に6～7畝が必要であった（土地の等級や人の勤惰を問わない平均で）と述べている。「解放」前、14畝の土地を所有し自作農であったこの人物は、主に玉蜀黍麺を主食としており、さらに1年に3ヶ月は饅（饅頭）を食べることができたと話した（山本・07・張JX）。また灌漑可能地7～8畝とそれ以外に川べりの土地を所有していた別のインフォーマントは、小麦の作付けを少なくした場合は綿花を多く植え、市場で綿を売り小麦を購入した。小麦が食べきれなかった場合も、市場で販売したが、これらは臨汾の町に売りに行ったと述べている（田原・07・張YY）。なお、地主の土地を耕せば、1畝の土地につき180斤の小麦を納めねばならず、収穫の半分程度が小作料となったという（山本・07・張JX）。総じて聴き取り調査では高河店本村人はなんとか食べることはできる生活水準を保っていたという印象を受けた。

　ところで、経営規模が零細でも農民の生活が成り立った大きな要因としては、高河店ではその全耕地面積のうち、灌漑地が6割以上を占めたことが重要であろう。その大部分は村の北側を流れる高河の河水を樊家渠を通じ引水することにより灌漑され、残りは井戸水が利用された[49]）。このような良好な灌漑条件は、適量な水分さえあれば肥沃さを発揮可能な黄土地帯に位置する高河店の農業に大きく裨益したと見なせよう。また県城の北郊に位置した高河店村の村民が県城に綿花や小麦を販売したことは、既に紹介した。その他、ほとんど全ての成年男子が農閑期に野菜販売に出たり、県城内の道路修理や停車場の労働者となったが、こうした都市近郊農村の利点を活かした副業により家計が補助されたのである。また女性が自家生産の綿繰りや織布、布靴の生産に従事していたことも重要であろう[50]）。村内最大の富戸黄金山の経済的成功の背景にも商品経済に依拠した製粉、酢の製造、麩の製造（飼料）による現金収入があった[51]）。なお「黄家はアヘンを栽培していた。また酒を醸

89

造していた」(山本・07・李SM)、「解放前は外来戸が多くいた。これらの人が黄金山に雇われた」(山本・07・張JX)との証言もある。満鉄の調査時に村には外来者が10家族ほど居住していたというが[52]、黄金山は恐らく安価であった外来移民の労働力を使用し資本を蓄積したと推測される。

このように、高河店村において比較的零細な農場経営でも生活が成り立ったことの背景には、灌漑による高河店耕地の生産力の高さと、県城の経済圏に包摂され、商品経済化が進み副業収入が家計を支え得たこと、などの諸条件が存在した。その一方で、外来移民については困窮した生活を送る者が目立ったことは先に紹介したとおりである。

２ 民国時期における高河店村の指導層

日中戦争時期、高河店は臨汾県を5つの区に分けたなかの第1区に所属する「散村」であった。「散村」とは、戸数100戸未満の村を指し、「散村」を数ヶ所併せて聯合村(行政村)を形成した。高河店は隣接する南焦堡、北孝村、坂下村と聯合して行政村を形成していた(日中戦争時期の地図参照、また、民国期の山西における村制度については本書岩谷論文も参照されたい)。聯合村には1名の村長が置かれ、各「散村」には村副が置かれた。村副は各戸の代表による選挙により、聯合村の村長は村副の互選により選出され、1944年当時では、南焦堡の周某が村長に就任していた。高河店の村副は趙某であり、1944年当時36歳、灌漑地3.8畝、乾地2.7畝を所有する自作農であった[53]。また村の下には5戸を1隣とし5隣を1閭とする閭隣制度が布かれていた。閭長は村副が指名し、隣長は閭長と村副の合議の上で指名された。高河店の閭長は2人だけ記録に残っているが、2人とも5畝を所有する自作農であり、1人は45歳、別の1人は64歳であった[54]。その他、洪水の際、村人に呼びかけ寄付活動を展開し橋を修理したという盧洪泰という人物がおり、日本との交渉などはこの人物が担当したという(李恩民・06・丁HL)。

村内の富戸としては先にも紹介した黄金山が挙げられる。ただし黄金山は蓄財に努めるだけでなく、村人に驢馬を貸与するなど(内山・07・茹CS)、

村民との協調に努めていた。「田舎地主だった。金も勢力もあるというわけではなかった。人柄は良かった。「悪覇」ではなかった」（山本・07・柴YL）と証言されるように、大きな政治的影響力を有することもなく、村人との間に目立った対立もなかったようである。

　なお、農民からの聞き取りでは日本軍による労働力の徴発には言及されるものの、日本軍支配下の搾取が極めて過酷であったとの記憶は希薄であった。そのためか、日本との交渉を通じて中間搾取を行った人物がいたという話も聞かれなかった。ただ、ある人物は日本占領時期にスパイ（便衣）を務めたという理由で、土地改革時期に「悪覇地主」に区分されたというが（祁建民・07・趙SE）、その真相は不明である。これに対して日中戦争後に統治を回復した閻錫山の支配は、村からの過酷な収奪を行うものであったと記憶されている（李恩民・06・段YL）。しかし、皆が村長となることを忌避したというから（三谷・06・盧ZY）、この時期においても職権を利用しあからさまに中間搾取を行う人物は存在しなかったようである。実際に、日中戦争時期及び内戦時期、村の役員を務めた者で、共産党の大衆運動において批判の対象となった人物は存在しない。こうして見てくると、村有力者が日本軍と癒着し中間搾取者と化すことにより村内で亀裂が深刻化したり、日本軍と共産党軍双方への納税負担を巡り、村民内に対立が生じたりした村[55]と高河店とは置かれた対外的・内的状況が大きく異なっていたのである。

③　高河店の伝統的社会結合と民国時期の変容

　このように村民の語る記憶においては、高河店では激しい階級対立もなく、誰もが認める漢奸（対日協力者）も存在しなかった。それでは高河店の地域社会は強い凝集力を有し一つにまとまっていたのであろうか。まず父系血縁団体である宗族に着目すると、高河店において同族意識は一定程度存在したものの、宗祠やまとまった族産もなく、宗族が強固に組織化されていたとは言い難い（本書田中論文参照）。

　では地縁・神縁的側面から村の社会結合凝集力はいかなる情況にあったのだろうか。山西における地縁・神縁団体としては、地域の祭祀行事（祈雨、

疫病神を追い払う儀式など）を取り仕切り、会首により運営される「社」或いは「社火」が注目される[56]（本書内山論文も参照のこと）。明清時代の山西の「社」全般については杜正貞氏の研究が詳しい。同研究は清代山西では里甲制度に代わり、元来は祭祀の組織であった「社」が徴税と自治の機能を担うこととなったと指摘している[57]。また王先明氏も「晋俗毎一村為一社、若一村有二三公廟、則一村有二三社。社各有長、村民悉聴指揮[58]」との史料を引用し、村と社と廟との関係を論じている。人類学的研究では、太原盆地と呂梁山が接する交城県を事例として、地縁団体としての「社」のまとまりを研究した陳鳳氏の研究[59]が参考となる。さらに2002年刊行の『臨汾市志』でも「解放」前に臨汾付近の村で「社祭」が行われたことが記述されている[60]。もっとも、高河店における満鉄調査では、「社」についての記載はなく、我々の調査においても「社」の社会活動について聴き取ることはできなかった。ただし、廟が村の公有財産としての性質をもち、村の社会関係のなかで一定の位置を占めていた形跡は看取できた。

すなわち、満鉄の調査によれば、高河店では、純然たる共有地が19畝、その他廟産として村落の所有に属したと考えられる土地が12畝存在したとされる。前者は入札を通じて小作に出し、そこからの収益を小学校の教育費に充当していた。後者の12畝の内訳は、女貞廟の10畝と関帝廟の2畝であるが、女貞廟の土地の収益は廟に居住する尼の生活費に、関帝廟の収益は小学校の経費に当てられた。これらは所謂「学田」的性質をもつものであったという[61]。さらに村の小学校は女貞廟のなかに設置されていた（山本・06・茹CL）。

この女貞廟はかつて村最大の建築物であった。満鉄の調査は、女貞廟について清代乾隆年間に近隣村落の王妙蓮という当時18歳であった少女によって設立されたという伝説をもつことを紹介した上で、以下の記述を掲載している。

女貞観の拝殿の周囲には一面の壁画が描かれてあつて、支那民族の神話である三皇五帝の事跡が彩色を以て描かれ、室の中心に等身大よりも大き

土地改革・大衆運動と村指導層の変遷

い木像が安置されてゐる（ママ）ことである（中略）こう云うものは関帝廟の粗末な建物と関羽の彩られた木像とは比較にならぬ程立派に出来てゐる（ママ）[62]。

　ここからは女貞廟が単なる尼僧庵ではなく、地域の中心廟であったことが垣間見られる。また我々の調査では、女貞廟は地母神たる后土を祀る「后土廟」であり、かつては廟で演劇が催されたことも聴き取ることができた[63]；（三谷・06・丁HL）。さらに女貞廟の祭日は3月3日であるが、中村喬氏の研究によれば、この日は農桑と深い関係がある節日である[64]。以上に鑑みれば、女貞廟は元来は高河店の「社廟」であったものが、歴史的経緯のなかで尼が居住する庵と化したとの推測も成り立つのではなかろうか。
　次に、農業生産に関わる地域社会の協同性を勘案する上で欠かせない考察対象である水利組織について概観する。高河店では、村の北側を流れる高河より樊家渠（地図参照）に引水した灌漑用水が農業生産に極めて重要な意味をもっていた。樊家渠の維持は高河店を含む9つの自然村により担われており、毎年各村の代表者が集まり、渠の維持費、人夫の費用などが決定された。組織としては9つの自然村から総理渠長1名を、各自然村から渠長を1名選出した。さらに水利組織には規約が設けられたが、これには取水制限と違反者への罰則が含まれていた。前掲の『山西省臨汾県一農村の基本的諸関係』も（上）94頁において「結合の維持が数部落の自治組織によって管理されてゐる（ママ）と云う点は、農業生産を中心とする生産力の確保増大の為に、政府の統制とは無関係な相互連帯が行はれ得ると云ふことを物語ってゐる（ママ）」と、水利組織が有した社会的連帯性に着目している。
　このように高河店では1944年の満鉄調査の時点でも、農業の再生産に不可欠な水利組織が機能し、さらに地域社会が共有地を保有しその収益を教育経費に充当していたことが確認できた。しかし宗族については強固な団体性は存在せず、地縁組織としての「社」の活動も確認できなかった。また1930年代前半には村近隣の高河屯の集市が衰頽し、従来の集市経済圏から臨汾県城の経済圏に移行・包摂されるとともに[65]、土地所有権の県城商人への流出、村人の県城への出稼ぎ現象も発生していた。さらに外来移民の流入

第二部　中国共産党と農村変革

現象が見られた。これらに鑑みれば、民国時期の高河店地域社会は、水利慣行を中心に伝統的な地縁的凝集力を一定程度保持し、廟を巡る社会関係も存在はしたものの、村が全体として強い団体性を有する情況にはなかったようである。

4. 高河店の土地改革・大衆運動と村指導層の変遷

1 高河店における土地改革・大衆運動の展開

　以下では土地改革・大衆運動を経た村指導層の変遷を外来移民の動向に着目しつつ考察したい。『臨汾市志』によれば、1948年5月17日に臨汾が「解放」された後、土地改革は、1948年11月から開始され、次年7月には全県で土地改革が終了した[66]。高河店での土地改革の開始時期についてはインフォーマントにより証言が様々であるが、上記期間中のことであったはずである。なお当該時期は「土地法大綱」による左傾化が既に修正された時期であり、このことが高河店における土地改革の性質を大きく規定したと考えられる。

　高河店での土地改革の状況は以下のようであった。地主に階級区分されたのは黄金山と黄金寿、茹大興の3人、富農に区分されたのは茹成林であった。満鉄の調査でも言及された高河店最大の地主の黄金山については、既に触れたように、村民の印象は概して良好であった。「土地改革後は（黄金山の）人柄がよかったので、あまり激しくは批判・闘争されなかった。彼は人を搾取しなかったので、批判・闘争大会に参加しても形式だけのものだった」（山本・07・李SM）。「地主・富農で反革命として殺されたり、村から追い出されたりした者はいなかった」（山本・07・殷JT）。「解放前、地主と小作間の矛盾は激しくなかった」（山本・07・柴YL）。「闘争はスローガンだけで処刑はなかった」（山本・06・張YY）。「工作隊が大衆を立ち上がらせたが、地主も豊かではないので、「訴苦」は少なかった。民衆は地主に対して激しい反応はしなかったが、同情もしなかった」（山本・06・茹CL）との証言が得られた。このように高河店での共産党による土地改革は、①先に述べた

土地改革・大衆運動と村指導層の変遷

「土地法大綱」からの路線転換による運動の穏健化という時期的特性と、②民国時期の社会状況とに規定されていた。結果、村落社会から強い抵抗を受けなかった一方で、闘争の高揚も見られなかった。つまり高河店社会は変革を上からのものとして受け入れたといえよう。

(2) **高河店村指導層の変遷と外来移民**

　臨汾の「解放」以前には共産党による高河店での組織的活動は確認できない。臨汾が「解放」された後、土地改革が実施される段階になって、やっと4〜5人から成る工作隊が高河店に派遣されてきたという（三谷・07・張JX）。これと同時に貧困な農民から成る貧農協会が組織された。主任は王洪河[67]、その他茹宝山、席英娃[68]、黄万年、趙克俊、趙鳳山[69]が成員であり、そのうち趙鳳山は外来移民と思われる。なおほとんどの積極分子は後に政治的に誤りを犯すなどして交代させられたというが（山本・07・席ZJ）、茹宝山だけは長年幹部を務め続けた。「解放」後の村の指導層として注目されるのは土地改革当時30歳代半ばと比較的若い（李恩民・06・茹ML）茹宝山であった。彼は土地改革の終了後も率先して互助合作運動を牽引し、1951年には全村最初の互助組を組織したことが貢献とされた。これを契機として高河店では急速に互助組が発展したという。1953年に高河店で初めての農業生産合作社が設立されると茹宝山は社長となり、翌年には共産党員に抜擢された。1956年に高河店を含めた11の自然村により組成される紅星合作社が設立されると副社長となり、人民公社化後には南孝管理区副主任を務めた。1961年には、村に戻り党支部書記を担任した[70]。茹宝山は人柄がよく、小学校卒と学歴は低かったが有能な人物であったと村人に評されている（山本・07・張JX）。

　茹宝山の下で大隊長を務めたのは1930年生まれの若い茹CSであり、農業生産の発展に尽力したとされる（学歴は小学校2年在学）[71]。このように高河店では村幹部の中軸は本村人である茹宝山―茹CSラインであった。その一方で、外来移民もある程度幹部に抜擢されたことは看過できない。すなわち、貧農協会委員を務めた趙鳳山以外に、河南省からの移民である龍FQ

が大隊長を務めた。龍の在任期間は明確でないが、1964年の「四清運動」時期に大隊長であったという証言があるので（祁建民・07・柴YD）、茹CS大隊長の後任と推測される。また龍FQの息子である龍SJも書記を務めたという（三谷・07・茹CG）。さらに「四清運動」における幹部の交代においても外来移民が一定の役割を果たすことになるが、これについては後述したい。

3 高河店の土地改革における外来移民への土地分配

本村人による階級闘争が低調ななかで、土地改革による果実は外来移民に与えられていった。村の中核的指導者は本村人の茹宝山であったが、少なくとも土地の分配では、外来者が優遇されたとの認識を多くの本村人が抱くことになった。以下では、土地改革と外来移民との関係について、聴き取りで得られた村民の認識を紹介したい。

①外地から災害を逃れてきた者（10家余り）で、本村に来た者もみな土地と家屋を分配された。本村人はあまり分配されていない（山本・07・席ZJ）。

②外来戸は、河南、河北、山東から来た。外来戸は、多くは民国時期に来た。解放前の外来者は商売をする者が多かった。土地改革時期に避難民が流入してきた。なぜなら、本村の政策が排外的でなかったために、外来者が相互に相談してここに移ってきたからだ。解放後、外来戸の某（固有名詞は伏せる―筆者）が幹部となったが、多かれ少なかれ、私心があった。外地人だからだ（山本・07・盧ZY）。

③土地改革時には、貧農や雇農が積極分子だった。貧雇農の多くは外地（山東、河南、河北）からの移民だった。民国期、黄河が氾濫し、水害が深刻だった。彼らが村の幹部になったが、学歴は低く、非識字の人も比較的多かった（山本・07・殷JT）。

このように、土地改革での外来移民への土地分配は、本村人の不満を惹起

土地改革・大衆運動と村指導層の変遷

し、外来移民への不信感を伏流させる結果となったと思われる。

4　高河店の「四清運動」における幹部批判と外来移民の抜擢

　高河店での「四清運動」全般については本書所収の祁建民論文が詳細に検討している。ゆえに本稿では外来移民の抜擢に焦点を絞って分析を加えたい。
　既に述べたように、1950年代初頭の土地改革時期から60年代半ばの「四清運動」時期まで、高河店では長きにわたり茹宝山が村の指導者であった。ただし、「四清運動」の際には状況が一変した。大隊長の茹CSが強い批判に曝され（祁建民・07・柴YD）、茹宝山も交代させられた。書記こそ本村人の積極分子である茹ZGが任命されたが、強い権力を擁した貧農協会の幹部には、復員軍人や外来移民が抜擢された。貧農協会初代主任は海軍の復員軍人趙JHであり、その妻は山東人であった（祁建民・07・茹ZG）。貧農協会の第二代主任には、外来移民である趙SEが就任した。すなわち高河店に趙姓は二派あり、趙SEの趙姓は1戸のみの少数派であった。本人は父親は付近の村である西高河からの移民であると述べているが、他の趙姓は趙SEの家系は山東、河南からの移民と見なしている（祁建民・07・趙SE；祁建民・07・趙KR）。あるいは、外省からまず西高河に移民し、そこから高河店に再移住したのかもしれない。また1964年に入党し、民兵隊長を75年まで務めた許ZWも本村人ではなかった。許ZWは元来臨汾県域の住民であったが日中戦争時期には臨汾の東南に隣接する浮山県など各地を転々としていた。小学校に4年間通った後、解放軍に入隊し、上司の紹介で1962年から高河店に移住した。「四清運動」後、工作隊は彼を書記に抜擢しようとしたが、本人は外来者が書記を務めることは難しいと考え、書記を辞退し、民兵隊長に就任したという（祁建民・07・許ZW）。
　以上見てきたように、民国時期に地域社会の亀裂が顕在化していなかった高河店では、共産党の政策が穏健化した時期に土地改革が実施されたこともあり、激しい闘争は必要とされなかった。このため土地改革時期に外来移民が中心的な役割を果たすことは無く、「四清運動」時期までは本村の最大姓出身の茹宝山や茹CSが村の幹部として安定した地位を保ち、農業生産に尽

力することが可能となった。しかし、その後、「四清運動」の際に、外から工作隊が入ってくると、工作隊は村の周縁部にいた外来者に期待し、許 ZW や趙 SE を幹部に抜擢した（抜擢の理由はもちろん外来移民ということではなく、彼らのもつ階級性であっただろうが）。しかし、許 ZW は自らが外来移民であることの弱点を自覚していたために、書記にはならず意識的に民兵隊長の職に止まった。このように本村人と繋がりの少ない外来移民は「四清運動」における政治運動に利用されたものの、彼らが長期にわたり村政を運営することは困難であったと考えられる。外来移民の数奇な運命について、郷土史家の王 RD 氏は自らの故郷の事例として、「難民は山区に入り込み、新たに村を作った。古い村では発言権がない。外来戸は貧民であったので、共産党の幹部になった。解放前に来た謝某は 1956 年に書記になったが、安定期になると村に居り難い状況になった」[72] と我々に語ってくれた。

おわりに

清末から民国にかけての時期、山西の社会経済は疲弊・衰退の様相を顕著にしていた。これに加え、華北における自然災害や社会動乱を背景として、山西省南部の諸県には周辺諸省から相当数の移民が流入し、彼らが小作や雇農として最貧困層を形成していった。共産党が大衆を起ち上がらせるに際しては、こうした貧困な外来移民が動員の対象とされたのである。ただし外来移民が積極分子として活躍し、これにより土地改革の果実が彼らに分配されると、本村人の外来移民に対する排他意識が高まり、社会の亀裂をもたらすこととなった。こうした矛盾に共産党も危機感を募らせたのである。

ただし 1948 年春の極左路線の修正後に土地改革が行われた高河店では、旧指導層や地主は村政権から排除されたものの、土地改革での闘争は穏健なものに止まった。これは高河店では民国時期に経済状況が小康であり、社会対立が深刻ではなかったという背景と、先に述べた共産党の政策の時期的特徴とが相俟った結果と考えられる。こうした条件により、高河店村のリーダーには本村人の若い世代から穏健な性格をもつ人物が抜擢され、生産力の上

昇を重視する方針がとられたのである。ただし、革命闘争において外来移民
が中心的役割を果たさなかった高河店村のような事例でも、元来少なからず
存在した本村人の外来移民に対する排他的な意識は、土地改革での果実の分
配をめぐり助長され、長きにわたる不信感として持続した。その後、60年
代半ばに基層幹部に対する引き締めを目的とした「四清運動」が開始される
と、新たに抜擢された幹部には外来移民が重要メンバーに含まれた。

　このように山西南部における革命闘争、大衆運動の展開については、時期
により偏差が見られるものの、外来移民が一定の役割を果たし続けたことが
その特徴として指摘できよう。さらにその背景には、人口流動が顕著であっ
たという清末から民国期にかけての華北の社会経済的条件や本村人の外来者
に対する排他的意識が存在した。革命・大衆運動のあり方や民衆にとっての
革命、変革の意味は在地の構造や意識形態（心性）に大きく規定されたので
ある。

●注
1) 高橋孝助『飢饉と救済の社会史』青木書店、2006年、284頁。
2) 安介生『山西移民史』太原、山西人民出版社、1999年、403～412頁。
3) チャルマーズ・ジョンソン（田中文蔵訳）『中国革命の源流』弘文堂新社、
1967年；マーク・セルデン（小林弘二、賀々美光行訳）『延安革命』筑摩書
房、1976年。近年の研究については、例えば、田中恭子『土地と権力』名古
屋大学出版会、1996年；内田知行『抗日戦争と民衆運動』創土社、2002
年；丸田孝志「抗日戦争期・内戦期における中国共産党根拠地の象徴――国
旗と指導者像」『アジア研究』50-3、2004年；同「太行・太岳根拠地の追悼
のセレモニーと土地改革期の民俗」『近きに在りて』49号、2006年；荒武達
朗「1850-1940年山東省南部地域社会の地主と農民」『名古屋大学東洋史研究
報告』通号30、2006年；同「1944-1945年山東省南部抗日根拠地における中
国共産党と地主」『徳島大学総合科学部人間社会文化研究』13号、2006年；
三品英憲「戦後内戦期における中国共産党の革命工作と華北農村社会――五
四指示の再検討」『史学雑誌』112-12、2003年；一谷和郎「国共内戦期晋察
冀辺区の経済建設」『史学』71巻1号、2001年；同「革命の財政学――財政

第二部　中国共産党と農村変革

　　的側面からみた日中戦争期の共産党支配」（高橋伸夫編著『救国、動員、秩序変革期中国の政治と社会』慶應義塾大学出版会、2010年）；角崎信也「食糧徴発と階級闘争――国共内戦期東北解放区を事例として」（前掲『救国、動員、秩序』所収）；石島紀之「抗日根拠地における戦争動員と民衆――太行根拠地を事例に――」『環日本海研究年報』第18号、2011年。などが挙げられる。

4)　夏明方『民国時期自然災害与郷村社会』北京、中華書局、2000年；同「対自然災害与旧中国農村地権分配制度相互関係的再思考」（復旦大学歴史地理研究中心主編『自然災害与中国社会歴史構造』上海、復旦大学出版社、2001年、所収）。

5)　前掲『飢饉と救済の社会史』284頁。

6)　劉大鵬著；喬志強標注『退想斎日記』太原、山西人民出版社、1990年、光緒22年正月初8日（1896年2月20日）の条。

7)　「英国皇家亜洲学会中国分会会報　山西平陽府中国内地会牧師巴格納尓的報告」（李文治編『中国近代農業史資料（1）』北京、三聯書店、1957年）649頁。

8)　鄧雲特『中国救荒史』台北、台湾商務印書館、1970年重印（1937年、初版）、40～48頁。

9)　王印煥『1911～1937年冀魯豫　農民離村問題研究』北京、中国社会出版社、2004年、16～17頁。

10)　荒武達朗『近代満洲の開発と移民：渤海を渡った人びと』汲古書院、2008年；内山雅生「山東省における労働力移動――『満州』方面を中心に」（野村真理・弁納才一編『地域統合と人的移動』御茶の水書房、2006年、所収）など。

11)　「難民的東北流亡」（馮和法『中国農村経済論』上海、黎明書局、1934年）327頁。

12)　張錫昌「河南農村経済調査」（『中国農村』1巻2期、1934年11月）62頁。

13)　趙樹理（岩村忍訳）『李家荘の変遷』岩波文庫、1958年。

14)　安沢県志編纂委員会『安沢県志』山西人民出版社、1997年、79頁。同資料の記述については三谷孝氏にご教示いただいた。

15)　三谷孝「天門会発祥の地を訪ねて――河南省林県東油村訪問記――」『近きに在りて』17号、1990年。

16）直江広治『中国の民俗学』岩崎美術社、1967年、174〜195頁。
17）実業部国際貿易局纂『中国実業誌（山西省）』1935年、第二編56（乙）〜63（乙）頁。
18）実業部国際貿易局纂『中国実業誌（山東省）』1934年、第二編53（乙）〜60（乙）頁。
19）古県志編纂委員会『古県志』西安、陝西人民出版社、2001年、6頁、59〜63頁、105〜111頁。
20）張衡夫「古県租佃関係和地主対農民剥削的形式」（『山西文史資料』第58輯、1988年）100〜102頁。
21）劉存仁・呂奇「旧社会吉県的土地租佃和高利貸」（『山西文史資料』第42輯、1985年）150〜152頁、156頁。
22）劉玉璣修・張其昌纂『臨汾県志』巻二、戸口略、1933年（台北、成文出版社影印、1976年）。
23）襄汾県志編纂委員会『襄汾県志』天津、古籍出版社、1991年、102頁。
24）永済県志編纂委員会編纂『永済県志』太原、山西人民出版社、1991年、57頁、68頁。
25　山西省長子県志編纂委員会『長子県志』北京、海潮出版社、1998年、125頁。
26）趙梅生「平順県農村経済概況」（原載「農村週刊」22期『益世報』1934年7月28日、馮和法編『中国農村経済資料』続編、上海、黎明書局、1935年、所収）259頁。
27）山木秀夫、上村鎮威『満鉄北支農村実態調査臨汾班参加報告第二部　山西省臨汾県一農村の基本的諸関係』東亜研究所、1941年、（上）106〜107頁。以下同書は『山西省臨汾県一農村の基本的諸関係』と略記する。
28）同上（上）、106頁。
29）「太岳抗日根拠地行政区画沿革」（李茂盛・盧海明主編『太岳抗日根拠地重要文献選編』北京、中央文献出版社、2006年）765頁。
30）「洪洞中尹壁村反貪汚闘争的経験」（『新華日報』〔太岳版〕1945年12月7日）。
31）「太岳区群運概述」（『人民日報』〔晋冀魯豫辺区中央局〕1946年6月15日）。
32）「臨汾王雅等六村大連合反対不法地主特務破壊減租」（『新華日報』〔太岳版〕1946年5月1日）、「臨汾里仁等村聯合闘争紹介」（『新華日報』〔太岳版〕

1946年5月5日）。

33）　社論「貫澈辺沿区土地改革」（『新華日報』〔太岳版〕1947年2月27日）。

34）　ジャック・ベルデン著、安藤次郎・陸井三郎・前芝誠一訳『中国は世界をゆるがす』（中）青木文庫、1965年、第7章「土地と革命」30節「石城村」33〜57頁。

35）　「和順開展復査幇助山荘客民翻身」（『人民日報』〔晋冀魯豫辺区中央局〕1947年3月9日）。

36）　曲沃県志編纂委員会『曲沃県志』北京、海潮出版社、1991年、40頁。

37）　「曲沃城市貧民怎様鬧翻身」（『新華日報』〔太岳版〕1947年8月23日）。

38）　「找苦人抓骨幹搞開闘争」（『新華日報』〔太岳版〕1947年10月1日）。

39）　臨汾市尭都区老区建設促進会編『臨西県史略』2006年、54頁。

40）　「魏村工作組警惕不够　地主陰謀破壊土地改革」（中共山西省党史研究室編『山西新区土地改革』太原、山西人民出版社、1995年）361頁（原載『臨汾人民報』1948年12月23日）。

41）　「従土改中翻身来的」（『晋南日報』〔臨汾〕1949年3月30日）。

42）　川井伸一「中国における土地改革運動：1946〜1949──北部農村社会と革命的指導──」（『歴史学研究』486号、別冊特集　世界史における地域と民衆〔続〕）1980年。

43）　前掲『土地と権力』393〜404頁。

44）　「不分本地外来戸　農民応該一条心」（『人民日報』〔晋冀魯豫辺区中央局〕1948年3月29日）。

45）　「不能強制外村移来農民回原村分地」（『晋南日報』〔臨汾〕1949年3月15日）。

46）　『晋南日報』〔臨汾〕1949年1月10日。

47）　前掲『山西省臨汾県一農村の基本的諸関係』（上）96〜97頁、（下）51頁。なお（下）73頁に全耕作面積は688.9畝とあるが、総耕地面積795.1畝との異同の理由は不明である。

48）　国立北京大学農学院中国農村経済研究所『山西農業と自然』1941年、97頁。ただし一戸当たりの農業経営規模については山西省統計処とロッシング・バックの数値に大きな食い違いがある。バックは臨汾汾河流域の経営規模を36.6畝としている。

49）　前掲『山西省臨汾県一農村の基本的諸関係』（下）40頁。

50）同上（上）、98頁。
51）同上（上）、106頁。
52）同上（上）、106頁。
53）同上（上）、121～122頁。
54）同上（上）、118～119頁。
55）黄東蘭「革命、戦争と村──日中戦争期山西省黎城県の事例から──」（平野健一郎編『日中戦争期の中国における社会・文化変容』財団法人東洋文庫、超域アジア研究部門　現代中国研究班、2007年、所収）。
56）喬瑞明（桜木陽子訳）「祭りの芸能・社火での風習」（『アジア遊学』45号特集山西省　黄色い大地の世界、2002年11月）159頁。
57）杜正貞『村社伝統与明清紳士──山西澤州郷土社会的制度変遷』上海辞書出版社、2007年。
58）「晋撫張之洞疏陳晋省通行保甲並請飭部定就地正法章程」『皇朝掌故匯編』巻53、保甲、（王先明『近代紳士──一個封建階層的歴史命運』天津人民出版社、1996年、91頁）より転引。
59）陳鳳「伝統的社会集団と近代の行政村落──山西省の一村落を事例として──」（『現代中国研究』20号、2007年）。
60）山西省臨汾市志編纂委員会『臨汾市志』北京、海潮出版社、2002年、（下）1559頁。
61）前掲『山西省臨汾県一農村の基本的諸関係』（上）96頁。
62）同上（下）、86頁。
63）田中比呂志「村の秩序と村廟」（『近きに在りて』55号、2009年）99頁。
64）中村喬『中国の年中行事』平凡社、1988年、71～73頁。
65）前掲『山西省臨汾県一農村の基本的諸関係』（上）92頁、（下）47頁。
66）前掲『臨汾市志』（上）40～41頁。
67）聴き取りによって得られた農民の姓名については、高河居民委員会編「1940年高河店住戸摸底情況的調査票」に照らし、漢字表記はこちらに依拠した。
68）聴き取りでは席人娃とあったが、前掲「調査票」には席英娃の名がある。
69）（三谷孝・06・盧ZY）では趙鳳山ではなく、張鳳山と記されている。しかし、前掲の「調査票」には張鳳山という名はなく、趙鳳山の名がある。趙鳳山であれば四清時に貧農協会主任を務めた趙SEの父であり、外来移民であ

第二部　中国共産党と農村変革

る。趙 SE 自身も父は幹部であったと口述している。これに鑑みると、通訳が発音したチョウを文字化する際、張と誤記されたものと推測される。
70)　臨汾市農業合作制編委会、臨汾市檔案局『臨汾市農村合作制名人録』1988 年、44 〜 48 頁。
71)　同上、47 頁、89 〜 90 頁。
72)　王 RD 氏からの聴き取り——1945 年生まれ、襄汾県鄧荘在鎮鄢里村出身、1970 年中国科学技術大学卒。臨汾地震局局長、2005 年退職。地方史、碑文、災害史の研究者。2007 年 8 月 25 日、臨汾市紅楼賓館で聴き取りを行った。

〔補注〕筆者の福建革命史、地域史研究については以下の文献を参照されたい。
山本真「福建省西部根拠地における社会構造と土地革命」(『東洋学報』第 87 巻 2 号、2005 年)。
同「革命と福建地域社会——上杭県蛟洋地区の地域エリート傅柏翠に着目して (1926-1933)——」(『史学』〔慶應義塾大学三田史学会〕75 巻 4 号、2007 年 3 月)。
同「民国前期、福建省南西部における経済変動と土地革命」(『中国研究月報』62 巻 3 号、2008 年)。
同「1930 〜 40 年代、福建省における国民政府の統治と地域社会」(『社会経済史学』74 巻 2 号、2008 年)。
同「福建省南西部農村における社会紐帯と地域権力」山本英史編『近代中国の地域像』山川出版社、近刊。

四清運動と農村社会権力関係の再編

祁　建民

はじめに

　「階級」と「階級闘争」は、毛沢東時代における中国共産党（以下「中共」と略称）の意思を村落へと浸透させる過程においての、最も重要なキーワードである。中共は建国前に農民を動員し、建国初期に農村権力構造を再編し、そして集団化時代に農村を厳格に統制した際には、すべて「階級」と「階級闘争」というイデオロギーを利用して、政治運動を起こし、その目的を達成しようとした。一方、農村社会における元来の人間関係及び権力構造は、中共の「階級」と「階級闘争」論を受容すると共に改造・再編されている。このような「受容──再編」のプロセスを通じて、現代中国農村における中共政権の支配が成立している。

　内戦時期以降、土地改革を通じて、中国農民は「階級」観念を受容し始め、それから、村民同士の間に元よりの宗族（血縁）、互助（業縁）と信仰的縁などの社会的結合以外に階級成分・階級関係という新たな区別が付けられている。しかし、この時期の「階級」は、主にこの時期より前の財産状況と政治地位に基づいて区分された。即ち、建国前の状況によって人々の階級成分を決め、過去をまとめて、位置付け、処分が決められた。続いて、四清運動を通じて、「階級闘争」の観念を受容し、プロレタリア独裁政権下において地主・富農が政治的な「敵」として再確認されていた。中共によれば、かれらは土地改革以後にも反抗し続けて、復辟しようとし、さらに、このような「敵」の活動と関連して、様々な社会主義を破壊する「悪質分子」及び彼らの中共内の代理人が生じ、村落の中で激しい「階級闘争」が展開されている

105

と言われた。これによって、村落内の人間関係と権力構造は大きな変化が起こった。

本稿は四清運動期の山西省の農村を中心として、この「階級闘争」観念の受容と村落権力関係の再編のプロセスを明らかにすることによって、現代中国における共産党政権の統治能力の強さと農村権力関係の変化にアプローチしてみたい。

中共の農村階級闘争論と農村社会との関係について、近年では黄宗智が次のように指摘した。1952 年の土地改革と 1966 〜 1976 年の間の文化大革命中に、中共の階級闘争の言説は農村の客観状況とますますもって乖離し、このような乖離は中共の政策の採択と行動に強く影響が与え、そして、このような政策の採択と行動は再び一種の言説を生じ、この言説は文化大革命中に、大いに個人の思想と行動に影響が与えた。黄によれば、土地改革中の「地主」、「階級の敵」などの概念は、主に「象徴」的、「道徳」的な概念で、実質的な範疇ではない。そして四清運動中、毛沢東は実権派を打倒するために、階級の敵を実権派に絡ませて、権力闘争を階級闘争に変わらせた、という[1]。

四清運動に関する研究では、筆者はかつて幾つかの論文を発表し[2]、中共中央の四清政策及び村幹部構成の変化などを検討してきた。近年の幾つかの業績は注目すべきだと思う。まず、郭徳宏・林小波の『四清運動実録』（浙江人民出版社、2005 年）を挙げたい。この本は多数の内部資料を利用して、四清運動の全貌をまとめている。次に、張楽天の『告別理想　人民公社制度研究』（東方出版中心、1998 年）は、当時の村幹部の筆記・ノートを利用し、浙北地区の村落レベルの四清運動の実証的な研究を行った。特に常利兵は山西省の農村の村落文書を利用し、フィールド・ワークを加えて、ある村落の四清運動に対して丹念な研究を行った[3]。本稿では以上の先行研究を踏まえて、前述の独自の視角から再検討してみたい。利用する資料は山西省臨汾市高河店村での現地調査資料及び山西大学中国社会史センター所蔵の村落文書である[4]。

1. 毛沢東の階級と階級闘争論

　毛沢東の「階級闘争論」とその「階級」観念とは内在的に関連するため、本稿はまず毛沢東の階級論を考察する。

　「マルクス主義の階級理論によると、生産関係の中で同じ地位を占有し、同じ機能を遂行するひとびとの集合が階級である」という。その最も重要な指標は、生産手段に対する関係（所有と非所有）及び社会的労働組織における役割の相違（搾取と被搾取、支配と従属）にある[5]。しかし、22年間、農民革命を指導してきた中国共産党の階級論はマルクスの階級論を受け入れながら、独自の階級論を創出した。その代表的な理論は毛沢東の階級論である。

　毛沢東の階級論の第一の特徴は政治目的を達成するために、常に革命闘争の状況に応じて、中国の階級を「敵、我、友」で区分し、そしてその「敵、我、友」の枠を調整して、「我」と「友」を最大限に拡大し、「敵」を孤立させる。毛沢東はマルクス、エンゲルスの「今日までのあらゆる社会の歴史は、階級闘争の歴史である」[6]を信奉して、中国革命論の核心は階級闘争とプロレタリア独裁と主張した。

　実際には、中国の階級はかなり流動的に存在している。この点について、多数の研究者が指摘している。西洋では、かつてヘーゲルは、「インドの場合のように、独立的な階級または自分が自分で自分の利益を守るということはシナにはない」[7]と指摘した。中国の郷村運動の先行者である梁漱溟は中国社会構造の特徴は「倫理本位、職業分途」と主張した。近年、高橋伸夫は中国において「階級的流動性が高い状況下では、党が特定の階級と結びつくのは難しくなるからである」[8]ということも指摘した。

　このような社会状況において、毛沢東はまず「敵、我、友」の区分を強調した。「だれがわれわれの敵か。われわれの友か。これは第一に重要な革命の問題である」[9]。最初、毛沢東は「プロレタリア階級（工業無産階級）」も「われわれの友」と考えたが、解放後『毛沢東選集』を収録した際に、「指導力である」という言葉が増補された[10]。この時、毛沢東は中国の階級を大資

第二部　中国共産党と農村変革

産階級、中産階級、小資産階級、半無産階級と無産階級に区分した。自作農は小資産階級に属し、半自作農、小作農と貧農は半無産階級に属している。農業無産階級は「勇敢に奮闘する」勢力であるとしている。

　農村における階級の区分について、その後、農村革命の展開と共に大きい変化が現れた。1927年以降、農村革命を中心とする中国の農村の中に農業無産階級の人数は非常に少なく、革命の主力軍としての力が不足なので、農村部において、革命の「敵、我、友」を再区分し、「我」と「友」を拡大しなければならない。初めに、大・中地主の豪紳階級、小地主と自作農からなる中間階級、それと貧農階級、この三つの階級に区分した[11]。毛沢東の『湖南省農民運動視察報告』の中では、農村部の農民階級と封建地主階級との対立を取り上げ、そして、農民には、富農、中農、貧農の三種類があるとした[12]。貧農は大多数を占めた。「農村にあって、一貫して悪戦苦闘してきた主要な勢力は貧農である」。「貧農なくして革命はない。かれらを否定することは革命を否定することであり、かれらを攻撃することは革命を攻撃することである。」とされた[13]。これによって、貧農は半無産階級から農村の最も革命的な階級に変わった。その後、毛沢東の『興国の調査』によれば、この県の第10区の人口の区分は貧農が人口の大半を占めた。また、革命後に「貧農は村政権のスジ金となり、農村における指導階級となっている」、一方、「革命後も雇農は政治的に権力をもっていない。中農および貧農は、雇農が『文字を知らないこと、話が下手なこと、開らけていないこと、公事になれないこと』のゆえに仕事ができないとしている。」[14]。その後、最も貧しい雇農ではない、農村人口の大半を占めた貧農が革命の指導力という観点が定着した。

　1930年代に、毛沢東による本格的な農村調査が行われた。「その方法、内容、ともにきわめてユニークであった。あくまでも革命闘争の指導者として革命の対象と彼我の勢力を正確に把握することに彼の主眼があったが、ユニークな調査はそのことと関係があるに違いない」[15]。農村査田運動の時に、毛沢東は「どのように農村の階級を分析するか」の中で、農村における階級成分を地主、富農、中農、貧農、労働者（工人）に区分した。

抗日戦争の時期、共産党の根拠地内では、減租減息及び生産の発展によって、中農が増えて、貧農は減少していった。貧農は農村の最大の階級から第二の階級になった。岳謙厚、張瑋の研究によれば、晋（山西省）西北のある地域では、貧農は1939年に40.6％を占めたが、1945年に、30.8％を占めるに至った[16]。張聞天の調査によれば、農村部の党員の出身は貧農よりも中農が最も多くなったという[17]。これに対して、中共はさらに中農を細かく区分し、農民の大多数を支配の土台とした体制を維持しようとした。内戦の時期以後の土地改革の時、中農の中を富裕中農と中農に区分し、さらに集団化の時期には上中農（富裕中農）、中農、下中農に区分した。このような調整の目的は、農村部での農民の大部分を「我」と「友」の側に分けて、最大限に一部の「敵」を孤立させることにあった。

建国以降の毛沢東時代に、人民民主独裁政権の土台は幅広い階級を団結させる統一戦線である。1949年6月、毛沢東は「人民民主主義独裁について」を発表し、現代中国の階級路線を定めた。毛沢東によれば、革命闘争の基本経験の一つは統一戦線の結成であるという。人民民主主義独裁の内容は、労働階級、農民階級、都市小ブルジョア階級、民族ブルジョア階級を結集し、労働階級の指導のもとに、労農同盟を基礎として人民民主主義独裁の国家を樹立することである。地主階級と官僚ブルジョア階級に対してのみ独裁を行うということである[18]。

毛沢東の農村革命の経験によれば、「中間階級からひどく妨害をうけた」という[19]。中国共産党の階級闘争戦略は、できるだけ「中間階級」を分化して、大多数を団結させ、敵を縮小させてきたことである。高橋伸夫は党と農村についての研究方法に関して次のように指摘した。「革命根拠地に関するいかなる研究も、共産党と農村における特定の階級の『自然な』結びつきを実証してはいない」、「経済構造に占める位置によって、特定の階級が共産党と強固な同盟を結ぶようあらかじめ運命づけられていると想定する必要はないのかもしれません」[20]。その理由は、中国における階級が流動的に存在している社会環境と毛沢東の戦略的階級区分の方法であると思う。

毛沢東の農村階級論の第二の特徴は、階級と権力との関係を重視すること

である。毛沢東によれば、旧中国を支配する権力構造の基盤は封建地主階級である。「農村封建階級」は国内の統治階級と国外の帝国主義の唯一の堅固な基盤であるといった[21]。農村の王として君臨してき土豪劣紳の支配機構、即ち地主政権は「すべての権力の根幹である」[22]。そのゆえ「農村革命は、農民階級が封建地主階級の権力を打倒する革命である」[23]。政治的な革命がなければ、地主階級を打倒できない。旧中国では、国家権力による農村への支配は単純な官僚支配ではなく、官僚支配の土台は封建地主の農村での支配体制である。基層社会においても、地主階級は「都（区）、団（郷）といった末端の行政機関をにぎり、独立した軍事警察権、財政権、司法権まで行使していたのである」[24]。中国農村における階級間の闘争は、すべて権力をめぐって展開し、権力闘争の最高の段階は武装・暴力闘争である。

　毛沢東は国家権力支配の基盤から農村の階級闘争を捉えて、中国の郷紳社会の性格を掴んでいる。中国の郷紳社会について瞿同祖は次のように鋭く指摘している。中国農村は実に一つの権力集団によってコントロールされていた。「この権力集団は公共領域においては官吏として現れて、個人の領域においては士紳としても現れている」[25]。この郷紳社会の権力構造は毛沢東の階級論の成り立つ根拠であると考える。

　しかし、建国以降でも、毛沢東はいつもすべての権力闘争を階級の視点から解釈してきた。指導者の間の政策上の不一致と対立などを階級闘争として政治運動の方法で解決し、階級闘争を拡大するに至った。

　毛沢東の農村階級論の第三の特徴は、階級関係と宗族関係などとの絡みを重視し、いつも宗族組織を排除することを主張してきた。第一次国共合作の時期に、毛沢東は宗族組織と地主支配とが癒着することに重大な注意を払った。「封建的な宗族結合にのっかった土豪劣紳、不法地主の階級は、数千年来の専制政治の基礎であり、帝国主義、軍閥、腐敗官僚の土台である。中国の農民は、ふつう三つの権力体系によって支配され、即ち、政権、族権、神権がそれである」[26]。毛沢東は湖南農民運動の中の、農民たちの族長に対しての行動に注目した。農民運動中に、「悪質な族長や廟（お宮）の公金（共有財産）の管理人は土豪劣紳として打倒され、『しりたたき』から『生き埋

め』にいたる宗族内の私刑は廃止され、婦人や貧乏人は一族の祭事に出席させないという慣例も、実力で粉砕された」[27]。

　毛沢東の初めての農村革命根拠地建設の経験は湖南・江西・福建省などの宗族組織の発達地域で得たものである。土地革命戦争の時期に、毛沢東は根拠地における宗族問題について次のように述べた。「どこの県でも、封建的な同族組織が非常に普遍的で、一村一姓、もしくは数村一姓のところが多く、比較的長い期間をかけなければ村内の階級分化は完成されないし、同族主義も克服されない。同族組織の農村で悪質なのは豪紳ではなく、中間階級なのであって、これが最大の問題である」[28]。このような同族村では、条件が満たされれば、同族地主を打倒すべきである。しかし、その基本的方針は「階級闘争を極力発展させて、宗族闘争はしない」[29]。階級闘争によって宗族闘争に取って代わるのである。

　毛沢東は村落における祠堂・廟の管理、義倉などの「共同体」的な性格を備える組織に対して、すべて地主階級の支配構造として打倒すべきと主張した。「農村の階級をいかに分析するか」の中で「中国の農村にはたくさんの共有地があった」と指摘した。例えば区郷の政府がもっているもの、族田、廟と教会の土地、社会公益的性質をもっているもの、学田などであり、「こうした土地の大部分は地主、富農の手ににぎられ、農民が関与する権利をもつ土地はごく一部にすぎなかった」[30]。解放戦争の時期に土地改革が行われた。宗族財産の所有と管理について、族産の管理者を封建搾取階級として取り扱った。同族の公堂管理、即ち各種の祠、廟、会、社の土地財産を管理することが搾取行為であると認定された[31]。1950年の「政務院の農村階級成分の区分に関する決定」の中で、「公堂を管理することは一種の搾取行為である」と定めた。政務院のこの決定の中では、祠堂、廟、会、社の土地・財産を管理する人は「管公堂」と呼ばれ、農村において、「管公堂」は疑いもなく封建的搾取の一種であると規定された。

　中国農村における支配構造は、確かに内山雅生が指摘したように、村落統治構造の二重性があった。村落統治機構は、むき出しの暴力的装置のみでは維持され得ず、ここに従来より村民の多くを結集して実施された「団体的協

第二部　中国共産党と農村変革

同事業」という外衣をまとい、村民に共同関係によって存立しえるのだというコンセンサスを授与してこそ、その役割を果たしえたと考えられる[32]。村落の有力者は政治権力による支配を共同体的な共同事業の管理と、そして生産手段による搾取を同族財産の統制と巧妙に混同している。これによって、毛沢東は階級論の中で、宗族における有力者を搾取階級として扱った。

　毛沢東の農村階級論の第四の特徴は、農村社会における「悪習」などはすべて地主の搾取階級によってもたらされたもの、文化芸術及び道徳も階級性と繋がっていると主張することである。1920年代に、毛沢東は湖南省の農民運動の中の「悪習」の破壊を注目し、称揚した。「さらに農民的規律の確立に向かう。麻雀やかるたや花札などの牌、博奕、アヘンの三つがもっともきびしく禁止され、さらに、猥褻な『花鼓』の上演禁止から、いろいろな奢侈、浪費、さらに牛の屠殺までさまざまな禁止事項、制限事項が定められ、実行された」。これによって、かれらは「地主階級のわるい政治的環境から生まれた」「社会の悪習」に反抗した[33]。また、村落の様々な民俗信仰は農民を支配する「神権」であると指摘した。

　あらゆる文化芸術はすべて階級性と繋がっているということは毛沢東の階級論の一つの特徴である。毛沢東によれば「現在の世界では、文化あるいは文学・芸術はすべて、一定の階級、一定の政治路線に属している。芸術のための芸術、超階級的な芸術、政治と並行するか政治から独立した芸術というものは、実際に存在しない」[34]。これによって中国農村の革命は搾取階級を打倒すると共に搾取階級の文化・習慣も廃棄すべきであるとされた。

　中国農村では、富と徳とは、密接的な関係がある。「為富不仁」は、最も卑しめることである。羅紅光の研究によると、財の使用をめぐって、ヨーロッパでは、「階級闘争」が生じたことと異なって、中国農村は、「階級的秩序とは違った意味での交換と贈与を行なっている。その過程において、交換と贈与は農家にとっての『小康生活』の維持に必要不可欠な条件として、また財の使用をめぐる道徳的な美徳として求められている。農家のもつ『小康生活』は財の所有の段階にとどまらない。彼らは富へのアプローチの過程において、富の達成と財の使用をめぐる道徳性とを結び付けるようにして、道徳

の模範的中心を作り上げてきた」[35]。

　中国共産党による階級区分及び階級闘争は経済・政治的要素以外に、道徳的な意味も含んでいる。階級の「敵」は同時に道徳の面でも「悪徳」の人間である。内戦の時期の階級区分について、田中恭子は次のように指摘する。「政治の積極性、家族の歴史、生活水準なども、階級分類の基準として普遍的に用いられた。これら経済外的基準は、農民の倫理感・正義感に合致するものであり、党にとっても政治的な便宜性があったのである」[36]。道徳的「悪」を搾取階級と繋げて、あらゆる「悪習」が生ずることを搾取階級に帰している。「悪」をもつ搾取階級と闘うことが正義の行為であるのは中共の土地改革を正当化させるポイントの一つである。中共によって行われた「階級闘争」の性格について、黄宗智は、「階級闘争は道徳的芝居として、『善』を代表している革命勢力と『悪』を代表する階級的敵との間で闘うことが表現されている」ということを示唆した[37]。階級闘争は「善」と「悪」との闘争である。これによって階級闘争の理論は農民の道徳観念に繋がって、受け入れられた。

　中国では、支配者のイデオロギーと異なる観念は存在したか。古代から、中国の支配者は教化を重視し、国家のイデオロギーを普遍的に社会に注ぎ込もうと努めた。「成俗化民」が政治の重要な一条目とされていた[38]。教化は、専制国家の行政体制に対応して発達したイデオロギー装置であった。だから、研究者は「紳士の手によって立てられ運用される国家法と、民衆の日常生活における規範意識との間に、価値体系としての等質性が目立つのも、むしろ当然のことであろう」と主張した[39]。しかし、「中国文化は統一したものであるが、単一で同質的なものではない」[40]。常建華は中国の民間習俗の「階層性」を指摘した。貧しい人々と富裕層の間の節句は異なることがあった[41]。民間では、国家及び支配層のイデオロギーに背く言説はずっと存在している。毛沢東の階級論は各階級のイデオロギーの間における争いを重視する。しかし、民俗の中に階級性を超えるものもあったが、毛沢東はすべて階級論の視点から認識した。解放後に、賭博、迷信及び宗族活動が復活して、毛沢東はこれを「階級闘争」の「新動向」として認識して、階級闘争の復活に警戒心

113

第二部　中国共産党と農村変革

を高めた。

　以上のような毛沢東の農村階級論は、現代中国における階級闘争に大きな影響を与えた。「敵、我、友」の視点から階級を区分することによって、階級的「敵」の判定標準がはっきりせず、不安定である。誰でも階級の「敵」にされる可能性がある。階級と権力との視点から見て、農村政権は「敵」を奪い返される可能性があった。村落の権力闘争と幹部問題を常に階級闘争の重点として捉えてきた。階級と宗族、及び「社会の悪習」との観点から、農村部の宗族活動、賭博・迷信などをすべて階級闘争の反映と認識してきた。1960年代、階級闘争理論が進んで、「搾取階級」と「悪習」との関係は本末を転倒された。即ち、毛沢東は単なる一部の「宗族活動」と「悪習」の現れるのを階級闘争の証として捉えて、それはすべて「搾取階級」によって行われたことと断定し、その階級闘争拡大論を補強するに至った。

2. 農民による階級論の受容

　農民たちが、以上のような毛沢東の「階級」観念を受容するきっかけは土地改革であった。中国の土地改革は経済面では、二つの特徴がある。その一つは「中国革命を成功させたのみならず、あの広範な農村から搾取階級の地主層を消滅させたという意味において巨大なものであった」。もう一つは「地主の土地を無償没収しながら、それを国有化せず、農民的所有とした点である」[42]。中国の土地改革は、資本主義への道を切り開いた戦後日本のような農地改革及び社会主義的国有化を実現した旧ソ連の土地改革と大きな相違がある。これよりさらに重要なことは、政治面では、中国の土地改革は、階級を消滅することなく、かえって階級の区分を細かく作って厳しく残された。このような国有の土地でなく、集団所有の土地の所有権、都市化が進まず、戸籍によって固定された大量の農村人口、そして厳格な階級身分の区分は、その後の村落政治を大いに左右した。

　土地改革中に、農民の「階級」観念を受容させた方法は、まず、地主たちから威圧された面から啓発する。次は財産と生活水準の不平等を強調し、最

後にマルクスの「剰余価値」理論を活用し、地主の「搾取」手法を暴きだすことであった。

　共産党の土地改革は、内戦の時期からスタートした。その起源は、抗日戦争後の「反漢奸運動」であり、これは言うまでもない政治運動であった。しかし、この運動は次のプロセス即ち「反漢奸運動→減租減息→封建勢力打倒→耕者有其田」のように展開した。中国の土地改革は、その初めから、政治闘争の性格をもっている。三品英憲は次のように指摘した。減租減息と反奸清算とは異なる理論・原則による運動であり、本来、単純に並列し得るものではない。にも拘わらず、『五四指示』はこの二つの異なる闘争を同列で扱い、しかもこうした違いについて全く言及していないのである。『五四指示』が、農村革命戦略の中に二つの異なる理論を混在させたことに、中央の指導層は自覚していなかった[43]。なぜ、二つの異なる闘争が混ぜて行われたか。その理由は、「反漢奸運動における「古いツケの清算」闘争は、農民大衆を思いっきり動員して、運動を減租減息に転換するための不可欠な方針であったこと」である[44]。政治闘争は土地改革の実行にとって不可欠な要素である。

　土地改革の第一段階は生産手段の占有と搾取の状況を取り上げただけでなく、政治的な抑圧を清算することも始まる。即ち「訴苦（苦しみを訴える）」ということである。かつての支配者からの迫害を告発する。北京市房山県共産党の内部文書によれば、財産登記以前、「各村は、罪が重く悪質で大衆にとって痛恨の存在であった地主に対して大衆を動員して説理闘争をおこなった」。「闘争の対象の多くは地主・旧富農、または、保長になったことのあるものであった。大衆の恨みは深く、闘争の士気は高かった」。「かならず清算を要するものについては政府に報告した。法によって判決がなされるならば、大衆が闘争相手に対して闘争の必要を表示し、その気持ちを晴らすことができた」[45]。この意味において、中国では、土地改革が「翻身（解放されて立ち上げる）」と呼ばれて、経済的意味より、政治的意味が大きいのである。

　土地改革の第二段階は貧富の対照である。姜義華は、毛沢東の階級区分の基本的立場は「主に社会財産の所有状況即ち生活の富裕状況にも基づいて区分する」[46]と指摘した。生産手段の所有と社会的労働組織における役割によ

第二部　中国共産党と農村変革

る貧富の格差が階級区分のポイントである。山東省では、「過去の記憶の対比」、「窮棚」・「富棚」の設立、実物展示の対比などによって」、農民に階級を観念させた[47]。費孝通の調査で有名な江村では、村民の回想によれば、当時、「金政委という人がいたが、彼の報告は人々を涙させた」。金は地主が誰のものを食べるかということや、地主が西瓜を食べる時に砂糖も入れるということを、君達（農民――引用者）は知っているかと言った。農民は「この話は道理があり、そのうえ分かりやすいものであった」と言った[48]。

　土地改革の第三段階では、貧富の格差をもたらした理由を究明して、「搾取関係」を農民に理解させる。土地改革中、地主と小作の間に存在する搾取関係（階級関係）を認識することは農民にとって難しいことであった。この過程はW.ヒントンの『翻身』に典型的に描かれている。当時、農民に階級関係と階級意識を学ばせるために討論させた主なテーマは三つあった。(1)生活のために誰が誰に依存しているのか、(2)なぜ貧乏人は貧乏で、金持ちは金をもっているのか、(3)小作料を地主に支払うべきか否か。討論の際、「小作料と利子の引き下げには、みんなが賛成した。しかし、話題が土地制度そのものに討論がおよぶと、混乱がはじまった。それは地主の所有する土地の多くは、合法的な売買か遺産相続によって手にいれたものだと、信じられていた。それならば小作料は払わなくてはならない」と農民は考えていた。これについて、地区指導者は次のように説明した。成年男子一人の労働がどれだけの穀物を生産することができるか、雇農が一年分の報酬としてうけとる額はどのくらいか、数字をあげて説明した。(中略)それはきわめて重い搾取である。地主たちが公然と行っていた抑圧行為はだれの目にもすでに明らかであり、農民たちは反対することで一致していた。『暗剥削』、すなわち、隠されて眼にみえない搾取、ふつうの地主の土地小作料そのものに含まれている搾取は、みなの目前にはっきりしない。これははっきりさせるべきではないか。これらのものこそ、すべての悪の根源ではないか。これによって、三つのテーマに対して三つの回答が出され、大多数が納得した。(1)地主は生活を農民の労働に依存している。(2)金持ちが金持ちなのは、貧乏人から「むしりとっている」からである。(3)小作料を地主に支払うべきではな

い[49]。

　江村では、その動員方法は大体同じであった。土地改革の宣伝の主な内容は：(1) 小作料を合わせて幾ら出したか。農民は一年中働いていたにもかかわらず、なぜ貧乏なのか。地主は働いていないが、では彼の生活は誰に依存しているのか。(2) 地主は何によって農民から小作料を徴収するのか。(3) 土地は誰によって開墾されたか。(4) 土地は労働人民によって開墾されているが、どのような手段で地主の手に入ったのか、金銭で購入したのか、祖先から継承したか。(5) 土地は一体誰のもので、どのようにするべきか。このような宣伝に農民は段々納得した。

　中共の階級論の農民による受容は、「階級」という概念としては、農民にとって不案内であるが、「階級」の意味は農民の生活経験から説明すると、受け入れやすくなった。政治的抑圧の清算、貧富の対照、「剰余価値」で小作料を分析することを通じて、農民たちは、「搾取」、「階級」などの意味を理解しえた。共産党のイデオロギーは、農村での受け皿が存在している。

3. 中共中央と地方及び高河店村における「四清」運動の情勢

　土地改革を通じて、農民たちは中共の「階級」観念を受容している。「階級闘争論」は、四清運動を通じて受容した。ここでは、まず「四清」運動の全般の情勢を中央、地方（山西省と臨汾県）と村の三つのレベルを別々にして考察する。

1 中共中央

　四清運動は現代中国の農村部における最も大規模な政治運動である。この運動の起こりは中央の権力闘争と繋がった。毛沢東と劉少奇との権力闘争は四清運動に大きな影響を与えた。

　毛沢東によって精一杯指導された「人民公社運動」と「大躍進」は大失敗に帰し、毛沢東は不本意ながら政治指導の第一線から第二線へと引き下がらざるを得なくなった。しかし、毛沢東は政治指導の第一線を担当することに

なった劉少奇、鄧小平の政治と経済を安定させる「調整政策」に不満を抱き、さらに「翻案風（この前に批判されたことを覆す）」、「単幹風（個人経営の復活）」、「黒暗風（社会中の暗黒の面ばかりを取り上げる）」などの左傾政策に反抗する動きを懸念し、「資本主義復活」の危険を不安に思った。この時から、毛沢東は社会主義的改造が達成された後も政治上、思想上の階級闘争がなくなるわけではないと語って、「階級闘争」を強調し始めた。1962年9月の中共八期・〇中全会で「階級と階級闘争をぜひとも忘れてはならない」と主張したが、第一線を担当することになった劉少奇たちはあまり重視しなかった。1962年冬から1963年の初めまで、毛沢東は11の省を視察し、湖南省と河北省の二つの省の書記長だけが社会主義教育のことを報告した、他の省は一切言及しなかったことに、毛沢東は非常に不満である。1963年2月8日と17日に、湖南省と河北省は社会主義教育に関する報告書を中央に提出した。毛沢東は二つの報告書を高く評価した。1963年5月2～12日、毛沢東は杭州で一部の政治局委員と大区書記の参加した「5月工作会議」を主宰し、「当面の農村工作のなかでのいくつかの問題についての決定（草案）」（前十条）を討論して、制定した。この文書は、社会主義社会にもやはり階級、階級闘争が存在すると主張し、「階級闘争を忘れてはいけない、プロレタリア階級独裁を忘れてはいけない、貧農、下中農に依拠することを忘れてはいけない」[50]と呼びかけた。5月20日に発布してから、四清運動（生産隊の経理帳簿・在庫・財産・労働点数を点検整理（清理、清め）すること）はまず各省の一部の県と村で試験的にやってみること、即ち「試点段階」を開始した。

しかし、運動中に農村幹部を批判し、多くの幹部が処分され、中農・地主富農の子女をも批判し、汚職分子への処分も厳しすぎるなどの傾向が現れた。このような左翼偏向を是正するために、1963年9月6～27日、中共中央工作会議が開催され、社会主義教育運動における若干の問題を討論し、会議の紀要は、鄧小平、譚震林、田家英によって執筆されることが決定した。一部の高級幹部はこの書類が右傾していると指摘したが[51]、毛沢東は何回か修正した後、1963年11月14日に劉少奇の主宰した会議で「農村の社会主義教

育運動におけるいくつかの具体的政策についての決定（草案）」（後十条）を採択して、毛沢東は批准したうえで、発布した。「後十条」は95％以上の幹部と群衆を団結させて、幹部に対する処分を慎重に行い、中農をも団結し、地主富農への闘争も過激な行為をせず、運動中におけるすべての措置は、それぞれ生産に有利なものとなるべきであると強調した。中共中央は「前十条」と「後十条」を同時に全国すべての農村支部に通達し、党員と農民に向けて読みあげることを指示した。四清運動は全国で展開した。

1964年8月5日、中共書記処会議は「四清」「五反」指揮部の設立を決定し、劉少奇が指揮をとった[52]。劉少奇の政策方針は農村幹部の汚職の摘発を中心として、「扎根串連」（根をおろし、連絡をつける、村落で密かに一部の人を訪ねて、情報を収集する）と「大兵団作戦」（一つの県に多数の工作隊員を派遣し、運動を徹底させる）の方法を押し広めることであった。劉少奇の夫人の王光美は自ら河北省の桃園村に「蹲点（比較的長期間、基層部に留まり調査研究または活動を行うこと）」し、「扎根串連」の方法で、四清運動に参加し、この方法は「桃園経験」として、全国に押し広められた。

毛沢東は第一線の劉少奇たちの方法に不満を抱き、1964年12月15日からの中央工作会議で、毛沢東と劉少奇は四清運動の主要矛盾をめぐって論争を起こした。毛沢東は実権派の批判が主要であると、また、劉少奇は「四清与四不清（経理帳簿などは問題があるかどうか、清めるかどうか）」が主要矛盾であり、党の内外の矛盾及び人民内部の矛盾と敵味方の間の矛盾が交錯していると主張した。劉少奇が公の場で毛沢東にたてつくことは、非常に異例のことである。その後、毛沢東は激しく反撃し、劉少奇の四清運動のやり方を批判した。劉少奇は「扎根串連」の方法を強調し、「まずおとなしい貧農を訪ねる」といった。毛沢東は「そのようなおとなしい人は能力がない」といった[53]。毛沢東は「ひっそりと貧乏な人を訪ねて苦しみを聞くことでは、いい人の見分けがつかない。本当のいい人は、闘争中から見分ける」と劉少奇を批判した[54]。その後、毛沢東の秘書陳伯達を中心として、毛沢東の意見にそって、「農村の社会主義運動において当面、提起されたいくつかの問題」（二十三条）を作成した[55]。毛沢東はこの文書を修正する際に、次のような

第二部　中国共産党と農村変革

文句を書き込んだ「字面だけから見れば、いわゆる四清与四不清は過去の歴史上のどの社会にも通用し、いわゆる党の内外矛盾が交錯することは、どの党派にも通用し、現在の矛盾の性格を説明できない。だからマルクス・レーニン主義のものではない」。劉少奇の主張を厳しく批判したのである。「二十三条」の中では「扎根串連」と「大兵団作戦」の運動方法も批判し、農村幹部への攻撃をしすぎないように指示したが、この運動の性格は社会主義と資本主義の矛盾であり、都市と農村には厳しく、尖鋭な階級闘争が存在しているといった。さらに今回の運動の重点は、党内の資本主義の道を歩む実権派を粛清することと規定した。都市と農村の社会主義教育運動は、今後すべて四清と略称し、「政治を清め、経済を清め、組織を清め、思想を清める」と定めた。この文書は、1965年1月14日に発布した。

中共中央はこの文書の通達の中で「中央がこれまで発布した社会主義教育運動に関する文書にして、もしこの文書と抵触するものがあれば、すべてこの文書を規準とする」といった[56]。1月20日、中央は「『二十三条』の宣伝に関する通達」を発布し、「二十三条」をすべての農村支部と生産大隊で室内に貼り付けて、迅速に広範な群衆に知らせることを指示した。

2　山西省

山西省では1963年8月23日に、「四清辦公室」が創立された。9月1日、山西省党委員会の中共中央華北局への報告によれば、山西省の省、地区と県の3級において、2,475名の幹部を派遣し、19の人民公社、166の生産大隊で「四清」運動を試験的に行った。12月3日、山西省共産主義青年団と山西省婦人連合会の「『四清』運動中に農村にある団の組織を整頓し、向上させることに関する意見」と「『四清』運動中に婦人工作を強化することに関する意見」は省の党委員会によって批准され、転送された。12月7～19日、省の党委員会常務委員会が会議を召集し、4～5万の幹部を引き抜いて、「四清」工作隊を組織することが決定された。

1964年1月4日、省の党委員会常務委員会は21名の指導幹部が省の下部へ降りて住み込み（蹲点）、或いは各地を巡回して点検することを決定した。

2月10日、省の党常務委員会会議が人民公社レベルの「四清」が段落したとし、これより、村落レベルの「四清」運動を開始することとなった。3月3日、省の「農村四清事件審査許可小組」が創設された。3月18日から4月1日まで省、地区、市党書記長会議が召集され、次のことを決定した。「四清」運動は1966年の年末までに終結し、優勢な工作隊を集中し、重点県と重点隊へ派遣し、運動を指導する。省の重点県は臨県、離石、盂県、寿陽、洪洞、陽城、晋城、五台、原平、渾源10県で、地区の重点は臨汾、武郷の2県である。5月7日、省の党委員会が省、地区、県に工作隊の政治工作機構として農村「四清」工作隊政治部を設置することを決定した。6月25日から7月18日までの省の党委員会会議は1964年に4.5万人の工作隊を組織し、落後（生産及び政治運動について、一般よりもたち遅れる）の生産隊を変えると決めた。7月2日の党委員会の通達によれば、省の「四清」運動が全面的に展開することとなった。8月9日、省の党委員会は組織部の「積極的に新たに現れた力量を育成し、抜擢すること及び各級指導核心を強化する意見」を発布した。11月1日、省は指示を出して、優勢な工作隊を集中し、殲滅戦を行い、6万の幹部を組織して、8の重点県と太原市に集中することとした。17日、8の重点県（洪洞、定襄、臨汾、長子、祁県、昔陽、清徐、陽高）で、4.6万人の工作隊員が合同訓練された。23日、省の党委員会の規定により、以上の8県の党委員会と人民委員会はすべて工作団の党委員会によって指導することとなった。24日、省の党委員会と人民政府の通達によれば、問題が深刻である地区においては、工作団の批准を通じて、新しい指導核心が選出されるまでは、すべての権力は貧農協会に帰するとされた。

　1964年冬から1965年春まで、山西省の97の県と市が農民運動講習所を創設し、9万2,901名の受講者を訓練した。学習の内容は毛沢東の『中国社会各階級の分析』と「二十三条」などの文書である。学習の方法は次の五つの段階がある。(1) 国内外の情勢を報告し、心配をなくして、学習の積極性を引き出す。(2) 階級闘争に関する文書を学習しながら、解放前の苦しみを訴えさせ、三史（家史、村史、社史）を講義して、階級観点をはっきりさせ、階級感情を引き出す。(3) 社会主義の性格に関する文書を学習しながら、農

村部における資本主義勢力の活動と危害を暴き出し、資本主義と社会主義という二つの道の違いをはっきり区分する。(4) 思想の革命化と革命後継者の養成に関する文書を学習しながら、自身の足りないところを探し、資本主義的個人主義を批判し、革命後継者の自覚を高める。(5) 学習を総括し、小組の範囲で評定し、学習の成果を強化する。「このような学習を通じて、受講者の階級覚悟と革命の自覚が普遍的に高まる」と毛沢東は山西省の農民講習所に関する報告書に対して評語を下した[57]。

1965年1月24日から2月2日まで省党委員会は「二十三条」に基づいて、山西省の「四清」運動を点検して、手配した。その後、重点県で群衆大会を開催し、「二十三条」を貫徹することとなった。2月8日、省の党委員会が「四清」工作会議を召集し、「二十三条」を学習し、これ以前の「四清」運動を総括し、運動中に「二十三条」を実施するための具体的政策を制定した。4月15日から23日まで省重点県社会主義教育運動指導部が第三回工作団政治委員会議を召集し、中共中央華北局書記長会議で提出された「四清」運動中の階級成分の区分、汚職賠償などの具体的政策を伝達した。22日、山西省党委員会は、省、地区三級の農村工作部を農村政治部に変え、人民公社に政治処、生産隊に政治工作員或いは政治指導員、作業組に政治宣伝員を設置することを決定した。1963年12月14日、毛沢東は組織の下層に思想政治工作人員を配置することに関する評語を下した[58]。

12月16〜27日、省党委員会第二次農村「四清」工作会議が開かれ、スムーズに幹部の点検と賠償工作を推進することを要求した。1966年5月6日、省の党委員会は「四清」運動中に摘発された県、社レベル以上の幹部に対する処理意見を伝達した。7日、党委員会は「四清」工作隊に対する政治指導の強化を強調した。

山西省の「四清」運動は1963年8月から「試点」段階を開始したが、これは中央の通達の約3ヶ月後のことであった。1964年2月、村落レベルの「四清」から始め、3月には重点県で展開し、7月には全面的に展開した。これは中央通達の8ヶ月後である。1965年1月、「二十三条」を貫徹したが、これは中央の通達とほとんど同時に行われた。臨汾県は1964年4月より、

地区の重点県、11月より、省の重点県に指定された。

3　臨汾県

　1963年12月26日、臨汾県党委員会は「農村四清運動工作方策」を制定した。県の4,585名の幹部と職員の中から3,371名を引き抜いて、工作隊を編成した。県の25の人民公社、365の生産大隊、1,662の生産小隊を二回に分けて「四清」を実施することとなった。1964年3月27日、臨汾県党委員会の幹部理論学習小組が成立し、『共産党宣言』、『中国社会各階級の分析』などを学習した。一回目は98の生産大隊の516の生産隊で「四清」運動を行って、点検された村幹部は4,619名、暴き出した問題は10万7,400件であり、その中の1,818人は「階級の敵に取り入れられてペテンに掛かり」「階級の敵のために仕事をした」ことを、3,203人は「汚職、窃盗及び投機的取引をした」ことを自白し、その数量は62.5万元に達した[59]。

　1964年2月16日から3月15日の間に太原工学院の教員と学生が臨汾県の「四清」運動に参加し、土門、魏村、西頭、一平垣などの公社で「四清」運動を行った。この間に、倉庫を徹底的に調査して、社員に配分すべき食料など3万2,750斤を見つけ、紛失した種子1,000余斤を取り戻し、幹部が偽って記入した労働点数3万7,044点を見つけた。さらに摘発された9の生産大隊の17名の幹部に関する文書を作成し、13の生産隊において帳簿と労働点数記録簿の作成を手伝い、家史と村史を68点まとめた[60]。

　1965年1月1日、臨汾県党委員会が貧下中農講習所を創設し、県の代理書記長が主任を担当した。その役割は「階級闘争を中心とし、毛沢東思想によって階級隊伍を武装し、階級覚悟を呼び覚まし、広範な貧下中農の革命の積極性を向上させ、これによって三大革命（階級闘争、生産闘争、科学実験）の需要に適応し、社会主義教育運動と呼応し、国民経済の繁栄を促進する」ことと規定し、特にこの「講習所を開設する目的は、改めて階級隊伍を組織して、革命の後継者を養成する」ことといった[61]。参加者の資格は（1）貧下中農出身、政治履歴と社会関係が明白である、（2）思想覚悟が上等であり、四不清の幹部との繋がりがない、（3）年齢は大体25歳くらい、一部の

30歳くらいの人をも入れる。また、一部の解放前に苦しみがひどく恨みが深く、年齢45歳くらいの老いの貧下中農を選んで入れるとされた。学習の内容は中共中央「二十三条」文書、毛沢東の『中国社会各階級の分析』、『いかに農村階級を分析するか』など11点の文書である。この講習所は714名の受講生を訓練した。

1 高河店

　当村は50年代から県と省の先進（モデル）村であり、このような村の幹部に対しては、上から保護する政策があったかもしれない。例えば、山西省の他のモデル村大寨村と西溝村では、「四清」運動中に大規模な運動が起こらなかった。1964年11月、晋中地区党委員会の工作隊が大寨にやって来て、短時間の点検によって、大寨は政治、経済、組織、思想ともに「清い」単位と認定した[62]。西溝村は自主的に経済を点検し、政治運動はなかった[63]。

　当時、高河店村の書記長は茹BS、大隊長は茹CSである。茹BSは1956年から、村民を率いて、水利建設に力を注ぎ、耕地を改良し、野菜と食糧を大いに増産した。1963年には山西省の書記長がこの村を視察し、1965年に、晋南行政公署によって全区小麦生産十本紅旗（先進的モデル）の一つと命名された[64]。高河店村の幹部も「我が村は先進村で、『四清』前も上の工作隊が始終やって来た」[65]、「解放以後、工作隊がよく来て、県と公社からは重点的に支持してくれ、当時の新しい農業機械や種子は優先的に我々に供給した」[66]、「当村は『瞞産私分（生産量を少なく偽って報告し偽った分を村民たちで分ける）』のことはない。各生産隊の間で互いに監督する」[67]といった。

　当村の「四清」運動を起こした際に、12人の工作隊がやって来た。工作隊は他の県の幹部から構成された。「分団長は新降県書記長で、本郷の人は本郷の人に手を下しにくい」からであると当時の村幹部がこのようにいった[68]。当時6の生産隊に2名ずつ配属した。村民によれば、「四清」、主に幹部を「清める」大会が毎日開かれ、社員からの意見は主に「幹部が働かない」「社員より多くの食糧を分配する」[69]などであった。当時、村幹部は臨汾鋼鉄工場のある会議室に連行され、何十日間か強制的に自己批判させられ、

四清運動と農村社会権力関係の再編

自白させられた。工作隊の隊員と貧農協会のメンバーも同行し、一部の工作隊の隊員が村内で農民を動員し、幹部の「四不清」問題を摘発させて、その摘発された錯誤と罪状などを鋼鉄工場にある工作隊員に伝え、収容された村幹部を自白させるための材料として活用した。多数の村幹部にこのような圧力が掛けられ、早く村に戻るために、偽って自白した。その後、「二十三条」が通達され、名誉を回復された。実は、前に触れた、二十三条は、毛沢東の意思に基づいて採択した文書である。毛沢東はその前に劉少奇の遣り方を批判し、特に「扎根串連」と「大兵団作戦」の手法で農村幹部を批判する方法に不満を抱いて、農村幹部を厳しく批判しないと強調した。毛沢東の本意は「四清」運動は党内上層の「資本主義の道を歩む実権派」、即ち劉少奇と劉少奇を支持する党内高級幹部に矛先を向けることであるが、農村幹部は、この契機で名誉を回復された。筆者が農村調査をした際には、当時の村幹部は「四清」運動中の重要な文書としては「二十三条」しか覚えていない。一方「前十条」と「後十条」を覚えている人は非常に少ない。当時の村幹部は「『二十三条』は名誉を回復する（落実政策）文書である」、「毛主席が『二十三条』を下した。幹部に自白を強要してはいけない。幹部が解放された」[70]、「『二十三条』はよく覚えている。当時、突然大会が開かれて、『二十三条』を通知した」[71]といった。

4. 農民による階級闘争論の受容

「階級闘争」の理論は「四清」運動を通じて農民に受容されていった。中共の階級闘争論については、「前十条」の中に、社会主義段階にも「階級闘争」が存在することを証明するために、次の九つの「事実」が列挙されている。(1) 覆された搾取階級は常に復活を企て、機をみて階級的報復を行う。(2) 覆された地主、富農分子は八方手を尽くして幹部を腐敗させ、指導権を奪い取っている。(3) 地主、富農分子が、封建的宗族支配を復活するための活動をすすめ、反革命宣伝を行い、反革命組織を発展させている地方もある。(4) 地主、富農分子と反革命分子は、宗教及び反動的な土俗秘密結社を利用

して、大衆を欺き、犯罪活動を行っている。(5) 反動分子が各種の破壊活動を行い、例えば、公共財産を破壊し、情報を窃取し、殺人放火さえ行うことも多発した。(6) 商業において、投機的取り引きをする。(7) 労働者を雇って搾取し、高利貸しをし、土地売買を行う。(8) 社会中、投機的取り引きをする旧資産階級分子以外に、新しい資産階級分子が出現し、投機と搾取によって金持ちになる。(9) 政府機関と集団経済体の中に、一群の汚職と窃盗分子、投機的取り引きをする分子、堕落変質分子が出現し、地主・富農と結託して、悪事の限りを働く。

中共の末端機関は「階級闘争」の現れを現地の状況に基づいてさらに具体化した。山西大学社会史センターに所蔵される赤橋工作隊の「階級闘争」に関する「調査大綱」の中に、「階級闘争」の項目は以下のように挙げられている。(1) 汚職窃盗、投機的取り引き（投機倒把）、贈収賄を行い（行賄受賄）、人を集めて賭博をする（聚衆賭博）、常習的な賭博と常習的な窃盗をし（慣賭慣盗）、恐喝で金を巻き上げる（敲詐勒索）。(2) 個人で荒地を再び開墾し（復開荒地）、請負制（分田到戸）、副業の個人経営（分散副業）、商売の不正経営（開黒店）、労働者の雇用（雇長工）、高利貸しをし（放高利貸）、炭鉱を掘り（開窑）、小商いをし（少商小販）、生産量を少なく偽って報告し偽った分を村民たちで分け（瞞産私分）、集団化されたものを賠償し人民公社から退社する（退賠退社）。屋敷と自留地の売買、柳細工（手工編織）、裏取引（走後門）をし、他人より多くの利益を得て、分け前以上に貪り取り（多食多占）、公の物を私物とし（化公為私）、労働点数を多く偽って記入し（多記工分）、大げさにして浪費する（鋪張浪費）。(3) 神や仏にすがり（求神拝佛）、巫女と男性の巫女をやり（神漢巫婆）、占い八卦を見（算命打掛）、売買結婚をし、陰陽家を敬い（陰陽先生）、廟を建設し（修建廟宇）、義理の親戚関係を結び（結干親）、族譜を続けて作成する（継宗譜）。(4) 幹部、党員、団員と地主、富農及び悪質分子と親戚関係を結ぶ、あるいは義理の親戚関係を結ぶ（結親）、義理の兄弟関係を結ぶ（拝盟兄弟）、あるいは投機的取り引き、汚職窃盗をする、迷信を信じる人等など。

しかし、中共はこのような「階級闘争」の現れを任意に拡大し、農民の利

益と習慣に反することもあった。農民特に農村幹部たちは中共の「階級闘争」理論に対して、異議を申し立てた。例えば、晋陽公社の3級幹部（公社、大隊、小隊）会議の中で、幹部たちは次のような意見を述べた。(1)「荒地を開墾するのは、配分した食糧が不足からだ、もし、一人に年間七、八百斤を貰ったら、だれでも朝から晩まで精を出して働くことをやりたくない」。(2)「妻を娶るためにお金を使うことは、妻の両親が20数年間娘を養ったので、これも情理にあう」。(3)「巫女を頼んで病気を治療し、診察料を節約できる」。(4)「陰陽家を頼むことは古い習慣で、生産にも影響を与えない」。結局幹部たちは「これはどうして階級闘争であるのか」と反論し、納得できなかった[72]。

農村幹部たちに「階級闘争」理論を受容させるために、中共は以上の様々な「階級闘争」の現れを次のように論理的に説明した。

①「反映」論。社会の中の様々な「悪いこと」はすべて搾取階級思想の反映である。「中共保定地区党委員会の社会主義教育を展開し『四清』工作を行なうことに関する省党委員会への報告」の中では、大げさに浪費する、公金を使い込む、他人より多くの利益を得る、汚職窃盗、投機的取引の五つの項目の詳しい数字を挙げた後、次のように述べている。以上のいろいろな社会主義に損害を与え、集団経済に損害を与えた現象はすべて資本主義思想の我が下層幹部の中での反映である。汚職窃盗、投機的取引の活動は本質上、資本主義勢力の復活の罪悪行為である。

②「危害」論。社会主義と資本主義とは対立している。その故、すべての社会主義に有害であることは資本主義のものと断定される。赤橋工作隊の「公社三級幹部会議の意義を伝達する談話大綱について」（1963年8月28日）の中では、次のように述べている。統計によれば、全公社217名の四類分子の中で、法律を遵守する人は6％を占めるにすぎず、基本的に法律を遵守する人は55％を占め、いろいろ破壊活動を行った人は39％を占める。同時に全公社で巫女と男性の巫女57人を摘発し、迷信活動は2,152回があった。陰陽家・占い師9人、荒地を多く開墾した人703人、開墾した土地283畝、投機的取引をした人122人、売買結婚100件、賭博に参加した人

880余人である。しかし、一部の人はこれらの事実に対して、階級観点が明確ではなく、階級の限界がはっきりせず、「封建迷信は社会習慣だ」といった。会議の中で、我々は階級を分析する方法を用い、その危害を調べたことを通じて、これらの牛鬼蛇神（妖怪変化──筆者）の社会主義事業に対する破壊は同じように深刻であるとはっきり認識した。このような活動は資産階級に有利であり、無産階級に有利ではない。これらはすべて階級闘争の経済面と政治面での反映だと一致して認識した。

③「根子（根源）」論。幹部の不正行為などの「悪いこと」はすべて階級の敵によって騙されたことである。劉少奇は幹部の誤りと階級の敵との関係を次のように述べた。「深刻な四不清を犯すことは幹部にあるが、その根源がどこにあるか、われわれは封建勢力と資本主義勢力によって堕落させられ、悪影響を与えられるといった。一般的に言ったように幹部の誤まりは、その根源は地主と富農にあるが、これは下の根源、基本的な根源である」[73]。赤橋工作隊の「公社三級幹部会議の意義を伝達する談話大綱について」（1963年8月28日）の中にも同じ論調があった。「危害を調べ、根源を探すことを通じて、さらに『包袱（重荷）』を自分で背負うが、その『根子（根源）』は階級の敵のところにあることをはっきり認識した。例えば、西鎮大隊の窃盗犯高石頭は、賄賂を使い、贈り物をして、前後65名の幹部を堕落させた。彼らは融通をつけて、高石頭に国家資産10余万元を窃盗させた。この65名の幹部は騙されたが、その根源は高石頭のところにある」。浙江省北部において、「四清」運動中、公社の幹部は、階級闘争の各種の表現について、次のように説明した。「階級の敵が『単幹（個人経営）』を煽動し、集団経済を破壊することを企てる。封建迷信を行って、群衆を騙す」[74]。様々な「悪い」ことは裏で階級の敵によって起こされた。

さらに、当時は汚職、賭博などの具体的な「悪いこと」もすべて「階級闘争」論から解釈された。

汚職（貪汚）。汚職が起こる理由は搾取階級の享楽思想である。当時の「晋陽」公社の工作報告の中では、1960年の「困難時期」に、一部幹部が「多食多占」などを犯す原因について、次のように分析した。「指導幹部にな

ってから、資産階級の蝕みに対して警戒心をなくして、資産階級の生活様式を追求し」、「困難のとき、苦難の試練に耐えられず、資産階級思想が蔓延って、奢侈逸楽に耽り、深刻に大衆から遊離するだけではなく、階級の敵の捕虜になり、集団経済にも損害を与えた」[75]。

賭博。賭博は資産階級の搾取行為の一種である。剪子湾村の幹部黄BDは賭博で批判された。彼は「検査書」（反省文）の中で、賭博行為について次のように反省した。「賭博は旧社会における一種の搾取の手段で、人民の敵としての犯罪行為であり、資産階級が無産階級から青少年を争奪する手段である。毛主席の『階級闘争を中心とする』という指示に反する論調である」[76]。

窃盗。窃盗も「階級闘争」と関連したものと認識された。これはまず社会主義を害し、そして地主階級の「不労而獲（働かないで利益を得る）」と同じである。四清運動中、窃盗行為は「階級闘争」として厳しく摘発された。高河店村の「外来戸」張Bは河南省から来た鉄匠（大工）で、解放前にこの村に定住した。よくこそ泥を働いていたことがあった。「四清」運動の時、彼を追及しようとした時、張は恐れて自殺した[77]。張が自殺した後、家族は河南省に帰った。他の村でも窃盗行為を厳しく摘発した。山西省劉村ではある農民は「一貫して生産隊の農作物を盗んで、集団生産を損なって、社会秩序をかき乱す」ことで摘発された[78]。窃盗行為と社会主義の社会秩序とが繋げられた。

族譜の編纂。宗族の絆が強ければ村落の中で階級闘争を起こしにくくなった。宗族活動は「階級合作」のことである。共産革命の最初の段階から、毛沢東は宗族の結合は階級闘争の展開にとって不利なものとして認識してきた。1920年の土地革命の時期、井岡山地区で、毛沢東は宗族の存在にかなり悩んでいた。「どこの県でも、封建的同族組織が非常に普遍的で、一村一姓、あるいは数村一姓のところが多く、比較的長い期間をかけなければ、村内の階級分化は完成されないし、同族主義も克服されない」[79]。「四清」運動中に、公社の幹部は階級の敵が「家譜を利用して階級合作を行なう」と言われた[80]。

封建的迷信。1963年3月29日、中共中央は文化部党組の「『鬼戯』の上

第二部　中国共産党と農村変革

演を禁じることについての指示を請う報告」を認可し転送した。この文書の中では「鬼戯」などの封建迷信について次のように述べている。「わが国の広範な人民群衆（特に農民）は搾取階級の長い支配下に、迷信思想の影響を深く与えられた。近年、都市と農村の人民は線香を立て、仏像を拝み、さらに廟を建て、菩薩を作るなどの迷信活動を再び始めている」。このような迷信活動は「人々の迷信観念を深くして、迷信活動を助長し、児童少年の心を傷つけ、群衆の社会主義の覚悟を高めることを妨害する。反革命分子と反動秘密結社も群衆の迷信活動を利用して活動する」[81]。迷信打破の目的は、社会主義のイデオロギーを擁護し、秘密結社の活動を禁じることである。山西省の赤橋村は四清運動の時、重要文化財の豫譲廟と蘭若寺を取り壊した。工作隊の「赤橋摸底記録」（1966年3月21日）などの文書の中では、宗教活動を階級闘争として調べている。同村の一貫道の信者を調査し、さらにカトリックの信者も登録された。一貫道は50年代の反革命分子鎮圧運動の時、すでに摘発された。三谷孝の研究によれば、その当時、山西省長治市においては、一貫道の「罪悪」として、次のように指摘した。国民党や帝国主義と結託し、民衆を封建的迷信・邪教の世界に閉じ込め、怪しげな予言やデマを飛ばし、民衆を騙して金銭を巻き上げ、道首が女性を弄ぶなど[82]。このように宗教は罪悪の限りをつくすものと言われた。この時、農民の墓参りなどの祖先を祭る活動も禁じられた。

　農民は、汚職、賭博、窃盗などの悪事について非常に反感をもち、毛沢東はこのような「悪習」は地主階級に関連すると指摘してきた。「四清」運動の時、これらはすべて「階級闘争」として追及され、農民の支持を得て、「階級闘争」の正当性が強調された。

　その他、「按労分配（労働に応じた分配）」も「階級闘争」の視点から批判された。その理由は「按労分配」が階級分化をもたらす恐れがあるからとされた。当時の文書は次のように述べている。「過去『按労分配』を主張し、多くの問題が出現し、階級闘争は非常に深刻である。なぜなら、そのようにやっていくと、階級分化を作り、農村は内部から分裂してしまう。貧乏者はますます貧しくなり、多くの食糧を持っている人は資産階級になり、食糧の

売買と投機的取り引きが出現する」[83]。

このように「階級闘争」の範囲を思う存分拡大して解釈した結果として、運動中に、農民が幹部を摘発する時も、幹部が自己批判する時も、すべて「階級闘争」の視角から分析でき、「搾取」「階級」「資本主義思想」などの言葉がよく使われた。例えば、幹部の家族が不正に多くの労働点数を得ることに対して、農民は「これらの労働点数は労働によって得たものではなく、搾取によって得たものだ」と批判した[84]。当時、「搾取」と「階級」が繋げられている。「搾取」は「階級の敵」の行為である。またひどいのになると生産隊長が仕事の上で誤ったことがあったら、階級闘争の視点より摘発されたこともあった。ある生産隊長が農作業を誤った。農民はこのように批判した。「彼は生産隊に利益を齎さないで、却って損害を齎す。皆さんよく考えてください。これは階級闘争かどうか。私はこれは非常に激しい階級闘争と思う」[85]。ある農民は幹部が仕事を割り当てることに対して不満で、次のように述べた。「党と毛主席の指導の下で、旧社会において苦しんだ人は生活条件が改善された。しかし、現在は重用されないで、却って差別された。旧社会で苦しまなかった人が現在重用され、信頼された。このようにやっていくと、どのような後の結果が齎されるか、よく考えてみよう」[86]。

次は、山西大学社会史センターが所蔵する村落文書を利用して、当時、階級闘争の視点から幹部を批判した具体的な例を挙げる。山西省平遥県洪善公社北営大隊隊長趙PHは、「四清」運動中に「留党察看（党から除名されずに要観察党員として留まっていること）」1年と処分された。彼が処分された理由は（1）階級路線がはっきりしない。1959年に、富農分子劉WYから100元を借りた。そして劉WYから石炭一車分を受け取った。富農の息子朱XP、冀BSの結婚式の宴会に出席した。富農の朱XYにニンジンをあげた。（2）団結をしない。支部書記と名利を争う。（3）悪人を重用する。大隊長を務めた時、「戴帽分子（レッテルをはる、例えば反革命分子、悪質分子として判定されること）」の郝WXを加工工場の会計に任用した。地主分子の朱BN、朱JNに副業をやらせた。富農分子劉WYに運輸をやらせた。これらの人は、数年間その職を利用して、投機的取り引きをし、汚職窃盗で3,200元

の利益を得た。(4) 1961年の間、大隊長の職を利用して、無理に奪って要求する手法による汚職窃盗の額は食糧1,350斤で、その中470斤を高値で売った。現金に換算すれば284元に相当する。汚職の現金は97元である。また、1961～1962年の間に、大隊加工工場から綿花25斤、酒41斤、春雨10斤を無理に奪った。現金に換算すれば、74元に相当する[87]。

一方、幹部たちは自己批判の時もよく階級闘争の高い水準に引き上げて反省した。ある幹部は自己批判文書の中で次のように述べた。「支部内で闘争が行なわれないで、革命の意志が衰退し、資本主義思想が深刻である。仕事に損害を与えた」、「自身の資産階級思想が深刻である。自分の生活を改善することにのみ気を配り、群衆の生活に無関心である」、「何事も自分のために図り、小さい利益を貪って、頭の中に資産階級の思想がいっぱいである」、「階級闘争は私自身にも反映した。私は生産隊内で尊大横暴を極めている」[88]。なぜその時、すべて「階級闘争」のレベルから説明したか、当時の村幹部はいま次のように言っている。「そのようにしなければいけないし、そのように言わなければならない。そうでないと認識が浅く、よく改造していないと言われた。認識が深くなるまで繰り返して批判した」[89]。

5. 権力関係の再編

四清運動の遣り方は、公社以上の各級国家機関より大量の幹部を動員し、特定の農村部に対して集中的に実行して、圧倒的な四清工作隊によって徹底的に遣り遂げるということである。その最大の特徴は、一方的であることであり、完全に上意下達式で指導を進め、専ら農村の基層幹部を対象に行われた。工作隊は最高の権力を有し、村幹部に完全に取って代わって権力を行使した。級を越えた村落外部の国家勢力が村落内で権威を直接発揮できたことは、国家権力の強大さを物語ると共に、村幹部が国家に所属するものであることを物語っている。村幹部たちが国家権力の代表であり、決して村落の庇護者ではなく、その権力は国家から授けられたということであった。同時に工作隊は貧農協会を組織し、農民の手を借りて、村幹部を批判した。国家権

力は極めて容易に村落内の幹部と農民との間に介入しえたことを確認できる[90]。当時の村幹部は「工作隊が無ければ、運動は一つも起きないと信じている」といった[91]。

まず、「瞞産私分」行為に対して厳しく取り締まり、村から国家への抵抗を圧制していた。「瞞産私分」は、高王凌の調査によれば、集団化以降の農村でかなり普遍的に存在していた。特に3年災害の時期、村幹部はよく密かに上納すべき食糧を社員に分けた[92]。これは村より国家に対抗することと見られている。しかし、「四清」運動の時、多数の村幹部は「瞞産私分」の罪で批判され、さらに逮捕されたこともあった[93]。この時、国家権力の村落への浸透の強さを物語った。

次は、工作隊が村幹部の構成を調整し、村の権力構造を再編した。工作隊は、村に入って、元の幹部に対して厳しく点検し、多数が更迭された。赤橋村工作隊の「清政治基本状況」によれば、「この大隊は解放以来33名が入党した。調査を通じて、11名の党員は一般的に歴史問題があった。2名の党員が比較的厳重な政治問題がある」、「現職の大隊と小隊幹部の中、整理を通じて4名が比較的厳重な問題がある」、「この村の党支部が1949年成立し、あわせて8期で、その中3期は問題がある」。このような判断に基づいて、この村の幹部が多く免職された。

工作隊は、自らの権威を誇示するために、勝手に幹部を更迭したこともあった。例えば、劉村において、村幹部の家族が工作隊を怒らせたので、その幹部は党籍を剥脱された。劉Fは劉村の党支部委員で、第2小隊政治隊長である。彼の息子の嫁張GTは小隊の会計で、工作隊隊員の張SLが労働点数を点検した時、社員の任SYについて1日に2枚の点数証明書（記工条）を発見した。張GTは1枚が控えであり、帳簿に　回だけ記入したと釈明したが、張SLは張GTの説明に不信の念を抱いた。張GTの夫劉YJ（劉Fの息子）が妻に代わって、張SLに説明した時、口論を始めた。張SLは自身の工作隊隊員としての身分が馬鹿にされたと思って、工作隊の指導員の王JPに報告し、劉家を処分することを要求した。工作隊が劉Fの歴史問題を口実として、劉Fの党籍を剥脱した。劉YJはこのことに対してこのように

言った。「工作隊の人たちは、問題を多く摘発しようとし、故意に自分を顕示し、出世をしたいのだ。私自身は彼女と口論したが、その後、なぜ父の党籍を剥脱したのか。彼らの決定に対して、大隊の党支部は服従しなければならない」、「結果として工作隊は父の党籍を剥脱すると発表した後、翌日に何でもなく立ち去った。私は工作隊が我々に彼らの凄さを知らせたと思う。だれかが彼らに対抗したら、良くない末路になる」[94]。

工作隊は、もとの幹部を更迭してから、若い村民を重用し、若手幹部層たちを村の指導部に入らせた。その目的は、元の幹部よりコントロールしやすく、より共産党のイデオロギーを飲み込んで、国家の政策を徹底的に実行できる幹部を養成しようとしたことである。高河店村の「四清」運動前の村幹部、大隊長茹CSは作風問題（品行、流儀の問題）、即ち男女関係（村のある女性にセクハラをした）で2年間の党内厳重警告処分（党の処分の一つ）を受けた。当村における若手幹部の養成としては、まず、「四清」運動の時、帳簿を点検するために10数人を組織し、一つの生産隊に2人ずつ配属し、「みんな若くて知識がある人である」[95]。そして運動中に、4人の若者を新たに入党させた。この4人の状況は次の通りである。

茹ZG、1964年中学校を卒業したが、父親が亡くなったため、経済困難で、高校に進学せず、村に戻った。村幹部が鋼鉄工場に連行された後、茹ZGに村の「粉房（春雨工場）」の責任者を務めさせた。入党後、支部副書記長、支部書記長などを歴任し、その後、ずっと村の重要幹部の一人である。

許ZW、本村出身ではなく、臨汾市内で育った。1957年に解放軍に入隊し、軍内の紅専大学で勉強し、教養は中学校修了程度に相当する。1962年に、人民解放軍から除隊後、本村に住み着き、入党後、民兵営長に任命され、1975年まで党支部副書記長を兼任した（当時の規定によって村の民兵の長は必ず党支部の副支部長を兼務する）。その後公社の水利隊の副隊長などを歴任した。

茹QA、村の高等小学校（6年間）を卒業し、生産隊の婦女隊隊長を務めた。入党後の1965年に大隊婦女主任になった。1972年まで、村の婦人工作を担当していた。

趙 SE、本村出身ではなく、隣の西高河村で生まれた。父の代から木匠（大工）の職人になり、姉とおばが本村の茹姓の人と結婚したので、解放前に一族が本村に住みついた。学歴は小学校1年だけであるが、貧農出身で、「四清」工作隊は彼の家に宿泊して、工作隊の人間と仲良くなり、入党させた。始めは、貧農協会のメンバーであり、その後、生産隊隊長、村機械化の責任者などを歴任した。

しかし、村落の元の社会結合は完全に変化するかどうか、なお、疑問がある。例えば「四清」運動中に活躍していた若者の中に共産党に入党しなかった人もいる。ある人が「私はずっと入党しなかった。私はよくいい加減な話をしており、制約されることは嫌いだ」といった[96]。運動中、村の若いエリートをすべて集められないということもあった。

第3に、貧農協会の編成によって村落の権力構造を変動させた。貧農協会は純粋な貧農と下中農によって構成されていて、共産党の村落での最も基本的な支持基盤と位置づけられた。1963年6月25日、中共中央は「中華人民共和国貧農下中農協会組織条例（草案）を印刷して配布することについての指示」の中で「経験によれば、この階級隊伍に本来の機能を発揮させるための、一つの前提条件は、その純潔な性格を保つことである」とし、この条例の中で、一切の歴史問題・政治問題と汚職などに関連する人は貧農協会に入会させないと規定した[97]。

中共は貧農協会を組織して、農村における階級路線を土地改革に引き続いて、再確認した。土地改革の時、貧農と下中農が一時威光を振るったが、集団化以降、中共は農村における階級路線を強調しなかった、彼らを重用しなかった。村における貧農と下中農の境遇について、山西省における地方史研究者は次のように指摘した。「貧農は土地改革のとき、土地の分け前を手に入れたが、しかし優勢にならない。集団化後、貧農の世代の数はそんなにおおくなく、文化水準が低く、土地改革のときは、一時的に偉そうにしたが、集団化後には、幹部を担当させていない。このとき（四清運動の時――筆者）、再び羽振りがよくなった。幹部を厳しく批判した」[98]。

ある農民も次のように語った。解放後「地主・富農分子に対して何度も何

度も批判したが、われわれも行過ぎと思う。土地改革のとき、これらの人は打倒され、土地や家屋はすくなくなって、村では格が一段落ちたかのようである。しかし、彼らは勤勉に働いたので裕福になって、甚だしきに至っては階級成分のいい人を超える。しかし、運動が起きると、まずこのような人々を批判し、逃げた地主、富農、資本主義の代表、打倒されない階級の敵などと言われた。一部の人は、彼らを妬んで、自分は腕がない、彼らが裕福なのは資本主義の道を歩むからだといった」[99]。

高河店村の貧農協会の主任趙JHは、解放前には、本来閻賜山軍隊の兵士だったが、解放軍と戦って、捕虜にされて、解放軍に入隊させられた。解放後、青島にある海軍の排級幹部（小隊長クラス）を経て、除隊し、村に戻った。四清運動の時、かなり活躍していた。趙JHについて、茹ZGは次のように評した。趙は「ずっと兵隊にいて、村に戻って農作業に従事して農民と比べると体力がもたない。貧農協会の仕事に従事すれば、農作業を少なくして、軽い仕事をやれる」。彼は「村人に『運動紅』と呼ばれ、政治運動が起こると、『紅人（時代の寵児、時めく人）』になる」[100]。他の主要なメンバーは趙SE、常SC、高LG、侯TZなどであり、すべて貧しかった人である。「当時、貧農協会は公印があったので、かなり権力があった」[101]。趙JHはその後、一時小隊隊長になったが、文化大革命の時には、貧農協会はもう無くなった。

貧農協会の構成は階級成分が最も強調されて、村の地縁的関係（老戸と外来戸）を超えることもあった。貧農協会は工作隊によって組織し[102]、工作隊は趙SEのような「外来戸」を貧農協会のメンバーにして、「工作隊が我が家で宿泊し、仲良しだった」と趙は現在も自慢している。

第4には、歴史問題を追及し、階級成分を再区分した。高級合作社が成立した際に、村民の全員を入社させ、すべて人民公社の社員になったが、「四清」運動中に、同じ人民公社の社員の中でも階級成分の区分が再び強調された。解放前の政治状況を精査し、特に村内の「外来戸」の歴史も調査して[103]、移住前の村まで調べに行った。

階級成分の精査によって、「敵」と「味方」を区分し、隠れた「敵」を掘

って取り出して、「階級闘争」を起こしやすくするためである。「階級成分を再区分した際に、一つ一つの世帯を精査したが、土地改革の時と同じに、その目的は誰がいい人か、誰が悪い人かはっきり分けて、階級闘争の展開をやりやすくするためだ」[104]。勿論、「新しい社会のやり方に基づけば、誰でも歴史問題がわずかはある」[105]。しかし、誰を打倒するか、これは工作隊によって判断を下すことである。工作隊は運動を起こすため、或いは村落をコントロールしやすくするために、一部の人を「敵」として決めた。

　工作隊は政治情報を探る（摸底）ために、幹部と村民の履歴をきれいに整理した。これは膨大な作業である。例えば山西大学社会史センターに収集された赤橋村工作隊の書類の中には、「赤橋村政権摸底表（1937—現在）」（1966年5月1日）、「清政治基本状況」（1966年5月1日）、「政治清理各類人員明細表」（1966年5月5日）、「赤橋摸底記録」（1966年3月21日）、「晋祠公社赤橋大隊反動会道門花名登記表」（1966年4月11日）、「晋祠公社赤橋大隊閻匪軍登記表」（1966年4月1日）、「赤橋大隊各種組織系統表」（1966年5月20日）などの多数の調査表があった。それは完全に共産党の政治区分標準によって村民を区分した。それ以降、村民の一人一人にすべて階級そして政治的な身分が付けられ、入党、入団（共産主義青年団に加入）、入隊、都市部労働者への応募、そして幹部に任命する際に、すべてこの基準に基づいて選抜する。1980年代まで、この階級と政治的身分は村民たちの運命を取り決めた。その時、村同士間の関係は宗族の関係より階級成分の区分が大切にされた。例えば、「大隊長茹CSは富農成分の女性を蹴ったことがあった。当時その夫は亡くなったが、本来茹CSと一族である」という話もあった[106]。

　最後に、四清運動における階級の再区分は、階級の「敵」のイメージが資産の所有状況より、政治的履歴と立場のほうが重視された。昔、高河店村で一番豊かである人は地主の黄JSである。しかし、村民は彼に恨みを抱いていない。村民によれば、「地主黄JSは昔貧しく、賭博で成金になって、酒の製造と油の製造作業場を経営して、土地を60〜70畝をもち、彼のロバは村民が誰でも無料で自由に使え、『碾面（小麦粉をひく）』をする。彼は大衆の

恨みが少ない」[107]。「黄 JS は田舎地主だった。金も勢力もあるという訳ではなかった。人柄はよかった。『悪覇（悪ボス）』ではなかった」[108]。

一方、悪ボスのような階級の「敵」などに村民が恨みを抱いた。聞き取りの調査をした際、村民は村の敵について次のようにいった。

茹 S と茹 DX：「茹 S と茹 DX とは親子だ。当時は『茹 S、茹 DX は一対の狐のお化け（狐狸精）だ』と呼ばれた」[109]。「悪ボス地主の茹 DX は、村内での非道な行為で入獄した」[110]。「悪ボス地主の茹 S は、実は彼の土地はそんなに多くはないが、彼は村内で横暴に振舞った。土地改革のときは、地主のノルマを定めて区分しなければならない。だから、彼が地主に区分された」[111]。

張 CH：「彼は傀儡政権の『便衣（私服を着て変装している警察官など）』であり、歴史問題に属する」[112]。

樊 YL：「樊 YL は本来本村の張姓の子供で、城内の樊姓の養子に行き、樊姓に変わった。彼は昔日本の憲兵で、解放後、都市で働いて、教師をした。右派にされた。村に送り返され、矯正労働をさせられた」[113]。「四清」運動の時、「樊は毎日民兵営長のところに出頭し、人糞を運び、村の道路を掃除させられた」[114]。

また、「四清」運動中の階級成分の再区分についても注目すべきである。現在の立場に立つと、すこしの疑問でなく、「四清」運動は階級闘争の拡大した「過激左傾」の運動であるが、多数の村での調査によれば、この時、階級成分を再区分した際に、階級成分は高いほうから低いほうに変わったことが明らかにされた。これは、なぜであろうか。この現象は毛沢東の階級論の特徴の一つ、即ち「常に革命闘争の状況に応じて、中国の階級を『敵、我、友』で区分し、そしてその枠を調整した」という観点から解釈すればいいかもしれない。その目的は農村における共産党の支持基盤としての貧下中農の割合を増やすためである。「四清」運動の時、中共中央の階級路線は貧農下中農を頼りとして、中間層と連帯した。「貧農下中農の人数と生産隊中の労働力は、農村の全部の人口と労働力の 60 ～ 70％を占めて、彼らは大多数である。貧農協会が組織されると、富裕中農とその他の進歩したがる人が近寄

四清運動と農村社会権力関係の再編

るようになる。これらの社会主義に対してよく動揺している人々も団結できる」[115]。

階級成分の再区分によって、各村でも貧下中農の比例を拡大した。例えば、山西省劉村は、階級成分を改めて区分した後、同村の貧下中農は150世帯から201世帯に増え、同村の全世帯の60％を占めた。中農、上中農は149世帯から95世帯に減少し、同村の全世帯の28.2％を占める。地主・富農は25世帯から5世帯に減少し、同村の全世帯の1.5％を占める。これによって、貧農協会の人数が増え、改めて区分した前の172名より275名に増えた[116]。貧下中農の陣営が拡大して、地主・富農が孤立化された。

高河店村でも「四清」運動の時、一部の村民の「政治歴史問題」を精査した一方で、階級成分の区分を調整した。聞き取りの調査によれば、「わが村では、階級成分はみんな下げられ、6、7世帯が下がって、上がったほうがない。殷姓の数世帯が上中農から中農に下がった」[117]。「『四清』のとき、階級成分は大体上のほうから下がり、多くの人は貧下中農の評判がいいので、階級成分を下がりたがる」という証言もあった[118]。他の村でも同じである。ある地方史の研究者も「『四清』のとき、改めて階級成分を区分して、わが村は数世帯を中農から下中農に低く区分した。土地改革のとき、高く区分されたからである」といった[119]。このように階級成分が下がることは共産党の支持基盤を固めて、コントロールしやすくするためであると考える。

おわりに

階級とは、広義に解すると、ある特定の社会システムを構成する人間諸個人を差別的に格付けして、諸個人をお互いに相対的な優劣の差を設けて処遇することである。カール・マルクスによると、生産手段と富の分配に対する関係から定義される。マルクスのテーゼの本質を成すのは、階級闘争と階級意識である。階級闘争が一旦爆発すると巨大なパワーを生ずることができる。毛沢東と共産党はこの階級闘争のパワーを最大限に利用して、その革命目的な実現した。実はこの階級闘争論を農民に受容させ、農村革命を起こすこと

ができた理由は、中国共産党が暴力的手段をとった一方に、この理論が中国社会の構造と農民たちの理念と一致するところもあるからであり、即ち、中国農村にはこの理論の受け皿が存在しているのである。毛沢東はマルクスの階級論と中国農村の実情を結合して、農民を動員する最も便利な道具とした。一方、農民たちも階級論の言葉を使って、共産党のイデオロギーを受け入れながら、自分の観念も表現し伝える。「階級論」と「階級闘争論」を受容すると共に農村の権力構造も再編された。

　近年、社会史研究の手法が中国農村研究の主流になった。研究の基本理論と概念は土地・搾取・階級・革命などの言説から宗族・村落・共同体・宗教・秘密結社などの言説に変わった。脱階級論の研究は盛んになってきた。しかし、長い間、共産党は階級論に基づいて農村で革命運動を起こし、その支配を施した。社会科学研究もこの階級論の概念を使って展開してきており、膨大な遺産が残された。現在の課題としては、階級論と社会史論の間における相違と関連を整理しなければならない。即ち階級論はどのような方式、どのような程度で中国社会の実情を反映できるかという問題である。これは共産党の農村革命を再検討し、階級論に基づいた社会科学研究の先行業績を整理する際、不可欠の作業である。具体的なテーマは、このような階級論がどのように受容され、階級論と社会史論との共通の点があるか、階級的概念と社会学・人類学的概念の異同とは何か、農村社会の中には階級対立が存在するか、階級論は分析手法としていまでも意味があるか等などである。本稿は、このような発想によって、階級論から社会史論への「言説」の転換、階級論言説を社会史論の視点から再解釈した試みである。

●注

1) 黄宗智「中国革命中的農村階級闘争——従土改到文革時期的表達性現実与客観性現実」『中国郷村研究』第2輯、商務印書館、2004年。
2) 「農村社会主義教育運動」、樊天順・李永豊・祁建民主編『中華人民共和国国史通鑑』第2巻、紅旗出版社、1993年、93～97頁；「農村『四清』」、「桃園経験」、祁建民『国史紀事本末』第4巻、2003年、182～200頁、254～

266頁；祁建民「四清運動をめぐる権力と村落」『アジア太平洋論争』第15号、2005年11月。

3)「一個村庄的政治運動——辺村田野調査」香港大学中国研究服務中心論文庫（電子版）、2006年1月2日、11頁。「運動作為一種治理術——以晋陽公社社会主義教育運動為例」『郷村中国評論』第2輯、2007年7月、山東出版集団、159～191頁。

4) 近年、山西大学社会史研究センターの研究者は膨大な集団化時期の村落文書を収集し、整理した。その具体的な情報は次の論文を参考とする。行龍・馬維強「山西大学社会史中心『集体化時代農村基層档案』述略」。黄宗智主編『中国郷村研究』第五輯、福建教育出版社、2007年。

5) 浜島朗他『講座社会学 第六巻 階級と組合』東京大学出版会、1973年、2頁、81頁。

6) マルクス、エンゲルス著、大内兵衛・向坂逸郎訳『共産党宣言』岩波文庫、2007年、40頁。

7) ヘーゲル著、武市健人訳『歴史哲学』上、岩波書店、1980年、254頁。

8) 高橋伸夫『党と農民 中国農民革命の再検討』研文出版、2006年、192頁。

9)「中国社会における各階級の分析」（1926年3月）、『毛沢東選集』第1巻、外文出版社、1968年。

10) 竹内実『毛沢東と中国共産党』中公新書、1972年、52頁。

11) 小林弘二『二〇世紀の農民革命と共産主義運動——中国における農業集団化政策の生成と瓦解——』勁草書房、1997年、729～730頁。

12)『世界の名著64 孫文 毛沢東』中央公論社、1969年、338頁。

13) 同上、338～339頁

14) 毛沢東著、中国研究所訳『農民運動と農村調査』中国資料社、1951年6月、87頁、114頁、118頁。

15) 小林弘二『二〇世紀の農民革命と共産主義運動——中国における農業集団化政策の生成と瓦解——』勁草書房、1997年、749頁。

16) 岳謙厚・張瑋『黄土・革命与日本入侵』書海出版社、2005年、245～246頁。

17) 張聞天選集伝記組編『張聞天晋陝調査文集』中共党史出版社、1994年、82～83頁。

18) 毛沢東「人民民主主義独裁について」『毛沢東選集』第4巻、外文出版社、

第二部　中国共産党と農村変革

1968年、545～549頁。
19)　「井岡山の闘争」『毛沢東選集』第1巻、外文出版社、1968年、110頁。
20)　高橋伸夫『党と農民　中国農民革命の再検討』研文出版、2006年、191頁。
21)　小林弘二『二〇世紀の農民革命と共産主義運動――中国における農業集団化政策の生成と瓦解――』勁草書房、1997年、715頁参照。
22)　『世界の名著64　孫文　毛沢東』中央公論社、1969年、341頁、342頁。
23)　同上、333頁。
24)　同上、341頁。
25)　瞿同祖著、範忠信・宴鋒訳『清代地方政府』法律出版社、2003年、283頁。
26)　『世界の名著64　孫文　毛沢東』中央公論社、1969年、342頁。
27)　同上、342頁。
28)　小林弘二『二〇世紀の農民革命と共産主義運動――中国における農業集団化政策の生成と瓦解――』勁草書房、1997年、730頁参照。
29)　毛沢東「中華ソビエト共和国中央執行委員会与人民委員会対第二次全国ソビエト代表大会的報告」(1934年1月)。
30)　『毛沢東選集』第1巻、外文出版社、1968年、186～187頁。
31)　小林弘二『二〇世紀の農民革命と共産主義運動――中国における農業集団化政策の生成と瓦解――』勁草書房、1997年、735頁。
32)　内山雅生『現代中国農村と「共同体」――転換期中国華北農村における社会構造と農民』御茶の水書房、2003年、68頁。
33)　『世界の名著64　孫文　毛沢東』中央公論社、1969年、342頁。
34)　『毛沢東選集』第3巻、外文出版社、1968年、117頁。
35)　羅紅光『黒龍潭　ある中国農村の財と富』行路社、2000年、257頁。
36)　田中恭子『土地と権力――中国の農村革命――』名古屋大学出版会、1996年、187頁。
37)　黄宗智「中国革命中的農村階級闘争――従土改到文革時期的表達性現実与客観性現実」『中国郷村研究』第2輯、商務印書館、2003年、76頁。
38)　清水盛光『中国郷村社会論』岩波書店、1951年、388頁。
39)　滋賀秀三『中国家族法の原理』創文社、1967年、16頁。
40)　Philip A.Kuhn, (1990) Soulstealers : The Chinese Sorcery Scare of 1768,Harvard University Press. 中国語版：孔飛力『叫魂　1768年中国妖術大恐慌』上海三聯書店、1999年、292頁。

41) 常建華『清代的国家与社会研究』人民出版社、2006年、380～381頁。
42) 小島麗逸「農業・農村組織四十年」、山内一男編『岩波現代中国　第二巻　中国経済の転換』岩波書店、1989年、113頁。
43) 三品英憲「戦後内戦期における中国共産党の革命工作と華北農村社会——五四指示の再検討——」『史学雑誌』第112編第12号。
44) 内山知行『抗日戦争と民衆運動』創土社、2002年、196頁。
45) 三谷孝編『農民が語る中国現代史』内山書店、1993年、269頁。
46) 姜義華『理性缺位的啓蒙』上海三聯書店、2000年、215頁。
47) 李書会「解放戦争時期、平原・平北・恩県における土地改革運動概述」、三谷孝編『中国農村変革と家族・村落・国家——華北農村調査の記録——』第2巻、汲古書院、2000年、699頁。
48) 潘関宝「解放前的江村経済与土地改革」、潘乃谷、馬戎編『社区研究与社会発展』天津人民出版社、1996年。
49) Hinton,William（1966）*Fanshen: A Documentary of Revolution in a Chinese Village*, Monthly Review Press. 日本語版：W・ヒントン著、加藤祐三ほか訳『翻身』（全2冊）平凡社、1972年、176～178頁。
50) 毛里和子・国分良成編『原典中国現代史』第1巻、政治上、岩波書店、1994年、221頁。
51) 郭徳宏・林小波『四清運動実録』浙江人民出版社、2005年、75頁。
52) 同上、130頁。
53) 同上、260頁。
54) 同上、270頁。
55) 「王光美訪談録（59）」http：//cpc.people.com.cn/GB/74144/75377/5368112.htmi「中国共産党新聞」（専家専欄）黄崢文集、2007年2月5日。また高文謙『周恩来秘録』（上）、文藝春秋、2007年、127～129頁。
56) 毛里和子・国分良成編『原典中国現代史』第1巻、政治上、岩波書店、1994年、224頁。
57) 『建国以来毛沢東文稿』第11冊、中央文献出版社、1996年、383～384頁。
58) 『建国以来毛沢東文稿』第10冊、中央文献出版社、1996年、452～453頁。
59) 中共臨汾市尭都区委宣伝部、中共臨汾市尭都区委党史研究室『中国共産党臨汾市尭都区地方組織建党80件大事（1919）——2001』2001年7月1日、65頁。

第二部　中国共産党と農村変革

60）　同上、66頁。
61）　同上、69頁。
62）　王俊山他編『大寨村志』山西人民出版社、2003年、262頁。
63）　張松斌他編『西溝村志』中華書局、2002年、138～139頁。
64）　臨汾市農業合作制編委会、臨汾市档案局『臨汾市農村合作制名人録』（非売品）、1988年5月、89～90頁。
65）　趙SEへのインタビュー、2007年8月19日（祁建民）。『中国内陸地域における農村変革の歴史的研究　平成17年度‐平成19年度科学研究費補助金（基盤研究（B））研究成果報告書』（研究代表者：三谷孝、平成20年5月）（以下『報告書』と省略表記する）、146頁。
66）　茹GLへのインタビュー、2007年8月19日（祁建民）。『報告書』149頁。
67）　趙KRへのインタビュー、2007年8月22日（祁建民）。『報告書』160頁。
68）　許ZWへのインタビュー、2007年8月23日（祁建民）。『報告書』164頁。
69）　茹GLへのインタビュー、2007年8月19日（祁建民）。『報告書』149頁。
70）　趙KRへのインタビュー、2007年8月22日（祁建民）。『報告書』160頁。
71）　丁HLへのインタビュー、2006年12月19日（内山雅生、祁建民）。『報告書』15頁、また、祁建民の調査ノートも参考。
72）　常利兵「運動作為一種治理術――以晋陽公社社会主義教育運動為例」『郷村中国評論』第2輯、山東人民出版社、2007年7月、177頁。
73）　「王光美訪談録」（58）――参加「四清」与「桃園経験」http://cpc.people.com.cn/GB/74144/75377/5368112.htmi「中国共産党新聞」（専家専欄）黄崢文集、2007年2月5日。
74）　張楽天『告別理想――人民公社制度研究』東方出版中心、1998年、145頁。
75）　常利兵「運動作為一種治理術――以晋陽公社社会主義教育運動為例」『郷村中国評論』第2輯、山東人民出版社、2007年7月、173～174頁。
76）　「剪子湾村大隊会議記録、検査、介紹信、申請等」山西大学社会史研究センター所蔵。
77）　趙SEへのインタビュー、2007年8月19日（祁建民）。『報告書』146頁。
78）　常利兵「劉村田野調査日記」（2004年3月26日、未刊）。
79）　毛沢東「井岡山の闘争」『毛沢東選集』外文出版社、1968年、110～111頁。
80）　張楽天『告別理想――人民公社制度研究』東方出版中心、1998年、145頁。

81) 樊天順・李永豊・祁建民主編『中華人民共和国国史通鑑』第2巻、紅旗出版社、1993年、517頁。
82) 三谷孝「反革命鎮圧運動と一貫道──山西省長治市の事例──」『近代中国研究彙報』東洋文庫、第26号、2004年。
83) 張楽天『告別理想──人民公社制度研究』東方出版中心、1998年、152頁。
84) 同上、175頁。
85) 同上、185頁。
86) 同上、186頁。
87) 「山西省平遥県洪善公社北営大隊文書」山西大学社会史センター所蔵。
88) 張楽天『告別理想──人民公社制度研究』東方出版中心、1998年、188～191頁。
89) 常利兵「従事件到事件：村庄与国家関係的生成──以集体化時代剪子湾村為例」未刊、9頁。
90) 拙稿「四清運動をめぐる権力と村落」『アジア太平洋論争』第15号、2005年11月、参照。
91) 常利兵「劉村田野調査日記」(2004年4月4日、未刊)。
92) 高王凌『人民公社時期中国農民「反行為」調査』中共党史出版社、2006年、7頁。
93) 常利兵「従事件到事件：村庄与国家関係的生成──以集体化時代剪子湾村為例」未刊、9頁。
94) 常利兵「劉村田野調査日記」(2004年4月7日、未刊)、常利兵「運動作為一種治理術──以晋陽公社社会主義教育運動為例」『郷村中国評論』第2輯，山東人民出版社、2007年7月、190頁。
95) 茹GLへのインタビュー、2007年8月19日 (祁建民)。『報告書』148頁。
96) 茹GLへのインタビュー、2007年8月19日 (祁建民)。『報告書』149頁、また、祁建民の調査ノートも参考。
97) 郭徳宏・林小波『四清運動実録』浙江人民出版社、2005年1月、126～127頁。
98) 王汝雕の報告、2007年8月25日 (臨汾市内)。祁建民の調査ノートも参考。
99) 常利兵『劉村田野調査日記』(2004年3月28日、未刊)。
100) 茹ZGへのインタビュー、2007年8月20日 (祁建民)。『報告書』152頁。

第二部　中国共産党と農村変革

101) 茹 ZG へのインタビュー、2007 年 8 月 20 日（祁建民）。『報告書』152 頁。
102) 趙 SE へのインタビュー、2007 年 8 月 19 日（祁建民）。『報告書』146 頁、また、祁建民の調査ノートにも参考。
103) 趙 SE へのインタビュー、2007 年 8 月 19 日（祁建民）。『報告書』146 頁。
104) 常利兵「劉村田野調査日記」（2004 年 4 月 2 日、未刊）、常利兵「運動作為一種治理術——以晋陽公社社会主義教育運動為例」『郷村中国評論』第 2 輯、2007 年 7 月、山東人民出版社、185 頁。
105) 常利兵「劉村田野調査日記」（2004 年 4 月 4 日、未刊）。
106) 茹 ZG へのインタビュー、2007 年 8 月 20 日（祁建民）。『報告書』152 頁。
107) 柴 YD へのインタビュー、2007 年 8 月 20 日（祁建民）。『報告書』155 頁。
108) 柴 YL へのインタビュー、2007 年 8 月 19 日（山本真）。『報告書』133 頁。
109) 茹 QA と殷自友へのインタビュー、2007 年 8 月 22 日（祁建民）。『報告書』158 頁。
110) 趙 SE へのインタビュー、2007 年 8 月 19 日（祁建民）。『報告書』146 頁。
111) 茹 ZG へのインタビュー、2007 年 8 月 20 日（祁建民）。『報告書』152 頁。
112) 茹 ZG へのインタビュー、2007 年 8 月 20 日（祁建民）。『報告書』152 頁。
113) 茹 QA へのインタビュー、2007 年 8 月 22 日（祁建民）。『報告書』158 頁。
114) 許 ZW へのインタビュー、2007 年 8 月 23 日（祁建民）。『報告書』162 頁。
115) 「農村の社会主義運動において当面提起されたいくつかの問題」（二十三条）、『中華人民共和国国史年鑑』第 2 巻、紅旗出版社、1993 年、620 頁。
116) 常利兵「運動作為一種治理術——以晋陽公社社会主義教育運動為例」『郷村中国評論』第 2 輯、2007 年 7 月、山東人民出版社、185 頁。
117) 許 ZW へのインタビュー、2007 年 8 月 23 日（祁建民）。『報告書』163 頁。
118) 殷 ZY へのインタビュー、2007 年 8 月 22 日（祁建民）。『報告書』158 頁。
119) 王汝雕の報告、2007 年 8 月 25 日（臨汾市内）。また、祁建民の調査ノートも参考。

文革期農村社会の変動分析
―― 山西省臨汾近郊農村・高河店を中心に ――

金野　純

はじめに

　文化大革命（以下、文革）は、中国に大きな社会変動をもたらした。
　1966年5月16日、中国共産党中央委員会通知（「五・一六通知」）が出され、政治局常務委員会の下に文化革命小組が設けられた。通知は「『学術権威』の資産階級の反動的立場」を徹底して批判するように指示、「学術界、教育界、マスコミ、出版界の資産階級反動思想を徹底的に批判し、文化領域における指導権を奪取する」よう呼びかけており、基本的には都市部の大衆運動と受け取れる内容だった[1]。
　ところが実際に文革がはじまると、その影響範囲は農村にまで拡大した。一部の農村では、社会主義教育運動（以下、社教運動）[2]以来の階級闘争路線がさらに急進化した。そうした村では多くの「四類分子（地主、富農、反革命分子、悪質分子とされた人々）」が残酷なつるし上げにあった。北京市の南に位置する大興県のように、多くの人々が犠牲となった酷い虐殺が報告されている地域もある[3]。筆者が以前分析した江西省南昌県の事例でも農民と紅衛兵の対立の結果、武器を使用した衝突により死傷者がでた[4]。
　しかし一方、中国の広大な農村には、そもそも造反派による過激な行動が発生しない地域も存在した。都市の職場では、従来権力を握っていた党委のほとんどが造反派によって打倒されたが、一部の農村では実質上治安の乱れもなく、混乱や被害が最小限にとどめられていた。そのため、農村の文革をどう捉えるのかという問題については、現在もさまざまな議論がある。
　近年注目されるのは、D・ハンの研究のように、農村のケース・スタディ

第二部　中国共産党と農村変革

を通して文革期を再評価する研究が生まれていることである[5]。これまで農村の経済的停滞を指摘する研究としてはK・X・ジョウやE・フリードマンらの議論があるが[6]、逆にP・ホアンは、文革期農村のインフラ投資が生産拡大をもたらし、それがポスト文革期へ繋がっていった点を指摘しており[7]、S・ペパーも、当該期の教育について問題点と同時にその成果を提示している[8]。

そうした議論を踏まえて、ハンは文革期の教育改革と経済状況を分析し、教育普及の拡大が農村に経済成長をもたらしていたと強調する。ハンは、文革期の教育改革を「災害」と捉えるJ・アンガーの視点[9]を「都市・エリートの視点」として批判し、教育の質を計る基準は固定化できるものではなく、「時と場所」を考慮すべきと主張している。

農村に焦点を当てた文革の評価に、こうした「温度差」が生ずるのは、農村の文革に、都市とは異なる独特の多様性が存在しているためであろう。たとえば筆者が翻訳者のひとりとして関わったオーラル・ヒストリー研究のなかで、当時は南京大学の学生だった虞氏は、下放先の農村で目撃した以下のような状況を語っている。

「ある時集会でスローガンを叫ぶことがありました。その時、年配の人が、『劉少奇を打倒しよう！』などと言わなければならないところを、間違えて『毛沢東を打倒しよう！』と言ってしまいました。みなのいる前だったので、彼も釈明のしようがないことはわかっていました。

しかし、農村には農村のやり方があるのです。苦労して育ててきた豚は、こういう時に殺されるのです。村人全員・大隊・公社の幹部が招かれ『みなさんを慰労するために豚を殺した』と言うのです。このようにして宴会が終わると、何事も無かったことになるのです」（傍点筆者、以下同様）[10]。

これは都市部ではおよそ考えられない光景である。この事例から推察できるのは、一見画一的な「階級闘争」が展開したかにみえる文革期にも、実は各農村に特有の「問題解決法」は生きていたという点である。つまり急進的

148

な運動がおこなわれた村がある反面、このような「緩い」村も存在しており、どの地域を研究対象とするかによって、農村の文革イメージが異なってくる。したがって、ハンが分析した山東省即墨と、フリードマンらが調査した河北省饒陽では歴史的背景が異なっており、その結論に差異が生じるのは当然であろう。

そうであるならば、異なるフィールドで調査する研究者らが、それぞれの農村「文革イメージ」の妥当性を争ってもさしたる意味はないように思われる。むしろ重要なのは、いかなるファクターが各農村の文革プロセスに差異をもたらしているのか、という社会科学的な問いである。はたして農村の文革の急進化／穏健化はどのようなファクターによって規定されていたのだろうか。本章では、山西省の臨汾近郊農村である高河店の調査結果を整理し、それを他地域の事例と併せて分析することにより、上記の問いについて考察したいと考えている。

1. 分析の枠組

文革期には多くの地域で、有力な大衆組織間で派閥対立が生じており、共同の聞き取り調査[11]によると、臨汾には「一・二六」と「三・一八」と呼ばれる2大派閥が存在していたといわれる。両者の間には、槍などを用いた武闘も発生していた。しかし、臨汾近郊の高河店でのインタビュー記録を総合的に判断すれば、虐殺行為はおこなわれず、比較的穏やかな過程を辿ったといえる。なぜ高河店の文革が平穏だったのか、また暴力的衝突が生じた他地域との違いはどこにあるのか。ここでは以下、本章における「分析のメド」として、5つのファクターを設定しておきたい。

第1に、大躍進の状況である。大躍進は中国経済を一時的に後退させ、多くの農村に餓死者を生んだ。なかでも、①安徽省のように餓死者が多く、社会矛盾が拡大していた地域[12]と、②山西省のように食糧事情が悪化しながらも生活が可能な環境を維持していた地域では、文革過程が違ったことが予想される。なぜなら、文革期の暴力には、それ以前の矛盾や対立が反映され

ることが多いからである。

　第2に、文革期の省全体の状況である。文革期には、まず省都などの都会で学生らがいくつかの紅衛兵を組織し、そこで生まれた派閥が周辺地域の各組織と結びつきながら拡大し、大きな対立を派生させる事例が多くみられる。したがって、省全体でどのような派閥が形成され、どのようなグループ（学生、労働者、幹部、軍隊、農民…等々）が主な参加者だったのかを検証する必要があろう。

　第3に、文革に対する在地（人民公社、生産大隊、生産隊）の幹部・農民の反応である。地域によっては、在地勢力が組織を作り、省都から来る紅衛兵に一致団結して対抗するケースも確認できるため[13]、都市の学生や労働者を主体とする造反派組織に対して、現地の幹部・農民がどのように反応したのかは重要な検討課題となる。

　第4に、民兵組織の動態である。中国では、58年の台湾海峡危機に対応して、全国で急速な民兵工作が展開した。農村でも、社会主義教育運動と平行して、民兵工作が積極的に推し進められた[14]。こうした民兵が、①派閥闘争に積極的に関与した地域と②派閥闘争に介入しなかった地域とでは、当然、被害の状況は異なっていたはずである。

　第5に、革命委員会の状況である。革命委員会とは、67年以降、弱体化した従来の党委員会に代わって組織された権力機構である。革命委員会では「三結合」（革命大衆・革命幹部・革命軍人3者の結合）が強調されたが、その内幕は地域によって異なっていた。Y・スーの研究によると革命委員会の構成が、その後の末端支配の安定性に大きく影響したと指摘されている[15]。革命委員会において、①従来の幹部が引きつづき中心的役割を果たしたのか、それとも、②新たな「造反派」が主導権を握ったのかによって文革の状況は大きく異なったであろう。

　本章では、農村の文革を検証するための補助線として以上の5つを利用しながら、現地調査で得られた農民とのインタビュー記録や資料を基に、山西省臨汾近郊・高河店の文革過程を分析する。

2. 山西省臨汾・高河店の事例分析——インタビュー記録を中心に

1 大躍進運動以降の状況

まず高河店の事例分析に入る前に、周辺との比較から大躍進期の山西省の状況を概観しておく。大躍進期の人口動態について『中国人口』（中国財政経済出版社）を利用して試算した楊継縄によると、58～60年の「非正常」死亡者数を試算した結果は表1の通りである（単位：万人）[16]。

以上から推察できるのは、山西省は周辺諸省と比較して、大躍進期における被害が非常に少なかったのではないかということである。そのため聞き取り調査によると、山西の高河店は飢餓難民を受け入れる側であった。

高河店は60年代から比較的知られた棉花や小麦の生産地だった。小麦は山西省の「10の紅旗」（10の模範的地点）のうちのひとつに選ばれるほど、生産に適した村だった。その理由としては、農業機械化の「試点」に選ばれたため、優先的に資源が配分されたことや水利が良かったことが挙げられる[17]。ある農民の話では、57年の1ムーあたりの収穫量は1,200余斤、30ムーにひとつの井戸があり、村では1,023ムーを灌漑できたという。したがって、この村も他の農村と同様に、大躍進時期には大食堂が設置されたが、餓死者はでなかった[18]。

表1　各省別の大躍進期「非正常死亡者」数

安徽省	9.46（58年）	24.12（59年）	192.7（60年）	226.28（総計）
河南省	9.89（58年）	17.18（59年）	139.38（60年）	166.45（総計）
山東省	14.30（58年）	43.50（59年）	71.18（60年）	128.98（総計）
河北省	1.78（58年）	6.96（59年）	20.44（60年）	29.14（総計）
山西省	0.24（58年）	2.06（59年）	4.46（60年）	6.76（総計）

出所：楊継縄「大飢荒期間中国的人口損失」宋永毅・丁抒編『大躍進—大飢荒：歴史和比較視野下的史実和思辨（上册）』（香港・田園書屋出版、2009年）、8-11頁。

第二部　中国共産党と農村変革

　この村には食料があったため、外地から難民が流入してくることも多く、特に河北・河南・山東からの「逃荒」(飢饉による避難)が多かった[19]。村民のなかでも、竜・李・何・王は外地から来た姓だといわれる[20]。また当時、公安部隊にいた人物は、難民を送り返しても戻って来てしまうため、繰り返し送り返したと語る。なお彼によると、61年以降になると、難民はいなかったということである[21]。
　しかし、もちろん大躍進がこの村になんの影響も与えなかったわけではない。ある農民はつぎのように述べた。

　「大練鋼鉄(製鋼鉄の時期＝大躍進時期を指す—引用者、以下同様)の時期、わたしは5年生でした。西頭村へ練鉄に行きました。朝の4時にご飯を食べて、5里を歩いて、100メートルの谷間を越えて、30斤のコークスを運びました。旧式の製鋼でした。
　(人手をとられた)高河店では棉花を摘む人がなく、トウモロコシを収穫する人手もなく、作物が無駄になりました。59年から61年の時期は食糧が少なかったです。58年になると料理道具や家具などを製鉄のために提供して、食事は大食堂でとりました。58年には好きな分だけ食べられましたが、59年前半には1人1日1斤となり、60年にはさらに少なくなって腹一杯食べられなくなりました」[22]。

　このように大躍進の影響は高河店に及んだものの、総じていえば、村には食料があり、餓死者はなく、むしろ他地域から飢饉難民が来る状況だった。水利などの面で有利な条件を活かして、60年代には農業機械化の「試点」にも選ばれるなど、比較的恵まれた村だったといえる。
　したがって、村の政治状況は比較的穏当なものであったろう。これは、かつて丁抒が描いた安徽の農村とは大きく異なっている。丁抒は、文革期に下放された安徽省南部の農場での会話を記録しているが、そこでは幹部が一軒一軒家宅捜索して食料をかき集めて食堂で管理しており、働かない者は食堂で食べることができなかった。「共産党がよくないと思う者はいなかったの

かね」との問いに、「少しはいたよ。でも彼らは、悪い幹部がこんなことをやっていたんだということを知らなかったんだ。今回の文化大革命で、やっとはっきりわかった」と答えているように、大躍進の「恨み」は当該村内の闘争に影響を与えていた[23]。逆に、大躍進から調整期にかけて幹部と農民の軋轢があまりない場合には文革期の不安定要素も少ないと考えられる。

2 省全体の状況と臨汾・高河店

(1) 省レベルの状況

　山西省では64年から農閑期を利用し、「農民講習所」を通して農村の毛沢東思想教育をおこなっていた。講習所の訓練を経た受講生は村に帰って積極分子となることが期待されていた。そして農村内では、党支部の指導者と受講生らが先導して「毛主席著作学習小組」を組織し、農村での毛沢東の著書の学習運動を展開した[24]。当時の『人民日報』によると、特に62年の中国共産党の第8期中央委員会第10次全体会議以降、山西省の農村で政治工作が強化されていたことが報じられている[25]。社教運動以降の毛沢東の著作の学習運動は全国でおこなわれていたが、都市だけでなく地方の農村でも農閑期を利用した「教化」が展開していた。

　徐友漁の研究によると、山西省は文革中の長期にわたり旧来の幹部・労働模範・労働者・軍隊の果たした役割が大きく、紅衛兵の影響力は他の地域と比べて小さかったようである。「保守派」はかなり早い時期に敗北し、紅衛兵は労働者を主体とする「山西省革命造反総指揮部（以下、総指揮部）」に参加したとされている[26]。

　67年1月25日に発表された総指揮部の「第一号通告」によると、指揮部は25の革命造反組織によって組織されており、以下の3点が主な主張として掲げられていた[27]。

① 「革命をしっかりとおこない、生産を促す」を肝に銘じて積極的に造反すると同時に生産の持ち場を守り、任務を遂行する。

第二部　中国共産党と農村変革

②毛沢東、林彪、中央文革小組に反対したり、文革や生産を破壊したりする者については、現行反革命として公安部門を通して法によって処理する。武器・弾薬を流用したり、国家機密を漏洩したりした者は法によって調査・処罰する。
③山西省文革接待ステーションには即日流動資金を凍結させ、一切の車両の支給を停止し、調査と調整をおこなわせる。必要で正当な経費以外は、各機関や事業単位の流動資金は即日凍結し、革命造反派と革命大衆で連合して監督する。

以上の「通告」から、総指揮部は1月（奪権闘争）以後、文革の経済的悪影響や野放図な武闘を最大限抑制しようとしており、全体の主張からみれば中央の指示に忠実な組織であることが理解できる。また表2の組織一覧から

表2　山西革命造反総指揮部の構成組織一覧

山西革命造反総指揮部：
＊指導部は、劉格平（山西省副省長）ら幹部、張日清（山西省軍区第二政治委員）、大衆組織の「三結合」

01 山西革命工人造反決死縦隊	13 山西日報革命造反軍
02 山西革命造反兵団	14 山西東風革命造反兵団
03 山西革命工人野戦兵団	15 太原市小学教師革命造反連絡総部
04 山西工農商学革命造反総部	16 共青団山西省委機関大無畏戦闘隊
05 山西省紅色造反者連盟	17 中共太原市委機関紅旗戦闘隊
06 山西医衛革命造反総部	18 太原革命造反司令部
07 山西紅色造反連絡站捕獵大隊	19 晋京革命造反大軍
08 山西革命幹部造反兵団	20 山西反修兵団
09 北航播火兵団	21 山西紅色革命造反連盟
10 北農機"全無敵"縦隊	22 山西農民造反兵団
11 首都赴晋革命造反大隊	23 山西"延安"文芸兵団
12 山西体育会毛沢東思想紅衛兵団	24 太機第四野戦軍

出所：「山西革命造反総指揮部第一号通告」『人民日報』（1967年1月25日）を参照して筆者作成。

図1 山西革命造反総指揮部の指導系統

```
                                                    指導領域
        ┌── 山西省委無産階級文化大革命接待站・管理委員会    （政治・経済面）
指揮部 ──┤
        └── 無産階級専政委員会                       （公安庁・法院・検察院）
```

（出所）「鞏固革命派奪権闘争的勝利―記山西省革命造反派奪権闘争」『人民日報』（1967年2月13日）を参照して筆者作成。

わかるように、山西省副省長の劉格平や軍区政治委員の張日清らも加わっており、当時喧伝されていた「三結合」の方針に即していた。また表では署名順に番号を付している。一般的に、より力のある組織がより上に署名することを考慮すると、01や03の組織名から考えても労働者組織がリーダーシップを発揮していたことが理解できよう。そして全体的に学生組織は少ないようである。

このように67年1月の時点で「大連合」を果たした山西省であったが、派閥闘争が存在しなくなったわけではなかった。一部の人々は指揮部を強く批判しており、巷では「第二司令部」を組織して指揮部に対抗する動きもあったといわれる。批判されたのは、劉格平や張日清のような幹部が内部にいたことである[28]。そのため指揮部は、「おまえらは大衆が自ら自己を解放することを信じていない」であるとか、「軍隊が地方の文革を後押しするのは違法だ」などと批判されていた[29]。こうした対立は一部の地域で継続し、そうした地域ではその後も武闘はなくならなかったが、全体としてみれば図1に示した通り、副省長も加わって、重要部署を「奪権」した指揮部が山西省の文革をリードしていた。

(2) 臨汾の状況

それでは臨汾の状況はというと、県城（県政府所在地）では大きな派閥が存在し、一部で武闘も発生していた。臨汾の派閥は、「一・二六」派と「三・一八」派のふたつであり、その名称は成立日に由来している。両派の武闘が最も激しかったのは68年である。両派閥の間で、槍を用いた武闘が

あったが、けが人は多くなかった。

67年1月以降、奪権闘争が始まると臨汾全体の政府や工場が「三・一八」と「一・二六」に分かれ、それは学校にも波及して皆がどちらかの派閥に属して奪権をやりあったという[30]。しかし69年になると「中国共産党中央委員会布告」(いわゆる「七・二三布告」)[31]がだされる。

「山西省は全国と同じように良い情勢だが、しかし太原市、晋中、晋南の一部の地区では各大衆組織に紛れ込んだ一握りの階級の敵や悪質分子が、資産階級的な派閥性を利用して一部の大衆を欺き、中央がたびたび発布した訓令、命令、通知、布告の執行に反抗し、極めて重大な反革命の罪を犯している」[32]。

このように中共中央は、山西省の一部の地域を名指ししながら暴力行為を厳しく非難した。さらに「七・二三布告」は一切の武闘を停止し、大衆に武器を引き渡すことを命じ、逆らう者には解放軍による軍事行為を辞さない態度を示したため、山西省の状況は安定して臨汾でも武闘は停止した。高河店のあるインフォーマントも、「七・二三布告」を境に武闘が収拾したことを証言している[33]。

(3) 高河店の状況

文革中、高河店の状況は比較的安定していた。村内では「文革の影響はなかった。派閥もなかった。文革の影響は少ない。地主は小さく大きな闘争もなかった。知識青年も来なかった」(茹LS)という状況が証言されている。他のインフォーマントによると、派閥が全く存在しなかったわけではないが、「あなたが『一・二六』を支持するなら、わたしは『三・一八』を支持するよ、といった程度に過ぎない」状況だった[34]。

しかし文革の影響が全くなかったわけではない。

高河店では、他の地域と同様に「四旧打破」(古い文化・思想・風俗・習慣の打破)がおこなわれ、当時の村の幹部は「実権派」として農民に批判された。また地主など出身階級が不純とされた人々もつるし上げの対象となった。特に、「地主、富農、反革命分子、悪質分子、右派分子」のいわゆる

「五類分子」が批判された[35]。こうした「四旧打破」や階級的な批判闘争大会は、全国に共通して確認できる動きである。あるインフォーマントによると、文革期の高河店では、つぎのような大会が開かれていた。

「村内では『遊街（罪人の引き回し―引用者、以下同様）』がおこなわれました。首には（その人物の名前や罪状を示す）札がかけられました」。「村では地主・黄金山は死んでいたため、特に樊YL（閻錫山憲兵）が批判されました。また死んだ富農の茹GSの妻が富農分子として批判されました」。「昼間は労働に参加し、夜に批判闘争をしました。だいたい夜9～11時、場所は大隊部でした。基本的にすべての村民が参加しました」[36]。

そもそも高河店では大きな地主が存在しないという歴史的背景があったため、文革中の大会事態は表面的なものだったようだ。他の一部地域のような虐殺事件などは発生せず、村内を分裂させるような大きな派閥闘争もなかった。また上記インタビューのように、この村ではきちんと労働時間が確保されているため、一日の労働後の大会では参加者の「真剣さ」に限界があったことも予想できる。

3 幹部・農民の反応

それでは具体的に高河店の幹部・農民の反応をみてみたい。あるインフォーマントは、「臨汾の2派（『一・二六』と『三・一八』）が宣伝に来たが村人が呼応しなかったので、激しい運動は起こらなかった」[37]と述べたが、他の人々も以下に列挙するように総じて同様の意見であった。

「文革の時の二つの派閥、『一・二六』は口ばかりで弱かった。『三・一八』は実務家が多かった。武闘はあった。村にも派閥はあったがたいしたことはなかった」[38]。

「文革の時、二つの派閥があったが、村人はどちらに属するか一定していなかった。勢力の強い方に協力した」[39]。

「文化大革命時期、村には造反派と保皇派とがいた。保皇派が勝利した」[40]。

第二部　中国共産党と農村変革

　この村で数少ない「造反派」は、貧農協会主任であり、後に生産隊長となった趙JHと同じく貧農の徐FGだった。趙は村内で「運動紅」と呼ばれていた。元々は閻錫山の兵士だったが、後に解放軍に入隊した人物である。趙は社教運動で工作隊に抜擢された人物だが、ある農民は、趙について、政治運動になるとすぐ積極的に応じるタイプだったと述べている[41]。趙と徐のふたりは「捍衛毛沢東思想戦闘隊」を組織したようだが、仲間内の小規模なものだったと考えられる。

　では、このように高河店で「造反」が盛り上がらなかった背景には、どのような要因があったのだろうか。この点に関して、ある農民はつぎのように述べている。

　「本村では紅衛兵組織が無く、造反派は1、2人だけでした。奪権も無く、村内は乱れませんでした。なぜなら解放後、工作隊がいつも村に来ており、県・公社は（この村を―引用者）重点的に支持しており、当時の新しい農機具や種はみな優先的に我々の村に提供されていましたから」[42]。

　すなわち文革前の村内政治がうまくいっており、経済状況もまずまずで、村内に蓄積された不満が少なかったため、あえて「造反」に呼応する必要性が農民の側になかったのである。したがって、高河店では貧農の趙JHらが造反派を組織しようとしたが、大きな混乱は発生しなかった。

４　民兵の動態

　58年以降、中国では台湾海峡危機などを背景として、「全民皆兵（国民皆兵）」が掲げられ、大部分の地域で民兵が組織されていた。これは全国的な動きであり、北京では1ヶ月を待たずして50の民兵師団を組織しており、上海でも58年11月の時点で全市人口の15パーセントが民兵として組織された[43]。

　「労武結合、全民皆兵」のスローガンの下におこなわれた民兵の組織化は、社会主義教育運動期も継続した。そのため文革期に入ると、時として民兵が

非常に重要な役割を果たした。後により詳しく紹介するが、江西省南昌県蓮塘の事例では、軍分区と県武装部の武器供与の下、生産大隊などの民兵が動員された結果、掃射などによって学生に死者がでる事態に発展してしまったのである。

それでは、高河店はどうだったのであろうか。当時、民兵のリーダーをしていた人物はつぎのように語っている。この人物は57年に軍に参加、62年に退役し高河店へ来ており、64年に大隊民兵営長を務めている。射撃や夜間警戒の職責を担っていた。

「文革中、村の若い者は県城に行って活動に参加しました。当時、民兵の副中隊長が県城に行こうとしましたが、わたしは彼に参加を許しませんでした。わたしは言いました。参加しても良いことはない。我々は労働によって飯を食うべきだ。村の幹部で批判されたのはいませんでした。人民公社のメンバーで数人派閥的な者がいましたが、しかし武闘には参加しませんでした。県城には『一・二六』と『三・一八』のふたつの派閥がありました」[44]。

このように、村では文革に参加しようとした民兵のメンバーがいたものの、リーダーはそれを許さなかった。さらに注目すべきなのは、武器の流出にも注意が払われていたことである。

「我々民兵大隊は先進単位でした。『一・二六』は人を派遣して、村の銃を奪おうとしましたが、わたしたちは阻止しました。当時、我々は重機関銃、榴弾砲、を有しており、民兵は皆自動小銃を持っており、最低でも762丁ありました。後にわたしは公社に報告し、銃をきちんと保存できないので、銃弾を全て空にしてから部隊に渡しました。文革後期になって銃はまた戻されました。『七・二三布告』がだされて平穏になるとまた戻ってきたのです。そして文革が終わると、銃はすべて上級に渡しました」[45]。

第二部　中国共産党と農村変革

　このようにして高河店の民兵組織は武闘に加わらず、武器も流出しなかった。高河店には、実際には重機関銃を始めとして多くの武器があり、自動小銃も多く保有していたが、県城から来た大衆組織に渡すことはせずに、銃は弾薬を使い切ってから部隊に預けたという。本書の山本論文でも触れているが、この民兵隊長はもともと外来移民であり、60年代前半に工作隊が書記に抜擢しようとしたものの、それを辞退して民兵隊長になったという。こうした彼のパーソナリティが民兵の「無難」な対応へと繋がっていた可能性がある。政府は村の政治運動において、本来アウトサイダーである外来者の積極性を利用しようとしたが、社教運動から文革にかけて、彼らが村政を主導する立場に就くことはなかった。

　その後、高河店には、69年7月の「中国共産党中央委員会布告」によって、軍事的な治安回復がおこなわれるまで、武器は存在しなかった。したがって高河店では民兵組織の保有する大量の武器が、大衆組織に流出しなかったため武闘があったとしても、本格的な犠牲者を出すまでの事態には至らなかったのである。これは先に触れた江西省南昌県の事例とは対照的であり、民兵組織の文革への関わり方は、その被害状況に大きな影響を与えていたと考えられる。

[5]　**革命委員会の状況**

　67年1月、上海市の造反派が政府機関や職場から権力を奪取する「奪権闘争」を始めると、その動きは『人民日報』などの全国紙で報じられ、各地で上海を模倣した奪権闘争が展開した。山西省の各地でも、同様に奪権がおこなわれた。当然、問題となるのは奪権後の支配のかたちである。既存の支配的組織を崩壊させたにしても、その後、どのような組織をもってそれに代えるのかが問題となったのである。

　当時、中国には新たな支配のかたちとして、全面選挙を掲げるコミューン（上海モデル）と「三結合」を掲げる革命委員会（黒竜江モデル）のふたつがあった。

　現在確認できる資料から推察すれば、最終的に黒竜江モデルに決定したの

表3　革命委員会の成立年月日

	成立年月日
01 黒竜江省	67年 1月31日
02 山東省	67年 2月 3日
03 貴州省	67年 2月13日
04 上海市	67年 2月23日
05 山西省	67年 3月18日
06 北京市	67年 4月20日
07 青海省	67年 8月12日
08 内蒙古自治区	67年11月 1日
09 天津市	67年12月 6日
10 江西省	68年 1月 5日

出所：安藤正士・太田勝洪・辻康吾『文化大革命と現代中国』岩波新書、1995年、106頁。

は毛沢東自身だった。67年2月になると毛は、上海でコミューン構想を練っていた張春橋に対し、コミューン臨時委員会から革命委員会への改組を指示した。その後、上海に戻った張春橋は2月24日、上海人民広場で講話をおこない、毛の意見に従って上海コミューンは上海市革命委員会へと改組することを提案した。当然「毛の意見」に反対する声が出るはずもなくコミューン構想は頓挫し、各地のコミューンも、毛沢東の批准を得られずにつぎつぎと挫折した。その結果、黒竜江式の革命委員会が全国で主流となった[46]。

安藤正士らの研究によると、革命委員会の全国的組成は、67年1月の黒竜江省に始まった後、68年9月5日、チベット自治区、新疆ウイグル自治区において終了している。山西省を含む成立順位の10位までは表3のようになっている[47]。

このように山西省革命委員会は、全国的には5番目の早さで組織された。したがって山西省の文革は、全国的にみれば比較的中央のコントロールが効いていたと考えられる。以下、山西省で革命委員会が組織されるプロセスを確認しておきたい。

第二部　中国共産党と農村変革

　山西省では 67 年 3 月 12 日〜18 日にかけて太原で山西省革命組織代表会議が開催され、全省から 4,000 人あまりの幹部・軍・大衆組織の代表者が出席した。まず選挙を経て 245 名の〈革命委員会〉委員が選出されたが、その内大衆代表は 118 人であり全体の 48.1 パーセントを占めていた。この点だけをみれば、相当な「民主化」がおこなわれていたようにも思われる。しかし実際の指導部を確認すると、常務委員 27 名のトップとして劉格平が主任委員となり、副主任委員として張日清、劉貫一、陳永貴が選出されており（陳永貴は有名な模範労働者で、他はすべて山西核心小組メンバー）、結局は旧来の幹部が権限を握っていたことがわかる[48]。

　また山西省では 3 月以降、省から県に至る各級で「抓革命促生産第一線指揮部」が組織されたが、総指揮は袁振（山西省委員会書記処書記）、副指揮は趙冠英、曹玉清（共に人民解放軍山西軍区副司令員）、陳永貴（大寨生産大隊党支部書記）、劉向東（革命大衆組織代表）が担当しており、大衆代表もいるが基本的に幹部・軍人が中心となっている。統計によると、第一線指揮部メンバー中、32 パーセントが革命指導幹部、26 パーセントが人民解放軍軍分区幹部、42 パーセントが革命大衆組織代表であり、幹部と軍人で過半数を占めていたことが理解できる[49]。

　さて当時、革命委員会のメンバー構成には、大きく分けてふたつのパターンが存在した。ひとつは①主要な造反派指導者がメンバーとして権力を握るパターン、もうひとつは②造反派が排除され旧来の幹部がそのまま権力を保持するパターンである。このパターンが革命委員会成立後の文革に大きな影響を与えたことを指摘したのが Y・スーの研究である。スーは、広西・広東・湖北の比較研究をおこない、県城から離れるほど中央の指示が届かずに混乱してしまうこと、そして革命委員会に造反派が編入された地域のほうが（彼らの不満が緩和されるため）暴力の発生件数が少なかったことを指摘している[50]。

　そうした視角からみれば、旧来の幹部が権力を保持した山西省で 69 年まで武闘が続いたこととも符合するが、また都市近郊の高河店は中央の指示がきちんと伝達されていたため、比較的混乱が少なかったという解釈も可能で

あろう。しかし高河店の事例がスーの解釈とは異なるのは、高河店では革命委員会のメンバーに、造反派がいなかったことである。高河店では、元々の幹部を中心として「三結合」がおこなわれ、造反派は委員にはならなかった。従来の幹部がそのまま生産を指揮したのである[51]。

それでも問題がなかったのは、すでに述べたように高河店では「造反派」と呼べる人物は趙JHや徐FGの数人であり、造反派の勢力が小さかったためである。スーの検討した地域は多くの造反派が多数存在している場所のため、彼ら造反派が革命委員会から除外されれば、不満と衝突が生じやすかったと考えられる。したがって、文革期の暴力の発生要因を探るためには、単に「県城との距離」や「革命委員会における造反派の地位」を問題にするのでは不十分であり、大躍進以後の当該地域の政治・経済的状況をファクターとして組み込む必要があろう。

さて山西省革命委員会は67年3月に成立したが、インフォーマントによると、高河店の文革は、70年以降には基本的に終了していたということである[52]。高河店では革命委員会成立後も、従来の幹部がそれまで通りに中心的役割を果たしたため、特に大きな変化は生じなかったのである。

3. 他地域との比較分析

以上、①大躍進の状況、②文革期の省全体の状況、③文革に対する在地の幹部・農民の反応、④民兵組織の動態、⑤革命委員会の状況の5点を中心に山西の文革について検討してきた。特にミクロな素材としては、臨汾近郊農村の高河店の調査結果をみてきたが、当該地域の文革はきわめて穏健なかたちで展開していた。

文革は、一般的には、地域社会に惨状をもたらしたものとして語られることが多いが、本稿の事例では、ハンが指摘するような積極的効果（教育普及の拡大や経済成長）は確認できないものの、逆に大きな被害を生み出してもいなかった。冒頭に述べたように、こうした結果は「農村の文革イメージ」として安易に一般化できるものではなく、他の状況と比較検討することによ

第二部　中国共産党と農村変革

って具体的な異同や共通点が明確化し、その地域特有の状況を生み出すファクターを抽出することが可能となるであろう。

　そこで以下、筆者がかつて検討した江西省南昌県蓮塘の事例と比較検討することによって、高河店の文革の特徴を抽出、分析してみたい[53]。ただし、ここで江西省の事例を取り上げるのは、方法論的意図というよりも資料的制限に由来している。村レベルでの文革過程を確認できる資料について、筆者の手元には南昌県蓮塘のものしかなかった。本書の分析枠組からいえば、本来は大躍進期の状況が（本稿の事例と）対照的だった安徽省農村の事例と比較すればより興味深かったと思われるが、それは今後の課題としたい。また主要な参考資料についても、インタビュー資料（高河店）と文献（蓮塘）という異なる類の資料に依拠している。今後は現地調査や資料収集によって各事例間の参考資料のレベルを平準化する必要があろう。

　さて江西省南昌県蓮塘についてみてみると、ここでは軍分区と県武装部による武器供与の下、生産大隊などの民兵が動員され、機銃掃射によって学生に死者がでる事態に発展している。その大まかな流れをまとめたものが表4である。表4からわかるように、蓮塘の対立は、紅衛兵グループと軍・在地農民の間に発生していた。

　在地勢力を指導したのは王世清（軍分区司令員）であり、彼らは江西農学院および北京から来た紅衛兵組織と対峙した。各県では農民を動員し、民兵を利用して紅衛兵を攻撃したとされる。より詳細な過程は既発表の論文で紹介したので省略するが、大まかにこうした状況だけを確認すれば、平穏に過ぎた高河店の文革と対照的な印象も受ける。

　一見、異なる道を歩んでいるようにみえる高河店と蓮塘の事例だが、しかし共通項もある。それは地域的凝集力、すなわち村の「まとまり」という点である。文革の被害を深刻にしたケースの多くは、むしろ村内部の闘争に起因している。大躍進以後のプロセスで、村幹部と農民との間に拭いがたい悪感情が存在する場合、村幹部のつるし上げは避けられない。しかし蓮塘にせよ、高河店にせよ、村内の対立はさほど激しくはない。これは両村共に内部

表4　江西派閥間闘争の過程（1967年6月）

6月1日	江西農学院、江西農校、蓮塘地区の"革命造反派"がパレードをおこなう。対立する人が石などを投げつけて4人が傷を負う。
9日	蓮塘地区の対立組織が農学院などの紅衛兵を殴打する。
14日	紅衛兵は付近の農場へ行き「貧下中農と農村幹部への公開状」などのビラを配って、農民に紅衛兵の立場に理解を求めるが、逆に学生5名・教師5名が逮捕される。
16日	農学院の周辺を取り囲み紅衛兵に対する食料供給を停止する。
17日	豊城、進賢、新建、南昌各県から農民が動員され、蓮塘地区へ移動する。紅衛兵に対する攻撃が始まる。
28〜29日	軍分区から武器を渡された民兵（多くの農民も含まれる）によって、農学院に対する本格的な武力攻撃が始まる。紅衛兵は南昌方面に逃走するが、民兵による掃射などにより死人もでた（300人余りが逮捕された）。

出所：拙稿「文革期派閥現象の比較分析——青海、江西、上海」『東アジア地域研究』（第11号、2004年）、55頁。

の矛盾が小さかったことを示していると考えられる。非正常死亡者数の観点からみれば、大躍進期の江西省は山西省と同様に被害が少ない地域であった。安徽省と江西省の飢饉を比較検討した陳意新は、農業を取り巻く自然条件、農業実物税、省級指導部の政治的態度の3ファクターから、江西省で被害が少なかった原因を論じている[54]。

したがって、村内の凝集力は高河店、蓮塘共に強いものの、明らかに異なるのが文革の政治過程である。高河店では「一・二六」と「三・一八」という派閥が近郊都市から来たものの、大きな影響力を持たず、村民は積極的に反応しないまま終わった。しかし蓮塘では、外から来た紅衛兵グループらが連合で在地権力を脅かしたため、大きな衝突を生んだのである。これは構造的背景に起因するものではなく、多分に過程的要素の影響を受けている。

また民兵組織の動態も対照的だった。江西省の事例をみると、各県の武装部が「民兵集団訓練」として、各生産隊から2、3人を選抜し、彼らを集団訓練に参加させている。そして参加した農民には、毎日「食費補助」0.2元、武装部の「別途補助金」0.5元に加え、夜に見張りをすると特殊補助があり、多い者になると毎日の補助金が6元になった[55]。

第二部　中国共産党と農村変革

さらに武装部は農民に対して以下のように説明していた。「傷を負ったら公費の医療が受けられ、治療期間は労働点数を考慮される。身障者は身障軍人の待遇となり、殺された者は烈士とする。一族は食・衣・住・医療・埋葬費を保証される。紅衛兵を殺しても責任を負う必要はない」[56]。こうした「優遇」で農民が民兵として闘争に参加した結果、武力闘争がエスカレートしたのである。

一方の高河店でも、当時の民兵工作の結果、重機関銃や榴弾砲があり、最低でも762丁の自動小銃があったようだが、民兵を指導した退役軍人の幹部は大衆組織が銃を奪うのを阻止し、銃弾をすべて空にして部隊に預けてしまっていた。そのため銃器が流出することはなかった。69年の「中国共産党中央委員会布告」によって事態が沈静化した後に銃器が戻ってきたという。このように、50年代後半から全国で大規模に展開した民兵の組織化を背景に、在地民兵の文革への関わり方は、地方の文革の被害程度を規定する重要なファクターだった。

おわりに

それでは最後に、先に挙げた分析の枠組に沿いつつ、本章の内容を簡潔にまとめておきたい。

第1に、高河店は水利に恵まれ、小麦や棉花生産の省内トップ10に入る村だったので大躍進運動時期にも餓死者はでなかった。むしろ河北や山東省から難民が来るぐらいの状況だった。そのため多くの地域が経験した幹部―農民間の食料などをめぐる軋轢が少なかったことが予想される。こうした大躍進以降の経緯は、村内で「造反」が盛り上がらなかったひとつの要因であろう。

第2に、省全体としてみると、農民よりも労働者が文革の主体となっており、臨汾の派閥は大きく「一・二六」派と「三・一八」派のふたつに分かれていた。こうした派閥は臨汾の学校にも波及したものの、69年の「七・二三布告」後、山西省の状況は安定して臨汾でも武闘は停止した。高河店の状

況は比較的安定していたが、「四旧打破」であるとか、「五類分子」や一部の幹部の批判大会などはおこなわれていた。

　第3に、高河店の農民の文革に対する幹部・農民の反応は比較的冷静なものだった。造反を組織する動きはあったものの、農民らはそれに積極的に荷担しなかった。そのため造反派といえるのは数人であり、村が混乱することはなかった。その背景には、第1に挙げた高河店の歴史的経緯があったと考えられる。

　第4に、高河店の民兵組織は文革に関わらなかった。当時、民兵組織のリーダーをしていた人物によると、民兵の副中隊長が県城に行って文革に参加しようとしたが、参加を許さなかったとのことである。さらに派閥の一方に武器が流出しないように、弾薬を使い切ってから部隊へ渡したという点が注目される。リーダーのこうした判断の結果、犠牲者をだすような武力衝突は生じていなかった。

　第5に、高河店の革命委員会においては、従来の幹部が引きつづきリーダーシップを発揮しており、造反派は参加しなかった。一般的に造反派の参加が制限されると、そこに軋轢が生じて混乱するケースが少なくないのだが、高河店の場合はそもそも造反派が数人程度で大多数の農民は積極的に加わらなかったため、さしたる混乱は生じていない。

　以上、5つのファクターに注目して高河店の文革を分析し、それが穏健だった原因を検証した。それでは高河店の事例を、他地域の事例と比較してみた時、共通点と異同は何なのか。

　本章では、筆者が過去に検討した江西省の事例と比較分析をおこなったが、村の凝集性が高いという点は、両村に共通していた。大躍進期の被害が比較的少なく、村内政治が安定していたことが、その背景にあるのではないかと考えられる。また、そもそも高河店には大地主が存在せず、「階級闘争のリアリティー」が希薄だった。

　逆に対照的なのは、その政治過程や民兵組織の動態である。江西省の事例では、北京や周辺の紅衛兵が連合して在地勢力と対峙していた。そのため対立の規模は大きかった。また江西省の事例では死者が出ていたが、その原因

は、各県の武装部に組織された民兵が文革に介入したためである。一方高河店では、民兵を指導する幹部の意向によって武器の流出がうまく阻止されていた。

したがって、①50年代以後の村内政治の状況、②文革期の政治過程、③民兵組織の動向という3要素は、各村の文革の展開差を規定する重要なファクターだと考えられる。特に「武闘による被害」という側面について考えると、各地域の民兵組織の動態や、それを指導する幹部の性格・志向という要素が非常に重要な意味を持つという結論を得た。これまでの農村文革研究では、民兵という要素はかならずしも十分に考慮されていない。しかし、今後、農村の文革を比較検討する時、「民兵組織の動態」というファクターは、相互に比較可能な分析の指標を提供すると思われる。

●注

1) 「中国共産党中央委員会　通知」(1966年5月16日) 中国人民解放軍国防大学党史党建政工教研室編『"文化大革命"研究資料』上冊(北京・内部出版、1988年、以下『研究資料』と略記)、1～4頁。

2) 農村の社会主義教育運動においては、「四清(経理帳簿・在庫・財産・労働点数の点検)」運動が中心だった。運動過程では、旧地主などのつるし上げがおこなわれ、暴力が問題化する農村も存在した(「中共中央関於在社会主義教育運動中厳禁打人的通知」[1963年1月14日] 中共中央文献研究室編『建国以来重要文献選編』第16冊、北京・中央文献出版社、1997年、84-85頁)。

3) 厳家祺・高皋(辻康吾監訳)『文化大革命十年史』上(岩波書店、2002年)、113～114頁。

4) 拙稿「文革期派閥現象の比較分析——青海、江西、上海」『東アジア地域研究』第11号、2004年。

5) Dongping Han, "Impact of the Cultural Revolution on Rural Education and Economic Development," in *Modern China* (Vol. 27 No. 1, January 2001, pp. 59-90).

6) Kate Xiao Zhou, *How the Farmers Changed China: Power of the People* (Boulder, CO: Westview, 1996). Edward Friedman, Paul G. Pickowicz, and

Mark Selden, *Chinese Village, Socialist State* (New Haven, CT: Yale University Press, 1991).
7) Philip Huang, *The Peasant Family and Rural Development in the Yangzi Delta, 1350-1988* (Stanford, CA：Stanford University Press, 1990).
8) Suzanne Pepper, *Radicalism and Education Reform in 20th-Century China* (New York：Cambridge University Press, 1996).
9) Jonathan Unger, *Education under Mao: Class and Competition in Canton Schools, 1960-1980* (New York: Columbia University Press, 1982).
10) 董国強編著『文革　南京大学14人の証言』(築地書館、2009年)、67〜68頁。
11) 山西省臨汾沂郊農村の高河店におけるインタビュー記録。その内容は「中国内陸地域における農村変革の歴史的研究」(平成17年度〜平成19年度科学研究費補助金[基盤研究B]研究成果報告書)(平成20年5月　研究代表者：三谷孝[一橋大学大学院社会学研究科教授])に所収されている。以下、「報告書」と略記。
12) 最近の研究としては、宋永毅・丁抒編『大躍進—大飢荒：歴史和比較視野下的史実和思辨(上・下冊)』(香港・田園書屋出版、2009年)が詳しい。また当時の経済危機全般と文革との関連ついては、Roderick MacFarquhar, *The Origins of the Cultural Revolution, Vol. 3: The Coming of the Cataclysm 1961-1966* (New York: Columbia University Press, 1997), 1-8も併せて参照。
13) 前掲「文革期派閥現象の比較分析」。
14) Elizabeth J. Perry, *Patrolling the Revolution: worker militia, citizenship, and the modern Chinese state* (Lanham: Rowman & Littlefield Publishers, 2007).
15) Yang Su, "Mass Killings in the Cultural Revolution: A Study of Three Provinces," in *The Chinese Cultural Revolution as History*, ed. Joseph W. Esherick, Paul G. Pickowicz, and Andrew G. Walder (Stanford: Stanford University Press, 2006).
16) 楊継縄「大飢荒期間中国的人口損失」前掲『大躍進—大飢荒』上冊、8〜11頁。周辺地域ではあるが、内蒙古、陝西省、湖北省は3年間の数値が揃っていなかったので省略した。また大躍進期の各省の人口動態研究に関しては、さまざまな学者の研究があり、細かい数字は研究により異なっているが、各省の傾向自体は似通っている。そのため各省の被害状況をマクロに比較検証

する上で、こうした人口学的検証には一定の意義があると思われる。

17) 孔DJ（07、金野）「報告書」、178頁；徐BD（07、田原）「報告書」、122頁。

18) 盧ZY（06、三谷）「報告書」、1頁。

19) 特に被害が甚大だった河南省については、李鋭が序言を寄せている喬培華『信陽事件』（開放出版社、2009年）が詳しい。

20) 茹ML（07、李恩民、張愛青）、28頁。

21) 許ZW（07、金野）「報告書」、176頁。

22) 孔DJ（07、金野）「報告書」、181頁。

23) 丁抒（森幹夫訳）『人禍──餓死者二〇〇〇万人の狂気』（学陽書房、1991年）、219〜221頁。

24) 「幫助農民学習毛主席著作的好辨法　山西各地農民講習所培養出大批積極分子和基層骨幹」『人民日報』（1966年1月18日）

25) 「山西省委農村政治工作会議指出突出政治的関鍵」『人民日報』（1966年2月1日）。

26) 徐友漁『形形色色的造反──紅衛兵精神素質的形成及演変』香港・中文大学出版社、1999年、89〜90頁。

27) 「山西革命造反総指揮部第一号通告」『人民日報』（1967年1月25日）。

28) 山西革命造反総指揮部《革命造反》報編集部「堅決支持革命的領導幹部起来造反」『人民日報』（1967年2月3日）。

29) 「鞏固革命派奪権闘争的勝利─記山西省革命造反派奪権闘争」『人民日報』（1967年2月13日）。

30) 張YX（07、田原）「報告書」、120頁。

31) 「要文闘、不要武闘」というもので、武力での争いを禁じた。

32) 「中国共産党中央委員会布告」（1969年7月23日）『研究資料』中冊、356〜357頁。

33) 茹ZG（07、金野）「報告書」、184頁。

34) 茹QA（07、祁）「報告書」、158頁。

35) 茹ZG（07、金野）「報告書」、184頁。

36) 同前。

37) 盧ZY（06、三谷）「報告書」、2頁。

38) 茹CW（07、三谷）「報告書」、58頁。
39) 茹CG（07、三谷）「報告書」、62頁。
40) 殷HL（07、田中）「報告書」、79頁。
41) 茹ZG（07、祁）「報告書」、152頁。
42) 茹GL（07、祁）「報告書」、149頁。
43) 拙著『中国社会と大衆動員――毛沢東時代の政治権力と民衆』（御茶の水書房、2008年）、198頁。
44) 許ZW（07、祁）「報告書」、163頁。
45) 同前。
46) 前掲『中国社会と大衆動員』、第10章。
47) 安藤正士・太田勝洪・辻康吾『文化大革命と現代中国』岩波新書、1995年、106頁。
48) 「山西省革命委員会正式建立」『人民日報』（1967年3月23日）。
49) 「山西建立各級第一線指揮部加強対春耕生産的領導　派出大批幹部奔赴春耕第一線」『人民日報』（1967年3月26日）。
50) Su, "Mass Killings in the Cultural Revolution: A Study of Three Provinces," 103-113. スーは、新権力機構に造反派が取り込まれた地域をType 1、排除された地域をType 2と類型化した上で、Type 2の被害が大きかったことを指摘している。
51) 茹ZG（07、祁）「報告書」、152頁。
52) 茹ZG（07、金野）「報告書」、185頁。
53) 以下、江西省南昌県蓮塘の文革過程に関する記述は、前掲「文革期派閥現象の比較分析」に基づく。
54) 「安徽和江西大躍進――大飢荒的比較研究」前掲『大躍進―大飢荒（下冊）』、575～600頁。より細かく観察すれば、江西省のなかにも状況が良かった地域と悪かった地域が存在したであろう。したがって蓮塘の状況を論じるには、今後現地でのインタビュー調査などをおこなう必要がある。
55) 前掲「文革期派閥闘争の比較分析」、56頁。
56) 同前。

高河店における工商業の展開

林　幸司

はじめに

　臨汾市街から自動車で北へ向かい、往時県城と農村部の境界であった大きな門を抜けると、省都太原へとつながる幹線道路が延びている。片側二車線はあるこの幹線道路の中央を、大型トラックや乗用車が駆け抜け、端のほうをバイクや自転車、馬車などが走る。そして道路に面した両側には、トラック運転手や通行人を見込んだ商店、ガソリンスタンド、建築業者のビル、学校などが次々と立ち並び、その間を埋めるように、果物や新聞を売る露店が軒をつらねる。中国内陸部の都市近郊によくありがちなこうした光景のなかに、我々が調査の対象とした高河店村が存在する。

　そもそも山西省は、伝統的に商業が盛んな地域であった。とくに著名であったのは、票号などの金融業者である。これらの金融業者は、清朝期における域外交易の発展を背景として、各地間の交易決済に重要な役割を果たしていた[1]。最も著名なのは、19世紀初頭に平遥で設立された「日昇昌票号」である。その後多くの票号が、平遥・太谷・祁県にそれぞれ本店を設置し、本店の所在地によって「幇」を形成していった[2]。「晋商」として全国にその名を知られた工商業者のなかには、県城内やその周辺に煉瓦で囲まれた独特の大邸宅を構える者もあり[3]、現在は観光地として往時の姿をとどめている。

　ただし、こうした工商業の繁栄は都市部に限られ、高河店を含む農村部では、依然として農業を中心とする生業が主体であったことはいうまでもない。冒頭に記した高河店の光景は、改革開放政策が実施される1980年代以降、近郊農村で商業を営む人々が多く出現したことによって、形成されたもので

ある。それでは、一般的に生業の転換には保守的であると考えられる農民が、積極的に工商業へ参入し、やがては土地を離れるにいたる歴史的背景はどこにあるのだろうか。また、工商業に従事する人が増えるにしたがい、村はどのように変化したのだろうか。本章では、高河店における工商業をめぐるこうした問題について、検討していくこととしたい。

1.「解放」前の高河店における工商業

[1] 高河店と臨汾県城

　高河店は、南北を幹線が貫く交通の要地である。すなわち、南は臨汾県城の北門から数キロの地点に位置し、さらに南へゆけば陝西省へといたる。また、北は洪洞を経て汾河に沿い、楡次にいたる。楡次を起点に東へゆけば河北省へ抜け、北へゆけば省都太原、そして内モンゴルへと到達することができる。交通の要衝である高河店は、陸路を通して遠隔地方との関係をもつことが容易であった。とりわけ、至近距離にある臨汾県城との関係が密接であった。

　臨汾県城との間には、バスなどの公共交通機関は存在しなかった。それゆえ、城内との交通は主として畜力および人力によって担われたようである。まず挙げられるのは、驢馬や牛を利用した二輪の荷物運搬車である。これは、穀類や白菜・その他野菜類を県城内へ運搬する際に用いられた。こうした光景は、現在でもみることができる。また、運搬する量が少ない場合は、天秤棒による人力輸送が主流であった。さらに、1930年代には、自転車が普及しつつあったことが報告されている。一方で、汾河の増水期を利用した舟運も存在したとのことであるが[4]、当時も高河店の人々はあまり利用していなかった。現在は汾河の水量が大幅に減少したため、舟運自体が廃れてしまっている。このように、高河店と臨汾県城の交通については、畜力・人力を中心とする陸運が主流であった。

　高河店が陸運の要衝であったことを背景として、村には各種各様の商行為を取り結ぶ関係が生じていた。例えば、村には油屋・瀬戸物屋・煙草屋など

の行商人が訪れ、村内で生産される胡麻・綿実・鶏卵などと、行商人がもたらす胡麻油・綿実油・瀬戸物などが、物々交換によって取引された。また、高河店付近にある呉村鎮で、月に4日（一、八、十五、二十二日）集市が開かれ、雑穀・野菜・役畜・農具・日用品などが取引されていた。このような集市は臨汾県内に五カ所あり、このほかに、堯帝廟の祭市が一年一回24日間（3月18日～4月10日）開かれる。このような集市は、高河を越えた北側の高河屯にも存在し、衣類や食器を除く日用品、野菜、小農具、役畜の取引がなされていた。しかし、高河屯の集市は、山本秀夫・上村鎮威らの調査の時点ではすでに開かれなくなっていたという。こうした状況は、高河店村が県城にきわめて接近している農村であるという条件から、高河店村内で営まれる日常的商業行為——過剰農産物の処分、労働力の雇用、役畜の売買など——が、臨汾県城において行われるのが中心となりつつあったことを、背景としていたと思われる。高河店の村民は臨汾県城において、野菜などの販売だけでなく、日常品の買い物、郵便物の投函、小包の郵送など、多くの日常的商行為を行うようになっていた。そしてこれらの活動を通して、県城内商店の店員と多く接触する機会を得ることとなるのである。

　このように、1910年代ごろを境として、高河店と臨汾県城がさらに密接な関係をもつようになり、高河店の商業機能が県城とリンクされるようになっていった。

2　職業

　以上のように、1930～40年代の高河店においては、都市の近郊農村としての位置づけが定まりつつあった。それでは、高河店において農業以外の職業に従事する人々は、どのくらい存在したのであろうか。

　山本・上村らの報告書によれば、高河店における職業には、以下のようなものがあったという。

　まず、村民の大部分は農業およびそれに付随する家内手工業に従事していた。成年男子は農繁期には農業に従事し、農閑期には野菜を売りに県城へ出る。野菜の販売は、その後現代に至るまで一貫して村の重要な現金収入源と

なっている。女性は農業に従事するかたわら、日常的に綿繰りと土布（厚手の在来綿布）・布靴の製作を行う。これらの製品は、自家消費分も含まれるであろうが、多くは売って家計の足しにする副業収入を見込んで作られ、村にやってくる行商人に販売したり、あるいは直接県城へ運んで売却したりしたものと思われる。また、こうした家内労働とは別に、健康な男子の多くは、農業の合間に臨汾県城内の道路修理や、鉄道駅などにおける肉体労働に従事する。さらに軍隊が駐屯した場合には、そこでの労役にかり出されることもある[5]。これらの肉体労働もまた、貴重な収入源であった。こうした人々は、主たる生計を農業によってたて、副次的に商業や労役に従事しているといえ、高河店の村民の大多数がこの形態にあてはまる。

一方、手工業や商業を主とし、農業を従とする人々も、ごく少数ながら存在した。例えば、報告書には小規模な雑貨店を営む人がいたことが記載されている。村内で唯一存在するこの店では、煙草、蝋燭、油、線香などの日用工業製品や、砂糖、くるみ、柿、落花生、梨などの嗜好品的農産物、大餅、饅頭などの菓子類が販売されていた。雑貨店を開いたのは、高河店の出身者ではなく、近隣の北孝村人と直隷省（河北省）から移住してきた人物の2人であったという。また、豆腐の製造と販売を行う家が3戸あった。そのうちの1戸は、農閑期の10月〜12月の間、原料として豆3石を購入して豆腐600斤を製造し、1斤7銭で村の内外に行商し、12円の利益を得ていたという[6]。

その他に、農業の片手間に修繕程度の仕事をおこなう大工が3戸、棺桶製造を行う家が1戸、さらに洪洞の油店・酒屋・雑貨店に店員として勤めている人がいた。これらの人々も、やはりその多くは主たる収入を農業によって得ている場合が多く、収入の安定しない部分を補う副業としてこれらの職業に従事していたものと考えられ、独立した工商業が経営されるのは稀であった。さらに、これらの生業はいずれも個別的・分散的に経営されるものであり、技術は個人的関係によって受け継がれていた[7]。こうした状況から、村において工商業の担い手になった人々の多くは、所有土地の少ない外来戸が中心であったことがわかる。

高河店における工商業の展開

　以上が、「解放」前の高河店における工商業の状況である。近郊農村化が進みつつあった高河店にあって、村民の大多数は農業を主たる職業とする傍ら、野菜販売や肉体労働など都市近郊農村特有の副業によって生計を支えていた。日常的取引を臨汾県城など村外において行うのが一般的であったため、村内で農業以外の収入のみで生活する者はほとんどいなかったが、ごく少数ながら商業や手工業に従事する人々もあった。これらの人々は、比較的最近に外地から移動してきた外来戸が、農業のみによって生計を立てられないがゆえに、それ以外の職業についたものであったといえる。このように、当時の高河店における工商業は、それに従事する人々とともに、一貫して周縁的存在として位置づけられていたといえるであろう。

2. 「解放」と高河店の工商業

1　臨汾地区の「解放」と供銷合作社

　1948年4月、華北野戦軍は晋綏太岳軍区の部隊とともに、山西省南部地域を「解放」した。その後同軍は、西北および陝鄂人民解放軍とともに、商業の中心地である臨汾県城の東側から防御線を突破して、臨汾駅や電灯廠をおさえ、5月17日に臨汾県城全域を占領した[8]。1949年9月1日、太行・太岳・晋綏・晋察冀根拠地の一部と、太原市およびそれに属する三つの専区を合併し、新たな山西省が設立された[9]。臨汾は、全省を七つに区分した専署（忻県、興県、楡次、汾陽、長治、臨汾、運城）の中心の一つとなった。

　「解放」後の山西省では、土地改革および農業合作化と同時に、工商業の再編も推し進められた。中華人民共和国の成立が北京で宣言された1949年10月1日、山西省の省都太原では、山西省供銷合作総社が設立された。この後山西省全域で、供銷合作総社の下部組織である基層供銷合作社の準備機関が設けられていく。

　臨汾地区では、同年10月ごろ、臨汾専区合作社の準備工作が開始され、年末に成立をみた[10]。その後、これら専区合作社を中心として、各地区での工商業者加入工作が進められ、1958年、基層供銷合作社を人民公社に併合

177

し、公社供銷総店に統合されることとなる[11]。高河店において「解放」前に存在した小規模商業は、上述の臨汾専区基層供銷合作社へ再編され、公社供銷総店へ統合されていったと考えられる。

高河店では「解放」後間もなく、基層供銷合作社が現在のビニール製造工場付近に設けられている[12]。工商業の社会主義改造が一段落しつつあった1952年、村では大規模な基層供銷合作社入社運動が展開された[13]。これらの基層供銷合作社には、それぞれ会計・統計・出納・保管・買付・車夫・炊事・専門技術人員を配備し、生産原料・布・副食雑貨・医薬・文化用品などの専業門市部（業種別小売部門）、採購站（買付ステーション）が設けられることとなっていた[14]。高河店の供銷合作社では、そのうち副食品などの分配、臨汾県城内の野菜門市部との取引などが、主たる営業項目であったようである[15]。

2　農村手工業の再編

これら供銷合作社の系統とは別に、農村の手工業も再編の対象となった。1952年、政府は「農村副業と手工業生産の繁栄」を目的として、互助合作運動を展開した。そして1952年末、「過渡期の総路線」の提起とともに、農村の分散した手工業を、手工業合作社として再編することとなる。この手工業合作社は、1956年、農村における手工業専門の組織である「副業専業隊（組）」に再編され[16]、大躍進運動が一段落した1959年、これらを基礎として社隊企業が設立されていく。

「解放」前の高河店において普遍的に存在した手工業は、上述の手工業合作社へ再編されたと考えられる。再編されたのは、煉瓦製造・麺打ち・豆腐製造・鉄打ちなど、いわゆる「特殊労働」としての手工業であった[17]。この手工業合作社では、これまで村内において個別分散的に行われてきた手工業の技術が共有され[18]、組織的に継承されていく。ただし、これらの「特殊労働」に参加するということは、必ずしも積極的動機によるものではなかったようである。現在豆腐製造に従事する殷LZ氏（後述）は、1960年代を回想するなかで次のように述べている。

［合作社での労働に参加したのは：筆者注］まず労働点数が高かったからだ。副業単位では1日12分がもらえた。次に、生産隊で2人代表が出なければならなかったからだ。副業は面倒で手間がかかるので、やりたがる人は少なかった[19]。

こうしてみると、村内において、手工業に従事するということは、社会主義期にあっても依然として周縁的位置づけであったことがわかる。

その一方、高河店では、後に社隊企業とされていくこれら手工業合作社の経営責任者として、人民解放軍出身の幹部が就任していた[20]。趙WZの証言によれば、彼の父趙KJ（1920～1996）は私塾で学んだ後、八路軍に参加し、「解放」後は一貫して村企業（製粉工場、家具工場など）の代表者を務めた。当時、解放軍に参加したことのある者は少なくなかったであろうが、軍隊生活を通じて一定の工作・マネージメント技術を習得し帰郷したこのような人物は、珍しい存在であったといえるであろう。こうした人物の存在が、改革開放以降の高河店において民間企業を設立する際に重要となることは、後述するとおりである。

３ 農業の機械化と高河店

これら合作化の経験とともに、高河店の手工業に大きなインパクトを与えたのは、大躍進運動期に前後して、山西省の全域で進められていた、農業の機械化運動をめぐる状況であった。臨汾地区では、農業合作化の展開に付随して国営拖拉機站（トラクターステーション）が設立されていたが、1958年、同站のトラクターが大隊レベルに下げ渡されている[21]。これに前後して、臨汾地区は農業機械化の重点地域としての位置づけを得ていくこととなる。

こうした傾向は、高河店における農業の機械化にも共通している。おそらくこの時期に、高河店は農業機器試験地に指定されており[22]、品種改良や先進技術の使用が推し進められた[23]。その結果、米や麦などの食糧増産が大々的に展開され、1958年には小麦の生産量が1畝（1畝=0.15ha）あたり1,070斤（1斤=500g）に[24]、1960年には1畝あたり1,212斤にまで達した

という[25]。高河店が臨汾地区の農業機械化運動において一定の位置を占めていたことは、外国人（キューバ人）が農業の現状を参観に来たという複数の証言があることからも、うかがい知ることができるだろう[26]。

高河店にこうした機械技術が導入されたことが、それまで畜力および人力が中心であった村のありかたに、大きな変化をもたらしたであろうことは、想像に難くない。そして、これらの機械にふれる機会が、一般の農民にも与えられていくこととなる[27]。

「解放」以降の高河店では、中間搾取の廃止というスローガンのもとで、工商業の集団化が実施されていった。そのなかで、これまで県城に頼っていた商業機能が、高河店村のような基層レベルにも設けられるようになり、これらの機関において働く専従労働者が出現する。同時にこのような工商業の集団化は、基層レベルでの手工業品生産技術や商業ノウハウの共有をうながし、それまで個別分散的に展開していた工商業のあり方を大きく変化させた。そして、こうした活動が、臨汾県城とのかかわりを以前よりさらに密接なものとしていくのである。

1950年代から1970年代の高河店では、工商業は依然として村内の職業における周縁的存在であった。しかし、同時期に実施された社会主義集団化政策とともに、都市との結びつきが強められていったことは、改革開放とともに一気に展開される民間工商業の土台となっていったのである。

3. 改革開放以降の工商業

改革開放政策が提起された1970年代以降、高河店における職業構成は大きく変化した。2007年調査の時点で、農業以外の職業に従事する村民は、(1) 運送業（50人）、(2) 商業（7～8戸）、(3) 建築業（2戸）、(4) 副業従事者や臨汾で就業する者（255人）、(5) 幹線道路わきで店舗リースをする者（80戸）などとされ、村の人口（1,500人以上）に占める割合が以前とくらべてかなり高くなっている[28]。また、村における職業の種類も、より多種多様なものとなっていることがみて取れるだろう。ここで、改革開放以降

出現した工商業について、筆者が行ったインタビューをもとに、①商業の系統、②手工業の系統、③社隊企業幹部の系統、④新たな世代による起業、などの事例を挙げつつ、みていくことにしたい。

1 商業の系統

現在幹線道路沿いに「明明批発店」と称する商店を経営するのが、高河店村出身の茄ZG氏である[29]。彼の起業に際して大きな役割を果たしたのは、野菜の栽培とその販売であった。

高河店において野菜の栽培が増えるきっかけとなったのは、1970年頃に臨汾で出された「半菜半糧」政策である。これは主として水利条件の良い村を対象に、臨汾への野菜供給強化を図るためのもので、北孝・南孝・党家楼・坂下など8～9村で推進された。この段階で、高河店では耕地300畝のうち、80畝ほどが野菜畑になった。1975年の時点で、野菜栽培面積は500～600畝に達していたが、この年に、野菜公司の指導と公社の指導によって、野菜のハウス栽培が開始された。また同年、村内に飲用水用の井戸が掘られ、ここに作られた給水塔から各家庭にパイプで水が送られている。この水利条件の良さが、高河店における野菜栽培を支えている。1982～83年の土地分配直後には、ほぼ100％の世帯が野菜栽培を始めることとなる。

このようななかで、茄ZG氏もまた、分配を受けた4畝の土地で、きゅうりやトマト、ねぎなどの野菜栽培を始めた。当初、市場経済になれていない農民は、野菜を自分で販売する際にとまどいがあったという。当時、西方には魏村・土門・劉村・台頭など、東方には橋李・曲亭・大陽・鄧荘など多くの定期市があり、村民は固定した売り場があるわけではなく、どこにでも売りに行った。一方、野菜を運ぶ時間や労力のない人は、野菜公司に市場より少し安い値で売っていた[30]。そこで茄礎官氏は、自家で生産した野菜を自分で県城へ運び、特定の相手に直接卸売りをすることにした。その結果、年収が数万元に達し、大きな利潤を得ることに成功したという。

こうした野菜栽培とその販売が転機を迎えたのは、臨汾に経済開発区が設けられた、1990年代のことであった。高河店では、1998年以降、60～70

写真1 村の野菜畑
（筆写撮影、以下同）

畝の土地が開発区として収用されている。その結果、30世帯が土地収用にかかわっており、3～4世帯が全ての耕地を失っている[31]。茄ZG氏もまたこうした流れのなかで土地を失っているが、これまで蓄積した利潤をもとに、雑貨の卸売りと販売を行う上述の「明明批発店」を開業した[32]。店で扱う商品の買い付けなどに際しては、野菜卸売り業を営んでいた時代の取引先や人脈が活用されているという。茄ZG氏は、こうして商業経営に乗り出した結果、現在では幹線道路沿いに650㎡の店舗兼住宅を所有するに至ったのである。

　茄ZG氏の場合、商業に従事するようになったきっかけは、野菜栽培に必要な土地を収用されてしまったことにある。もともと野菜の販売で成功していた氏が、その販路に通ずる雑貨等卸売業に活路を見出したという点は、近郊農村の商業化を考える上で、興味深い事例である。

(2) 手工業の系統

　「解放」前から存在する豆腐製造を、現在村内で行っているのが、殷LZ

写真2 豆腐を製造する部屋

氏である[33]。豆腐は東高河で多く生産されており、高河店の主要産品の一つとなっている。彼が豆腐製造にかかわることになったきっかけは、改革開放前に村の供銷社に勤めたことにある。

殷LZ氏は家が貧しかったため、13歳で学校に行くのをやめ、生産大隊第二生産隊で働くこととなった。はじめは農業機械の補助作業に、そして16歳から畑で農作業に従事し、その後村内の供銷社に勤めることとなる。豆腐製造の方法は、ここで盧ZY氏から学んでいる[34]。当初、彼が豆腐製造を始めたのは、労働点数が高いから[35]であり、農業の補助的な収入源であった。1982年以前、高河店では村営の豆腐工場が設けられていたようであるが[36]、改革開放以降に閉鎖されている。

このようななかで、彼が本格的に豆腐製造に乗り出したのは、1999年以降のことである。経営にあたっては、彼が豆腐製造にあたり、息子がその販売にあたるという、家内分業の形式をとっており、会社組織による起業は行っていない。

販路についても、供銷社時代の経験が影響している。前述の通り、供銷社

第二部　中国共産党と農村変革

写真3　豆腐販売用の軽トラック

では副食品・調味料・酒・煙草の分配を行っていたが、彼はなかでも「送菜公司」において野菜の配達を行っていた。送菜公司の仕事は、村で作った野菜を、臨汾市内の野菜門市部へもって行くことである。彼は毎日臨汾市内の「三八商店」へ野菜を配達し、三聯単（三枚綴りの領収書）にサインをもらい、それをもち帰って会計の精算をうけるという仕事を行っていた。彼は、こうした仕事を通して、臨汾市内の食品流通関係者と多く知り合いになった。彼が豆腐販売を行う際には、こうした臨汾市内の人脈が影響をもっていると考えられる。

　製造した豆腐は、1斤0.9元で臨汾市内の業者に卸す。開始当初はかなりの利潤があがり、自家用軽トラックを備えるまでになった。しかし、現在は競争が激しく、収入は1万元程度であるとのことであった。

　一方で彼は、蓄積した利潤を他の事業などの展開に使用しようとは考えていないようである[37]。彼の事業展開は、あくまで自らの供銷社時代に習得した手工業技術を出発点としているため、経営に関しては家内手工業を拡大した「家業」的形態となっており、その点で「解放」前の高河店村における分

散的経営を想起させる。殷LZ氏の事例は、社会主義時代の手工業労働者が起業した典型例であるといえるであろう。

③ 社隊企業幹部の系統

　高河店には、複数の企業を経営する「企業家」も存在している。木材加工工場から身を立てた趙WZ氏である[38]。彼が起業するきっかけとなったのは、八路軍幹部であった父の存在である。

　趙WZ氏の父趙KJ氏（1920～1996）は、私塾で学んだ後、八路軍に参加した。「解放」とともに村へ帰った彼は、麺粉工場や家具工場など、後に社隊企業となっていく村営企業の代表者となる。彼の階級成分は貧農であったが、農業に従事することはなかった。このような父のもとで育った趙衛中氏は、小学校卒業後、高河店で展開されていた水稲栽培事業に従事した。これが水不足によって中断すると、企業の幹部だった父について、建築設計や機械操作を学ぶようになる。

　趙WZ氏がはじめて企業を興したのは、木材加工工場（北郊木材加工廠）を設立した、1986年のことである。ここでは、東北地方などから木材を仕入れ、これを当時飛ぶように売れていた安価な家具に加工して、上海方面へ出荷した。この工場で成功をおさめた趙氏は、続いて1998年、新築家屋などの内装やリフォームなどを行う、「安装公司」を立ち上げた。この会社から、彼は有限責任股份公司（有限責任株式会社）形式を採用している。そして2003年には、不動産業や建築業などを手広く行う、「物業公司」を立ち上げるにいたる。

　彼の起業に際しては、社隊企業の幹部だった父の人脈を大いに利用したという。それは主として臨汾市内幹部との関係である。例えば、銀行から起業資金の融資を受ける場合は、父の知り合いだった財政関係幹部の口利きを受けたり、起業の際に公開した株式を引き受けてもらったり、などということである[39]。また、政府の法整備と同時に企業の法人化を行っていることも、こうした幹部とのつきあいのなかから情報を得て進められたことであろう。とくに改革開放初期には、こうした人民公社時代の「関係」が、刻々と変化

第二部　中国共産党と農村変革

する情報（法整備や市場状況など）を確実に捉える際に、非常に重要な意味をもっていたと考えられる。

　こうして彼は、幹線道路沿いに大店舗（地上二階、地下一階）を備え、自家用車（サンタナ）を所有する、村内屈指の企業家となった。また彼はこれ以降、様々な企業へ投資するかたわらで、家譜（家系図）の作成や、村への寄付などの活動を、積極的に行っているようである。こうした姿は、「無私の精神で働いた父の存在」によるものであるとのことであるが、「解放」前にあった、いわゆる「富翁」のもつべきモラルとでもいうべきものが体現されているのではないか。

4　新たな世代による起業

　以上で取り上げたのは、それぞれ年齢にして50代以上、社会主義時代に青年期を過ごしてきた人々である。では、より若年の世代では、どのような起業が行われているのであろうか。ここで取り上げるのは、野菜栽培から運輸業をへて練炭製造に従事する、茄SM氏の事例である[40]。

　1971年生まれの茄歳莫氏は、1989年に中学校を卒業した後、まず分配を受けた2畝の土地でビニールハウスの野菜栽培を開始した。胡瓜を中心とした栽培により、一季節で2,000元の収入になったという。この収入で、彼はまず家を建てることができた。

　氏が事業に乗り出すのは、運輸業に携わるようになった1990年代以降のことである。自動車幹線道路が各地で整備されたこの時期、貨物自動車の普及とともに、工事用の土砂やセメント、煉瓦などを運ぶ運輸業が急速に発展した。このなかで氏は1990年、臨汾市街の農機局においてトラクターの免許を取得し、これによる運送業を開始した。トラクターの購入に際しては、高河店出身の職員がいる「信用聯社」の融資を受けたという。利息は1分5厘、担保を設定せずに保証人を一人つける、一種の信用貸しであった。彼は高河店村内の学校出身であるが、自身が共産党員であることもあって、本村人を中心にかなり顔が広いように見受けられる。

　続いて2001年から、新車の福田四輪トラックを約5万元で購入し、長距

写真4 練炭製造の機械

離運輸業に従事している。まずこの一台で山西省から内モンゴル自治区、北京市などのルートを往復して稼いだ。続いて4～5台のトラックを新たに購入し、人を雇って経営するようになった。これらのトラックに必要な運転手などは、友人関係を通して雇い入れる。この頃から、氏は農業をやめ、運輸業に専従することとなる。

しかし、運輸業をめぐる状況が年々厳しくなるのを受けて[41]、氏は2004年に所有する自動車を売却し、練炭製造業を始めている。これは、西山の石炭を購入（一塊1角3分）して、練炭状に加工して卸す（一つ1角3分）というもので、年に3～4万元の収入になっているという。

練炭製造を始めるきっかけとなったのは、近辺に同業者がいないことと、運輸業時代に知り合った元「黒窯（闇炭坑）」経営者で、現在は「洪洞煤炭運銷公司」の総経理（総支配人）をつとめる人物との関係であるという。

茄SM氏の行ってきた事業は、運輸業や石炭業など、いずれもインフラ整備に連動しておこる、新しい業種であったといえる。茄SM氏は、年輩の世代とは異なり、仕事自体に思い入れやこだわりがないため、同業者の増加や

規制の強化などにも柔軟に対応しつつ、業種を選択しているように見受けられる。

以上でみてきたように、高河店で展開される工商業には、実に多くの要因があったことがわかる。改革開放以降の高河店における工商業の発展は、村全体に大きな富をもたらした。これと同時に、一貫して周縁的存在であった工商業が、土地の収用などを背景として、主要な位置へと変化しつつあることが、みて取れるであろう。

おわりに

以上、本章では、高河店村の農民たちが、工商業に従事するようになる歴史的背景について検討してきた。「解放」前の高河店村は、臨汾県城を中心とする近郊経済圏に組み込まれていく途上にあったが、独立した工商業者が存在するわけではなかった。こうした状況は、高河店が「解放」後進められた農業合作化の典型村とされたことで、変化していくこととなる。木工や食品加工、野菜販売業などは、合作化の過程のなかで「特殊労働」として位置づけられていくが、これはその時点で「農民」に「工人」や「商人」が包含されていたということに他ならない。またこれらの労働とともに、労働者を包括的に管理する人物——いわゆる幹部——が出現したことは、「解放」前にはなかった大きな変化である。

改革開放以降に相継いで出現した新たな工商業には、野菜栽培を基礎とするもの、伝統的手工業・食品業を基礎とするもの、社隊企業を基礎とするもの、インフラ整備とともに興ったものなど、いくつかのパターンが確認できた。当初これらの起業を担ったのは、社会主義期に青年時代を過ごした人々であった。事業を興す際には、とりわけ資金調達や販路開拓において、彼らの社会主義期に培われた人間関係や生産技術などが、大きく作用している。とくに、法整備など起業をめぐる社会状況がいまだ流動的であった改革開放初期において、都市の政府関係者や商業関係者とのコネクションは、きわめて重要であったといえるであろう。

高河店における工商業の展開

　一方で、改革開放からすでに30年が経過し、社会主義期の合作化を経験していない若年層も起業に参加しつつある。今後これら新たな世代の人々が、どのような展開をみせていくのであろうか。また今後、インフラ整備が一段落し、工商業への規制が強まっていくことが予想される。こうしたなかで、企業家たちはどのように対応していくのであろうか。さらに事例研究を積み重ねていくことが、今後の課題である。

●注
1)　例えば四川地方では、天津～四川間の染料交易にかかわる為替取組を皮切りに、金融界で大きな影響力をもっていた（重慶中国銀行『重慶経済概況（民国十一年至二十年）』1934年、23頁）。
2)　黄鑒暉『山西票号史　修訂本』（太原：山西経済出版社、2002年）98～113頁。票号の本店がこれら三つの県城に設置された理由については、清代以来大商人が汾州と太原に集中していたことや、この両地が四川・陝西・華北からキャフタへと至る交易の拠点であったことなどが指摘されている。『山西票号史　修訂本』108～112頁。
3)　介休の侯家、祁県の喬家・渠家、渝次の常家が有名である。祁県の「喬家大院」は、張芸謀の映画「大紅灯籠高高掛」撮影の舞台となった。
4)　山本秀夫・上村鎮威『満鉄北支農村実態調査臨汾班参加報告第二部　上』（東亜研究所、1941年）88頁。林2006、趙衛中。
5)　なかには給与が支払われない徴用もあったようである（山本2007、殷吉太）。
6)　山本秀夫・上村鎮威『満鉄北支農村実態調査臨汾班参加報告第二部　下』（東亜研究所、1941年）47～48頁。なお、山本・上村らの調査において、農業以外の経営形態として認識されている家は、雑貨商の王氏（農家番号86番）と巡警の柴氏（87番）、野菜行商の李氏（88番）のみである。「附表高河店家族関係概況表」山本秀夫・上村鎮威『満鉄北支農村実態調査臨汾班参加報告第二部　下』77～82頁。
7)　山本2007、席ZJ。
8)　「解放臨汾戦績」中国人民解放軍華北軍区政治部編印『解放臨汾』1頁。
9)　『当代中国的山西（上）』56頁。

第二部　中国共産党と農村変革

10)　『山西通史』第 8 巻（商業・供銷合作社篇、中華書局、1994）3 頁。
11)　『山西通史』第 8 巻（商業・供銷合作社篇、中華書局、1994）9 頁。
12)　林 2007、殷 LZ。
13)　内山・祁 2006、張 JT。
14)　『山西通史』第 8 巻（商業・供銷合作社篇、中華書局、1994）9 頁。
15)　林 2007、殷 LZ。野菜については「野菜会社」が設置されており、1968 年頃から野菜の栽培が目立って増えてきたという（田原 2007、張 YX）。
16)　『山西通史』第 11 巻（農業篇、中華書局、1996）12 ～ 13 頁。
17)　林 2006、盧 ZY。
18)　林 2007、殷 LZ。
19)　林 2007、殷 LZ。
20)　林 2006、趙 WZ。
21)　『山西通史』第 8 巻、475 頁。
22)　田原 2007、徐 BD（2）。
23)　茄 ML の証言によれば、農業生産の向上には、(1) 解放された土地の有効な利用率、(2) 水利の利用、(3) 農業の機械化の推進、(4) 労働力を人力や畜力から蒸気機関や電力、さらにエンジンを利用したこと、(5) 先進技術の利用、(6) 農産物生産量の拡大、などの要因があったという。内山 2007、茄 ML 二回目。
24)　張瑋「高河店概況」平成 17 年度～平成 19 年度科学研究費補助金（基盤研究（B））研究成果報告書『中国内陸地域における農村変革の歴史的研究』（研究代表者：三谷孝、2008 年 5 月）、203 頁。
25)　内山 2007、茄 ML 二回目。
26)　林 2007、盧 ZY。林 2007、張敬順。盧氏によれば、臨汾から高河店にやってきたキューバ人は、農業技術について非常に詳しかったとのことである。このことから、彼らは農業関係の技術者か、それに類する人々であったと考えられる。
27)　殷 LZ によれば、彼は 13 歳から生産大隊で農業に従事するようになるが、はじめて与えられた仕事は、電動水車のスイッチを押すことだったという（林 2007、殷 LZ）。
28)　田原 2007、徐 BD（1）。
29)　林 2006、茄 ZG。

30) 田原 2007、徐 BD（2）
31) 田原 2007、徐 BD（1）。
32) 茄碾官氏は言及していないが、土地の収用に際しては 1 畝あたり 5 万 2,000 元の補償が開発区から支払われ、そのうち 3 万元が農民の手に、残りが村集団の収入になるという証言がある（田原 2007、徐 BD（1））。店の開業および経営にあたっては、こうした補償金なども資金に加えられた可能性が高い。
33) 林 2007、殷 LZ。
34) 盧 ZY は、文革時代に民兵連長を務めた人物である（三谷 2006、盧 ZY）。彼は、飛行場建設やダム建設などの肉体労働のほか、煉瓦作り、豆腐作り、麺打ち、鉄打ち、葬式の死に化粧など、多種多様な仕事に従事している。村内の手工業におけるキー・パーソンといえるだろう（林 2007、盧 ZY）。
35) 註 19）を参照。なお、人民公社時代、男の「底分（基礎労働点数）」は 9 ～ 10 点、女や体の弱い者、年寄りなどは 7 ～ 8 点であったという（田原 2007、張 YX）。
36) 田原 2007、徐 BD（1）。
37) 彼は他の業種への参入について、「リスクが大きすぎるので、他の商売をやる気はない」と述べている。林 2007、殷 LZ。
38) 林 2006、趙 WZ。
39) 証券市場が整備されていない時期にあって、どのように初期投資費用を調達するのか、また発行した株式の引き受け手をいかに集めるのか、さらにこれらが「解放」前の金融活動とどのような関係をもっているのかということは、市場経済化の基層社会への影響を考える上で、大変興味深い問題である。今後の課題としたい。
40) 林 2007、茄 SM。
41) 彼は運輸業を廃業した理由として、自身が腰を痛めたこと、保険料が高くなってきたこと（当時全部保険が 1 年 3,000 元、部分保険が 1 年 1,800 元であったという）、過積載の罰金が高くなったこと（昔は 50 元、現在は最小でも 200 元）などを挙げている。初期投資および経常投資に対して得られる利潤が見合わないという判断であろう。

第二部　中国共産党と農村変革

●参考文献
・山西省地方志編纂委員会・山西省史志研究院『山西通志　第8巻　商業・供銷合作社篇』
　中華書局、1994年
・────『山西通志　第11巻　農業篇』中華書局、1996年
・《当代中国》叢書編輯委員会編『当代中国的山西（上）』北京：中国社会科学出版社、1991年
・平成17年度～平成19年度科学研究費補助金（基盤研究（B））研究成果報告書『中国内陸地域における農村変革の歴史的研究』研究代表者：三谷孝、2008年5月
・山本秀夫・上村鎮威『満鉄北支農村実態調査臨汾班参加報告第二部　上』東亜研究所、1941年
・李青・陳文斌・林祉成主編『中国資本主義工商業的社会主義改造　山西巻』北京：中共党史出版社、1992年
・臨汾地区農業合作化史編輯辦公室編『山西省臨汾地区農村合作制大事記』

第三部　農村社会・経済の変容

高河店社区における
家族結合の歴史的変遷
——茹氏を中心として——

田中　比呂志

はじめに

　ある一つの村落の性格を規定するものは、気候や地形、歴史、産業、生産形態、周辺地域との諸関係など、様々な要素が複雑に絡み合う。本稿ではそれらの諸要因のうち、村の家族構成に注目して、高河店社会の性格や特色を検討しようとするものである。

　華北の村落は、一般的には複数の家族から形成される複姓村という形態が特徴的である。我々が2006、07年にわたって調査した高河店もまた、例外ではない。高河店は中華人民共和国成立以前より茹氏をはじめとするいくつかの有力と目される家族が存在していた。本稿では、その茹氏を中心として、民国期以降、現在に至るまでの高河店における社会関係や権力構造について検討を進めてみたい。

1. 宗譜にみる高河店茹氏の歴史

　茹氏は『姓氏考略』、あるいは『通志氏族略』などによれば、「蠕蠕、中国に入りて茹氏となる。蠕蠕とは柔然なり」とあり、南北朝期の遊牧民族の柔然であるとされている。また柔然は茹茹とも称したようである。柔然立国の前後において、中原に進出して定住した者たちは茹を姓とするようになったという[1]。高河店茹氏にもこのような「伝説」は継承されている。たとえばある聞き取りによれば「祖先は蒙古人との伝説」とか[2]、あるいはまた別の聞き取りでは「内モンゴルから移住」といった記憶が伝承されている[3]。

195

第三部　農村社会・経済の変容

　さて、元末に至り、中国では農民反乱や戦争が発生し、河南、河北、山東、江蘇、安徽などの地域は兵荒がはなはだしく、住民がほとんどいなくなってしまったという。だが、山西のみは兵乱の影響が少なかった。そこで明王朝が成立すると、洪武・永楽年間において王朝は移民政策を展開した。山西省洪洞県の広済寺に局（移民機構）を設置し、洪洞、太原、臨汾、晋城、長治らの地区の流民・居民を登記して紹介状と旅費とを発給し、官から指示を与え、官兵によって監護し、中原各地に移民させたのであった[4]。

　ところで、茹氏の軌跡は上述の移民政策とも深く関わる。『宗譜』の1762（乾隆27）年の記載によれば、1370（洪武3）年、洪洞県を出発した四人の兄弟（仁秀、義秀、礼秀、智秀）が、いずれも河南省の澠池、洛陽、宜陽、新郷に移り、それぞれの地において繁栄し、「始祖四門」を形成した[5]。「始祖四門」以降、現在に至るまで子孫は21世に及んでいる。

　山西省の茹氏には二系統が存在する。一つは東高河（平陽府東高河村、現

図1-1　高河

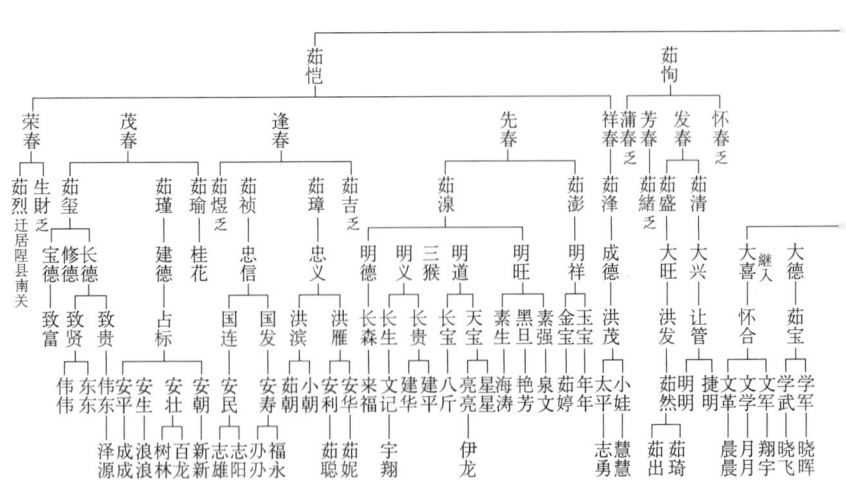

在の臨汾市堯都区屯里鎮東高河村）の茹氏であり、河南に移った茹氏の故郷とされている[6]。ただし、史料の喪失などにより、古い時代のことはつまびらかではない。『宗譜』61頁所収の「茹氏世系総図」において、上述の「始祖四門」の他に茹信秀に始まる一系統が記載されており、「山西臨汾」とあることから、これが東高河の系統なのであろう[7]。

　もう一系統が、本稿で取り扱う高河店の茹氏である（図1を参照）。その系譜を辿ると、渑池坡頭世系の鷹嘴支の茹邦湛につらなる。鷹嘴支は坡頭茹氏の四世である邦彦（長子）、邦湛（次子）、邦成（三子）が、坡頭郷の西北25キロメートルの所にある鷹嘴に遷居してきたことに始まる。邦湛はその後、豫州に移住したという。そして後に、その子孫が高河店に移ってきたが、これが高河店の茹氏である[8]。

　高河店の茹氏には三門（系統）がある。この三門は同宗ではあるが、同族ではない。それ故、同族でない茹氏同士の婚姻も可能とされている。最も古

店茹氏の系図

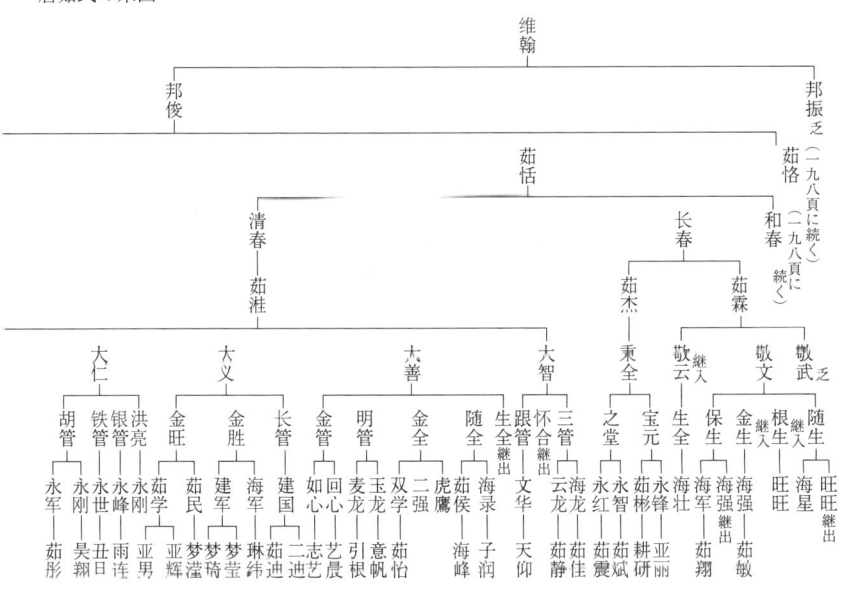

第三部　農村社会・経済の変容

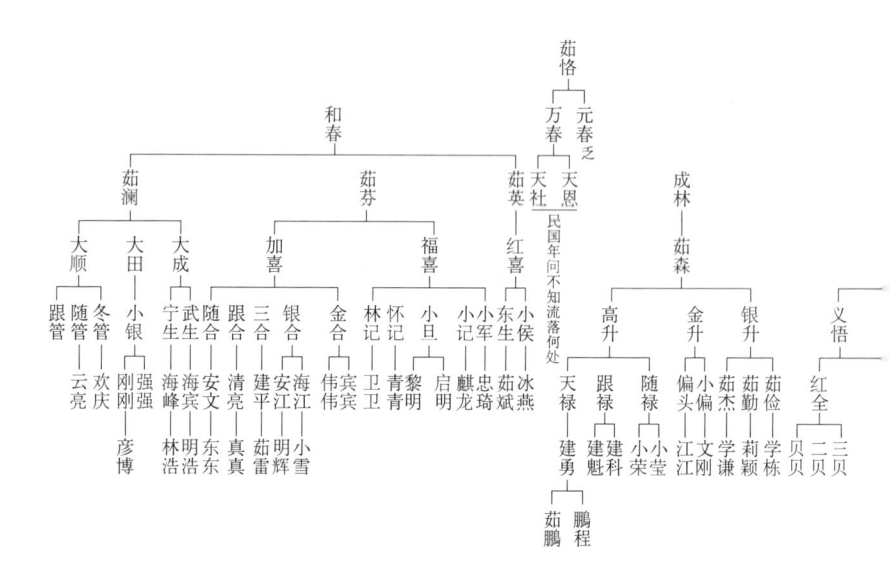

図1-2　高河

い歴史を持つのが茹維翰を祖とする系統である（以下、これを系統Aとする）。乾隆年間に、維翰は邦俊、邦振の二子を伴って安徽より高河店に遷居したとされる。ただし、子孫は二人の兄弟のうちの邦俊の後裔で、邦振の系統は途絶えたようである。現在のところ、この一門は『宗譜』作成の段階で19世を数え、500余人を輩出するに至っており、三門の中で最も大規模なものとなっている。

別の一門は、茹清祥、清年、玉発の三兄弟を祖とする一門である（以下、これを系統Bとする）。上述の維翰父子が移ってから数年後に、この三兄弟がやはり安徽を発ち、高河店に遷居してきた。現在に至るまで20世を数え、150余人を輩出するに至っている。

そして、もう一門はやはり同様に、三門の中では最も遅くに安徽から高河店に遷居してきた人々の後裔である（以下、これを系統Cとする）。ただし、この一門は上記の二門が祖がはっきりとわかっているのに対して、最初に移

店茹氏の系図

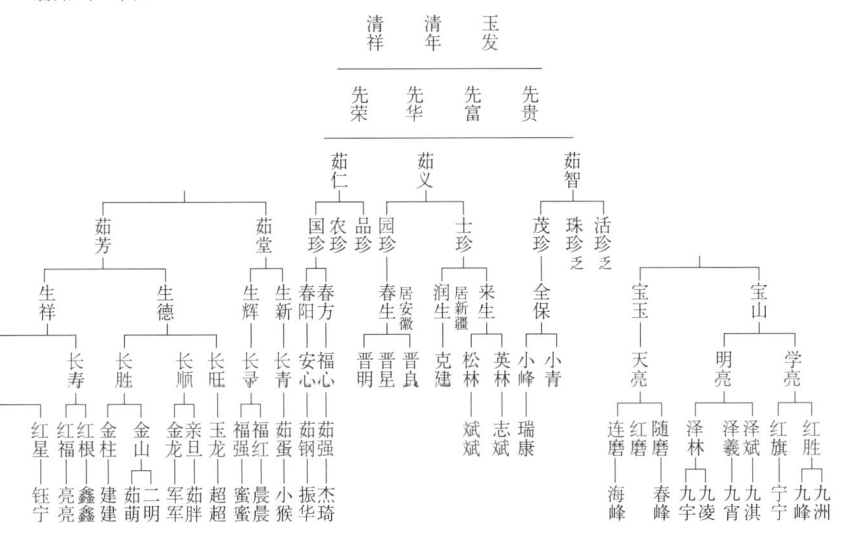

```
                          清    清    玉
                          祥    年    发
                          先  先  先  先
                          荣  华  富  贵
                          茹   茹   茹
                          仁   义   智
     ┌────┬────┐   ┌──┬──┐ ┌──┬──┐ ┌──┬──┐
     茹        茹   国 农 品 园 士    茂 珠 活
     芳        堂   珍 珍 珍 珍 珍    珍 珍 珍
  ┌──┴──┐            春 春   居 润 来   全
  生   生            阳 新   安 生 生   保
  祥   德            方 心   徽 疆
┌─┤   ┌─┼─┐       ┌─┤   ┌─┼─┐   ┌─┤    ┌──┴──┐
长 长 长 长 长       晋 晋 晋   克 松 英 小 小   宝   宝
寿 胜 顺 旺 孛       明 昰 良   建 林 林 峰 青   玉   山
                                   斌 志 瑞         ┌─┼─┐
红 红 红 金 金 金 亲 玉 福 福 茹 茹 茹     斌 康   天 明 学
星 福 根 柱 山 龙 旦 龙 强 红 蛋 钢 强                亮 亮 亮
福 亮 鑫 建 茹 军 茹 军 超 蜜 晨 小 振 杰           连 红 随 泽 泽 泽 红 红
钰 亮 鑫 萌 萌 胖 超   蜜 晨   猴 华 琦           磨 磨   林 羲 斌 旗 胜
宁     建 明                                     海 春 九 九 九 九 宁 九
                                                 峰 峰 宇 凌 宇 宵 淇 峰 洲
```

ってきた人間の氏名は明確ではない。系図を見る限りは、16世以降は、個人名が記されており、明瞭である。現在に至るまで19世、30余人を輩出している[9]。

2. 満鉄調査に見える高河店の家族の状況

1939（昭和14）年に高河店を調査した報告によれば、当時、高河店は20姓88戸で構成されていた。ただし、その中の茹氏は同姓異族で三つに分かれる（それぞれ11戸で形成される二つの血族（系統A、B）と1戸のみの血族（系統C））ため、調査者は「二十二箇の異姓異族が存在すると見做し得る」とする[10]。表1に見られるようにそれらの中で有力なのが張（13戸）、茹（23戸）、柴（7戸）、趙（7戸）、黄（6戸）の五氏で、この五家族の戸数の合計は56戸、全村落の約63.7％を占めていた[11]。

第三部　農村社会・経済の変容

表1　1930年代末の高河店における各家族の戸数と土地所有の状況

姓　別	戸　数	百　分　比	所有耕地畝数	百　分　比	有耕地戸数	無耕地戸数
張氏	13	14.7	127.9	19.1	11	2
茹氏	23	26.1	142.6	21.3	20	3
柴氏	7	8.0	28.1	4.2	6	1
趙氏	7	8.0	23.6	3.5	5	2
黄氏	6	6.9	68.3	10.2	6	0
五氏合計	56	63.7	390.5	58.3	48	8
その他	32	36.3	279.4	41.7	25	7
合計	88	100.0	669.9	100.0	73	15

（東亜研究所『満鉄北支農村実態調査臨汾班参加報告第二部（上）――山西省臨汾県一農村の基本的諸関係』101頁より、なお一部改変）

ところで、調査当時の高河店の村落形成の特徴の一つは、有力ないくつかの同族集団が他地域からの移住者であったことである。それ故、高河店は華北農村に特徴的な複姓村落を構成するところとなり、また、外来人口も少なくない（主に河南、河北、山東から）[12]ことから血縁的結合に代わって地縁的結合が村落の統合や連帯の基礎となっているのだという。聞き取り調査によれば、外来者に対しても村は比較的開放的であったようである。たとえば筆者が聞き取りを行った趙SE（1934年生まれ）は、中華民国期に父子ともども西高河から高河店の親戚を頼り移住してきた。そして、貧しかったことから最初は廟に住んだという。その後、趙SEが7、8歳のころ、資金を貯めて土地を買い、15平米程度の家を建てた[13]。またこれとは別の聞き取りで、民国18（1929）年ころに来た者がおり、土地と家屋がないため、やはり外来人と見なされたという[14]。

このような村外からの移住者を外来戸と呼称し、村の一員と見なされなかった。そこには移住者を見下すという心理が含意されている。外来戸が村の一員と見なされるか否かは、村に土地を所有するかどうかである。土地が無い場合は、高河店で生まれ育った子孫を輩出したとしても外来戸と見なされる[15]。土地改革時において外来戸は「とても多く」[16]、その際に、後述の地

主の黄金山の土地・家屋を分配され、それではじめて本村人と見なされるようになったという。また、大躍進期の食糧危機時にも移住者が十数世帯あり、村民は彼らを自宅に住まわせたり、食料を与えたりした。彼らの中には外来者ながらも後に村の幹部となった者もいた[17]。

このような構成の村落において、最も古い歴史を持つのが茹氏であり、次いで古いのが張氏であった。茹氏の場合、「これが何時頃まで遡り得るかは判明しない」が、「張姓の例から見て、乾隆年間以前のものなることは疑問の余地がない」という[18]。張氏は、康熙年間に大地震により多数の死者を出し、高河店の人口が減ったことに起因し、時の政権の命令によって乾隆年間に安徽省清和県から高河店に移住してきた。これは我々の聞き取りの結果と一致する。さらに、かつての調査によれば、茹氏よりさらに古い霍氏が存在していたが、満鉄調査の数年前に途絶えてしまった[19]。

他の家族では、殷氏が安徽からの移住者であった[20]。また、趙氏のうちの1戸は、四代前に洪洞県から[21]、別の趙氏（本村に1戸のみ）は西高河から[22]、柴氏は福建から[23]、席氏は清末時に隣村の韓村から[24]、王氏は父の代に山東から移動してきたものであり[25]、劉氏は父が河南人で、六十数年前の水害発生の際に移り[26]、李氏は抗日戦争時期にやはり河南から移ってきた[27]。また許氏は洪洞から臨汾市内に移動し、その後高河店に移って来た[28]。

次に、同じく満鉄調査に依拠して各姓の戸数による比較に代えて、土地所有の状況を表1で見てみよう。全88戸のうち、土地を所有する家族は73戸、土地を持たない家族は15戸である。高河店の各家族の所有耕地畝数の合計は669.9畝、そのうち上述の五氏で390.5畝、58.3％を占める。さらに張、茹、黄の三氏を取り出してみると、その所有耕地畝数の合計は338.8畝、50.6％を占め、この三氏が優越的な地位を占めていたことがわかる[29]。調査者の言葉を借りるならば、「張、茹、黄の三姓で戸数及び所有耕地の約半数を占め、他の一七姓によって他の半ばを占めていると云ふ関係である」[30]という状況であった。

また、上述の優越的な家族集団内に目を向けてみるならば、「その土地所有の差異は次第に顕著になる状勢」となっていたが、しかし族産は無かっ

た[31]。それ故、高河店においては宗族を単位とする結合はほとんど見られず、各家族集団を単位とする結合が基本的な状況であった。そのような家族集団は「大家族型家族」で、多くとも三世代十数人ほどで構成され、高河店では茹氏に最も多く見られるとする。その特徴は、全家族員が同一の敷地内に住み、役畜や農具を共同に使用し、家族所有の土地を協同して耕作し、家計管理や生産物の処分の権限は戸主に属するというものであった[32]。

それでは、上述の如き状況は、高河店における政治的・権力的構造とどのような関係を持っていたのであろうか。調査当時の県以下の区画は、大県は五区に、小県は四区に区分された。臨汾県は第一区から第五区まで区分されており、高河店は第一区に属していた。そして、通常、各区には区長が置かれ、区内においては三百戸以上をもって行政村が設置された。これを主村と称し、村長を一人、事務の繁閑に応じて村副を最大四人まで置くことができた。村長・村副は、品行、学識および資力を兼ね備えた者を有資格者とし、村民投票により選出した[33]。また村長・村副は名誉職でありそれ故に無給で、任期は前者は三年、後者は一年だった[34]。

各村落の戸数が百戸未満の場合は、単独で主村を構成できなかった。このような村落を散村と呼称した。散村であった高河店は隣接する南焦堡村、北孝村、坂下村と連合して一つの行政村を形成していた。このような行政村を聯合村と称した。聯合村下の各散村は選挙により代表一人を選出したが、これを村副と称した。そして四人の村副の互選によって村長を選出した。調査時には南焦堡村の村副が村長職を兼務していた。

主村・散村内部では、自治的組織が形成されていた。これは各戸を単位とし、五戸を一隣、五隣を一閭とし、それぞれ隣長、閭長を置く隣閭組織であった。閭長は村長ないしは村副によって指名され、隣長は村副と閭長とが合議の上、指名することになっていた[35]。高河店の当時の村副は趙氏(趙国璋)から出ており、彼は38歳で6.5畝の耕地を経営する自作農であった。ただ、趙氏は茹氏や張氏ほどには有力ではなく、経済的にも優越的ではなかったという。にもかかわらず、選挙で選出されたのは、調査者によれば、近代的教育の経験——文字の読み書きの能力——とともに、人格的要素が大き

いとされる[36]。閭長は2名で、年齢は一人が45歳、もう一人が64歳であった。二人は茹氏、張氏からそれぞれ選ばれており、ともに5畝の耕地を経営する自作農であった（ただし、45歳、64歳のそれぞれどちらが茹氏なのかあるいは張氏なのかは不明）[37]。

また隣長は10名選出されており、その内訳は茹氏3名、張氏2名、黄、趙、柴、徐、廬氏が各1名であった。年齢的には30代が4人（黄忠信38歳、柴鴻寶36歳、趙會盛37歳、徐長茂36歳）、50代が5人（うち一人は黄金山54歳、茹氏2名、張氏1名）、60代が1人という構成であり、最年少が36歳、最年長が66歳（張大勇）であった。経済的には、50代の一人は46畝の耕地を所有する自作兼地主の黄氏（黄金山）で、他は、一人が土地を所有しないで巡警をしている者（柴鴻寶）であり、他の8人は数畝から十数畝の耕地を所有する自作農で、中には小作および豆腐製造を兼業する者もいた[38]。これらの人々は、茹氏でいえば、ほぼ第15世代に属する人々である。

以上のように、村副以下隣長に至るまでの隣閭組織においては、結局、茹氏4名、張氏3名、趙氏2名、黄、柴、徐、廬氏が各1名という配分となり[39]、これは高河店の家族集団の状況を反映しているともいえよう。では、このような状況は、解放前後の時期以降、どのように変容していったのであろうか。2006年冬、2007年夏の聞き取り調査のデーターに依拠し、明らかにしてみよう。

3. 聞き取り調査に見る高河店の権力構造の変遷と茹氏

06、07年に我々が実施した聞き取り調査によれば、日本の敗戦により日本軍に代わって臨汾および高河店を支配したのは閻錫山軍であった。日本軍に比して、閻錫山軍の規律は低かったという。そして、当地が共産党によって「解放」されたのは1948年5月17日であった[40]。当時の村の人口は470人ほどで[41]、「解放」前の村長は呉順興、小学校卒業程度の文化水準を有し、評判は普通だったという[42]。

「解放」前における高河店では、前述のように、戸数的には茹、張、黄、

第三部　農村社会・経済の変容

柴、趙の五氏が優越的な地位にあったが、今回の聞き取り調査によれば現在は「本村の大戸は、茹、張、殷、趙の順序だ」ということである[43]。

表2のように、茹氏はおよそ400人（うち茹維翰を祖とする系統は370人ほど）[44]、張氏は50余戸、226人[45]、趙氏は150から160人[46]、殷氏は3、40戸程度[47]、柴氏は9戸、70から80人[48]、黄氏は16戸、人数は62人[49]、席氏は4、5戸程度[50]、許氏は1戸のみだった[51]。

また、茹氏の年齢構成を見てみると（表3参照）、40～45歳の世代が最も多く、現在の茹氏の中心的世代と思われる。そして次に10～15歳の世代、さらに15～20歳の世代が多くなっている。おそらくこれらの世代は、40～45歳の世代の子供にあたると考えられる。

「解放」後の土地改革や四清運動などの政治的動向は、村内の各家族の趨勢にも微妙な影響を及ぼしたと考えてもよさそうである。1949年から50年にかけて土地改革が進められたが、高河店では反革命鎮圧はなく、殺されたり、追い出されたりした者はいない[52]。それでも一人が地主、二人が富農と認定され、批判の対象となった。地主として批判されたのが黄金山である。黄金山の綽名は黄老大、はじめは土地を15畝所有し、後には46畝になった。所有地拡大の原資は、賭博、アヘン栽培だった。また、酒も醸造していたようである[53]。

アヘン栽培や都市向けの野菜栽培などにより富を得て、それを土地に投資して所有地を拡大していくという発展の仕方は、他の家族にも見られた。そして、反対に、アヘン吸飲等により土地を失っていった事例も、少なくな

表2　「大戸」の戸数の比較

	1939年	2007年	
茹氏	23戸		約400人
張氏	13	約50戸	226人
柴氏	7	9	70～80人
趙氏	7		150～160人
黄氏	6	16	62人

（『研究成果報告書』より作成）

表3　茹氏の男女別年齢構成

	男	女	合計
90歳以上		1	1
85～90		2	2
80～85		3	3
75～80	1	3	4
70～75	3	4	7
65～70	12	15	27
60～65	12	13	25
55～60	13	15	28
50～55	9	11	20
45～50	11	8	19
40～45	28	31	59
35～40	11	10	21
30～35	12	11	23
25～30	14	13	27
20～25	12	14	26
15～20	20	15	35
10～15	24	21	45
5～10	8	9	17
0～5	3	3	6
合計	193	202	395

（2007年8月、張愛青氏の調査による）

い[54]。

　黄金山の場合、彼は人柄もよく、搾取行為など悪辣なことを行わなかったことから、「悪覇」と認定されず、それ故厳しい批判にもさらされず、処刑されることもなかった。とはいえ、土地改革時、黄金山の家産は分割され、他の貧農に分配された。彼は労働改造にも送られなかったが、文革時には掃除活動をさせられた。批判闘争には、黄RJ（祖父が黄金山のいとこ）の家の成員全員も参加したが、「解放前にすでに分家しており、平時にも往来し

ていなかったことから、特に同情することもなかった」という[55]。

　富農とされたのが茹S（系統A）、茹DX（系統A）、茹GS（系統B）である。茹Sは20畝程度の土地を購入して保有し、長工を何人か使用していた[56]。また、茹DXは村内で非道を為したことから「悪覇」とされ、批判を受け投獄された[57]。茹DXが「悪覇」として批判されて「憤死」したことは、子どもの茹RG（系統A、聞き取りの記録では茹ZG）の共産党に対する感情にも影を落としている[58]。また、茹GSは改革時にすでに死去していたことから、その妻が富農分子として批判された[59]。

　このように茹氏には地主・富農として「改革」される側の者もいた。しかし、「解放」後の土地改革や四清運動、あるいは集団化の渦中にあって、茹氏は以下に述べるように幹部を輩出し、村政に重要な役割を果たしたといっても過言ではない。初代書記に就任したのが茹BS（系統C）である。

　茹BSは1951年、中央の意向に応えて互助・合作を推進し、7戸の貧農を組織して互助組を結成した。その後、彼の影響もあり互助組は雨後の筍のように次々と組織され、第二年目には75戸（全戸数の61％に相当）が27組織を結成するに至ったという。その結合形態は三種類で、①家族同士で仲がよい、②土地が近い（一緒に労働しやすい）、③労働力の強い人と弱い人との組み合わせ、だという[60]。それらのうちの一つは、茹CS、超KR、殷JS、張ZJ、張NX、超KG（超KRのおじ、組長）の6人で構成されたが、それぞれの家の居住地はかなり分散していたというから[61]、必ずしも近所同士で結成されたわけではなさそうである。おそらく、家族同士の関係が良かったのであろう。他方、近所同士（茹X、黄姓、張CD、張CL、張CG＝三兄弟）が結成した事例もあった[62]。

　そして1953年には農業生産合作社が組織され、茹BSは推薦されて社長に就任し、翌54年には103戸（98.1％）が加入するに至った。これは1955年には100パーセントになり、初級合作社の成立となった。これらの功績が認められたのか、同年、茹BSは中国共産党への加入が認められた。また、1956年に高河店など11村に高級合作社が設立されると、茹BSは副社長に就任し、1958年の人民公社化後（平陽人民公社、60年頃に屯里人民公社、

61年頃には城区人民公社）には、南孝管理区（いくつかの高級合作社を統合して構成）副主任に就任した[63]。1961年、高河店に戻ると党支部書記となり、当時、生産大隊長の茹CS（1930〜、系統B）等と農業発展に尽力したという。しかし四清運動が始まり、1964年に工作隊が来村すると、書記の茹BSをはじめとする幹部20人余りが批判された[64]。

この茹BSとともに幹部であったのが上述の茹CSである。かつて祖父（茹F、東亜研究所『満鉄北支農村実態調査臨汾班参加報告第二部（下）──山西省臨汾県一農村の基本的諸関係』、1941年、所収の「高河店家族関係概況表」の20番、自作農）、父（茹SX）がアヘン吸飲をしていたことから、茹家は宅地・土地を地主に売却せざるを得なくなり、没落した。そこで彼はやむなく坂下村のおばを頼って三年ほどそこで過ごし、その後、14、5歳頃から山西省蒲県克城鎮で牧童として三年ほど働き、49年の解放直後に父の弟（茹SD、12畝所有の中農）の家に戻り、1951年に結婚した[65]。

その後、茹CSは1954年に互助組組長に就任し、57年に入党、またこのころから6、7年ほど、生産大隊（村には6つの生産隊）の隊長を務めた。1964年当時、6つの生産隊の隊長は許ZW（一隊）、茹ZG（二隊、系統A）、茹X（三隊、ただし宗譜には明らかでない、別名で記載か）、茹JX（四隊、系統A）、茹JY（五隊、系統A）、茹DZ（六隊、系統A）で、茹氏が多いが、これは「意図的」ではないというし[66]、隊は居住地で分けられたので[67]、「大戸」の影響は無かったという。隊長は時期によってかなり交代があったようだ[68]。茹CSは後述するように断続的に村の幹部を務めるとともに、1974年から2、3年間、人民公社農牧場長（農業機械化ステーション）を務め、さらにはその後71歳まで農機站長を務めた。彼は茹BSの死後、1975年には党支部書記となった[69]。

ところで、上述の四清運動は、必然的に幹部の交代を促進した[70]。この時、ある幹部は男女関係の問題に起因して処分され[71]、また初級社の生産隊長も交代した[72]。1965（あるいは1964）年、これに代わって生産隊長となったのが当時20歳そこそこの若さであった茹ZG（系統A）であった。この後、茹ZGは、翌年には共青団書記、党副書記を務め、1966年から71年までは

第三部　農村社会・経済の変容

党書記に就任した。また、1971年から73年までは、城区人民公社に出向した。この間、書記は当時村長であった茹CSが担任、村長は元紅衛兵の盧ZXが就任した。しかし、一年後、茹CSと盧ZXとが対立した結果、茹CSは人民公社に出向（その後、上述の如く農業機械化ステーションに勤務）し、茹ZGは74年に帰村し、75年まで書記を務めた。75年、再度、知識青年対策のため人民公社に出向となり、盧ZXが後任の書記となったが、村の指導層がだめだったことから帰村して書記となり、この時に趙TPを後継書記として養成した。この後、1979年、茹ZGは三度、人民公社に戻るも、趙TP書記と盧ZX村長とが対立したことから、1982年、茹ZGが村長となり、89年まで務めた[73]。

このように、解放以後1980年代末までの高河店の権力構造において、茹氏は極めて重要な位置を占めていたことを看取できる。趙TP以後の書記就任者には、茹NS（宗譜に不明、別名で記載か）、茹SL（1963年生まれ、系統C）がいる。茹SLは1989年から92年まで当選して副村長を務め、93年に入党している[74]。この時の村長は、現書記の徐BDである[75]。

では、幹部に選ばれるための必要十分条件とは、いったい如何なるものなのだろうか。初代書記の茹BSは「（小学校卒で）文化程度は高くなかったが積極性があった」といわれている[76]。また、前述の茹ZGが生産隊長に選ばれたのは、本人の語るところによれば「出身階級がよかったことと、実行力があった」「貧農出身で、若く、中卒の学歴（七一中学）があった」からだという[77]。あるいはまた、幹部には必ず貧農が就任したとか[78]、「主に本地と外地〔から来た〕貧・顧農の中から能力のある人を選んだ」という発言もあるので[79]、出身階級と能力、積極性が重要視されたと考えられる。以前は村民により選出されたことから[80]、村民間における人望の有無も作用したものと思われる。

しかしながら一方では、「四清運動や文革は、その後の人間関係に大きな影響を及ぼした。〔その結果〕有能な人間は幹部にはなれない。知識の無い人間が幹部となる。党員との関係がよければ入党した」という批判的コメントもある[81]。四清運動以前の党員は30数人、四清運動時に茹ZGを含めて4

人が入党した。彼らはいずれも学歴はそれほど高くはないが、積極分子と見なされていた[82]。

ただ、幹部となった人間の「腐敗」もあったようである。たとえば、改革開放時には権力的地位にいたことを利用して他人のために便宜を図り、その見返りとして金品を受け取る行為や[83]、他人が消費財を購入するために銀行からの借金を周旋することもあった[84]。

書記や村長といったトップレベルの幹部には就任してはいないものの、中間的な幹部を経験し、かつ専門的知識を生かして指導的役割を果たしてきた人物もいる。茹ML（系統C、茹BSの長男）は初級中学を卒業の後、生産隊の仕事（人糞運搬、統計員）を経て1966年から69年まで生産隊政治隊長となり、毛沢東思想の宣伝・教育の仕事を行った。70年から72年までは生産大隊革命委員会主任を務めてもいる。そして72年9月、農業大学園林系蔬菜専業に入学して、そこで習得した知識・技術を生かして村で最初に野菜のハウス栽培を始めた[85]。

以上のように検討してみるならば、「現在は大姓の勢力が大きいということはない」[86]という発言もあるが、反対に「本村においては、族人が比較的多い姓は比較的大きな決定権を持っている。…大姓は勢力が比較的強い。村でものを決めるとき、ある程度優勢だ」[87]、「茹姓の力が大きい」ともいう。それ故か、高河店においては宗族同士の争いは無かったようである[88]。現代に生きる村民の感覚からすると、日々の諸関係がやはり反映されているのかもしれない。

4. 聞き取り調査に見る高河店の家族結合の現在

かつて梁啓超がその性質を「野蛮の自由」と表現した伝統中国社会にあって、「家族は成員の生活を支え、秩序を維持し、利益を守るという重要な機能を果たしていた」[89]。人民共和国成立以後の集団化政策の導入・実施、1978年以後の人民公社の解体、そして家庭生産請負制の実施を経て、高河店の家族結合はいったい如何なる状況にあるのであろうか、検討を進めてみ

第三部　農村社会・経済の変容

たい。

　家族結合を意識し、確認する仕掛けには、家譜・族譜・宗譜（行論の都合上、以下、これらを総称して「家譜」とする）などの編纂、冠婚葬祭行事、日常的な経済関係などがあるといえるだろう。

　高河店の各家族は必ずしも全ての家族が「家譜」を有していたわけではない。聞き取りによって「家譜」を有していたことが判明しているのは殷氏[90]、張氏[91]、茹氏（上述）、柴氏[92]、趙氏で、趙氏の「家譜」作成は比較的新しく、父の代になってから新たに作成したという[93]。また、近年ではすでに見た茹氏のように、全国の代表が集合して大部の「家譜」を編纂し、自身等の歴史的なアイデンティティを確認するといった事例も見られるようになった。一方、殷氏、柴氏のように四清運動、あるいは文革時に共産党員であることから「家譜」を自ら焼いた、あるいは失われた後、作成していないまま現在に至っているという家族もある。その他の各氏については、「家譜」の有無は未詳である。

　それでは、「家譜」の作成動機とは、いったいどのようなものであるのであろうか。殷氏のある一人の述べることは大変に興味深い。この殷氏は安徽から移ってきたというが、「家譜」は無いという。そして「かつて私はお祖父さん（大爺）と〔家譜の作成について〕相談したことがあった。私のお祖父さんは少しく文化を有する（教育を受けたことがある、の意）人であった。お祖父さんは、殷家の歴史上において著名人はいないので、家譜を編纂しても何の意味もない、と言ったので、家譜を編纂しなかった」という応答は、家族と「家譜」作成との関係を如実に物語るものである[94]。現在においても、なお、「家譜」は祖先を顕彰するものであり、それを通じて今の家族としての自負心を高めるのであろう。とはいえ、高河店の各家族の状況からすると、「家譜」の編纂は必ずしも各家族の結合力を維持・強化するための絶対的に不可欠な要素となっているわけではなさそうである。

　「家譜」の有無にかかわらず、表4に示される発言から、現在では冠婚葬祭、とりわけ先祖の祭祀が家族活動の最も中心的な活動となっているようである。そこで次に先祖祭祀について取り上げてみよう。

高河店社区における家族結合の歴史的変遷

表4　各家族の先祖祭祀の状況

黄氏…（黄WSの）父には四人の兄弟がいて、その子孫は村に住んでいて、みな付き合いがある。清明節、子の結婚式、孫の誕生日などである[95]。
　…解放前については知らないが、現在は清明節にはみなで祖先を祭る。新年にも親戚が集まる。子の満月や婚姻慶事にも集まる。7月の中元節や10月の節句には集まらない。解放後も宗族活動はあり、文革や「破四旧」の時も間断なく宗族全体で祖先祭祀をした。墓は屯里鎮梁村にある[96]。

殷氏…殷姓の先祖の墓は村西にある。1980年代には殷姓が全体で墓参りをした。現在は各家（戸）がめいめい墓参りをする。かつては「輩」が最も上の者がみなを組織して墓参りをした。現在は私より上の「輩」はたった一人だけだが、彼にはみなを組織する能力が無い[97]。

茹氏（系統C）…親戚付き合いをするのは清明節の時、子の結婚式、子の誕生日、老人の誕生日。墓参りの時は紙銭、マントウ、料理（4椀）、線香、茶、酒を添える。順番は、紙銭を配り、料理を並べ、線香を焚き、紙銭を焼き、この墓が誰の墓かを子孫（参拝者）に伝える。これらの差配は一番の年長者（「輩」の上の者）が行う。いない場合は兄弟で年長者が行う。女性も行うことができる。息子の配偶者は結婚して一年目は墓参に行くが、二年目からは行かない。娘は結婚してからもずっと自分の家の墓参に行く。墓参の時にお祈りはしない。先祖に今の時代のことは報告しない。墓は村の南方にある[98]。

（系統A）…茹姓の付き合いは、清明節のお墓参りに一緒に行くくらいだ[99]。

柴氏…宗族の活動は、毎年、清明節に祖先を祭り、時にみなで墓参りをし紙銭を焼く。
宗族で墓参りをするのは2、30人だ。墓参は男性だけが行う。女性は一年目は夫の家の墓に参る。婚姻や葬儀には柴姓全員が手助けする。基金会などはない。柴姓は比較的団結している[100]。
　…柴姓には先祖の墓がある。かつては一緒に墓参した。四門（祖父の代に四家になる）の人はみな行った。毎人5元を払い紙銭と「餅子」とを買う。お参りの後、毎人に2枚の「餅子」を配り、帰宅する。この7、8年は意見が合わないため、各門がそれぞれで墓参をする。現在、四門はそれぞれ墓地がある。それ以前の先祖の墓参は、各門がそれぞれ行く[101]。

趙氏…趙姓は一緒に墓参りする。毎年一人あたり3元を出し、紙（紙銭か）、お供え、爆竹、酒を買う。責任者を決め、また誰の家でご飯を食べるかも決める。嫁いでいった娘たちも帰ってきてご飯を食べる。麺を食べる。150から160人が一緒に麺を食べる。大鍋を持ってきて煮る。みなは墓の所で祖先に対して三度おじぎをする。〔その後〕墓の所で各「老人」が、墓参りに参加した十数人を「輩」の大小を案じて紹介する。私の父の世代「輩字」は「会」、私の世代は「克」、私の子の世代は「金」、私の孫の世代は「志」というように。紹介し終えたら、ご飯を食べる。墓参りを終えたあと、さらには各家の新しい墓に行き、それぞれの墓の上に小さな花輪を挿す。以前は各戸めいめいで墓参りをしたが、95年くらいから一緒に墓参りをするようになった。「克字輩」の者たちが相談して決めた。一緒に墓参りをするようになって、関係が密接になった。旧暦7月15日の鬼節の時は、各戸毎に墓参りをする[102]。

席氏…解放前には清明節に墓参をしたが、同族で一緒に行った。父の代からこの付近に埋葬するようになった。文革期間に墓を平にした。文革以前は、解放後でも宗族で祭祀を行っていた[103]。

211

第三部　農村社会・経済の変容

　高河店では、各家族の墓地は村内外に分布し、村の郊外の高河沿いには公共墓地もある。野菜のビニールハウス栽培を行っている畑の中にも墓が作られてもいた（写真1）。
　さて、高河店の各家族の中で、とりわけ10畝もの広大な墓地を有するのが茹氏（系統A）である（写真2）。所在地は高河店ではなく、近隣の梁村である。高河店は地下水位が高く、墓穴を掘ると地下水が湧出することも少なくないことから、梁村に墓地を求めたのであった。
　聞きとりによれば、墓地（写真2）を購入したのは茹維翰の孫の世代である茹愷（聞き取りでは茹小愷）、茹恂、茹恬、茹恪の四兄弟で、今から170年ほど前である。ただ、この四門のうち茹恪の子孫は茹恪から数えて2代で以って途絶えてしまい（『宗譜』には「民国年間に何れの所に流落したかさだかではない」と記されている、図1参照）、現在は三門である。2005年には碑を建てた（写真3）。墓参は四清運動時や文革時も途絶えることなく継続された。また、1958年に土地が公有化された時、墓地は梁村のものとなったが、墓地はそのまま現在に至っている。とはいえ、梁村と特別に約束しているわけではない。土地使用料は払わないが、埋葬時には梁村の許可とお金（2,000元、以前は1,000元）が必要である。夫人を合葬する場合は不要である。墓地に決まった管理人はおらず、子孫が管理する。墓参は年一回、清明節の時である。その際、一人あたり2元（人民公社時代は5角だった）を徴収し、紙銭、爆竹、「餅子」、線香を買う。墓参を終えると、毎人「餅子」を1枚ずつもらって帰る。現在、茹家の事を取り仕切っているのは、茹ZG、茹GL、茹SH、茹BSである[104]、という。
　先祖祭祀の他に婚姻や葬式なども人付き合いの場であり、「結婚式の時は親戚を招く。茹家は7、8割が来た。来客の多寡は父親の人間関係に左右される」という[105]。
　以上に見たように、先祖祭祀や「家譜」の編纂、あるいは婚姻などは高河店の各家族の紐帯を維持するための何らかの役割を持ってはいるが、どれ一つをとっても絶対的なものではないといえるだろう。また、それぞれの家族のユニットは現在もなお可変的で、より大きなユニットに向かっているもの

高河店社区における家族結合の歴史的変遷

写真 1 畑の中の墓（筆者撮影）

写真 2 茹氏（系統 A）の墓地（筆者撮影）

第三部　農村社会・経済の変容

写真3　茹氏（系統A）の碑（筆者撮影）

もあれば、反対により分裂的方向に向かっているものもある。その要因としては家族内の人間関係や、指導的立場の構成員の能力に左右されるようである。

おわりに

　歴史的に高河店の茹氏が同村において最も大きな集団を形成し、現在に至っていることは如上のとおりである。その要因として本村での歴史が長いこと、解放後に複数の指導者的人材を輩出してきたこと、「家譜」の編纂や先祖祭祀を通じて、茹氏のアイデンティティを繰り返し確認してきたことなどを要因として挙げることができよう。さらには、これらの他に、養子を迎えていることも要因とすることが許されるのではないだろうか。『宗譜』を見ると系統Aにのみに見られ、4例ある（表1参照）。これによりいくつかの家族が継続されており、茹氏の「繁栄」に寄与しているといえよう。
　しかしながら、これ以降、家族関係を変動せしめる要因も存在する。そのうちの一つが教育歴である。聞き取り調査からすると、現在は全体として初級中学（日本の中学校に相当）卒が多いようであるが、一方で、若い世代には大専（高校卒業後に進学する2年ないし3年の課程、日本の短大に該当）や大学、あるいは大学院進学者が増加しつつあるようだ。大専以上の進学者には村からそれぞれ1,000元、2,000元、5,000元の奨学金が支給され、2006年には大学進学者6名、大学院進学者4名を出している[106]。すでに見たように、村の農業技術の進歩をもたらしたのが専門学校への進学者であったことからすれば、高等教育修了者の存在は注目に値する。
　そしてもう一つが婚姻である。聞き取り調査から、高河店の男性居住者の配偶者は、近隣の農村から嫁いできている場合が多数を占めていることがわかる。また、高河店生まれの女子の嫁ぎ先も近隣農村が多い。しかし、その婚姻関係がいくつか重複して、すでに次のような複雑な関係が生じている事例もある。
　　私の父の姉妹はこの村に嫁いだ。彼女の夫と茹CSとは「一家」だ。私自身の姉妹もこの村に嫁いでいる。また、私の母の姉妹もこの村に嫁いでいる。私の姉妹は本村の茹姓に嫁いでいる。〔私と〕茹ZGとは「一家子」だ。茹ZGは私を「叔叔輩」と呼ぶ[107]。

第三部　農村社会・経済の変容

このような事例、すなわち異姓同士が親密に結合する事例について注目していかねばならない。村内婚が以前より多く見られるようになると、家族の結びつきに影響を及ぼすことが報告されている[108]。おそらく、高河店も例外ではないだろう。

●注

1) 茹氏宗譜編集委員会編『茹氏宗譜』第一巻、24～25頁。なお、本史料は以下、『宗譜』とする。
2) 三谷孝編『平成17～19年度科学研究費補助金（基盤研究（B））研究成果報告書』2008年の40頁。なお、以下『研究成果報告書』とする。
3) 『研究成果報告書』52頁。
4) 『宗譜』15頁の「山西洪洞大槐樹移民」。
5) 『宗譜』の「序」および144頁の「茹氏世系総図」。
6) 『宗譜』659頁の「臨汾市堯都区屯里鎮東高河村」。
7) 『宗譜』61頁の「茹氏世系総図」。
8) 『宗譜』147頁。
9) 『宗譜』662頁。
10) 東亜研究所『満鉄北支農村実態調査臨汾班参加報告第二部（上）——山西省臨汾県一農村の基本的諸関係』1941年、90頁。以下、本史料は『山西省臨汾県一農村の基本的諸関係』とする。
11) 『山西省臨汾県一農村の基本的諸関係』101頁。
12) 『研究成果報告書』142頁。
13) 『研究成果報告書』18頁。
14) 『研究成果報告書』136頁。
15) 『研究成果報告書』133頁。
16) 『研究成果報告書』142頁。
17) 『研究成果報告書』58頁。
18) 『山西省臨汾県一農村の基本的諸関係』90頁。
19) 同上。
20) 『研究成果報告書』78頁。
21) 『研究成果報告書』48頁。

22) 『研究成果報告書』17,145 頁。
23) 『研究成果報告書』154 頁。
24) 『研究成果報告書』136 頁。
25) 『研究成果報告書』42 頁。
26) 『研究成果報告書』109 頁。
27) 『研究成果報告書』137 頁。
28) 『研究成果報告書』163 〜 164 頁。
29) 註 11) に同じ。
30) 同上。
31) 『山西省臨汾県一農村の基本的諸関係』106 頁。
32) 『山西省臨汾県一農村の基本的諸関係』109 頁。
33) 東亜研究所『満鉄北支農村実態調査臨汾班参加報告第一部——事変前後を通じて見たる山西省特に臨汾に関する調査』1940 年、146 頁。
34) 『山西省臨汾県一農村の基本的諸関係』122 頁。
35) 同上 118 頁。
36) 同上 117 頁。
37) 同上 119 頁。
38) 同上。
39) 同上。
40) 『研究成果報告書』32 頁。
41) 『研究成果報告書』2 頁。
42) 『研究成果報告書』43 頁。
43) 『研究成果報告書』158 頁。
44) 『研究成果報告書』84、149、184 頁。
45) 張愛青氏の 2008 年の補充調査による。
46) 『研究成果報告書』159 頁。
47) 『研究成果報告書』157 頁。
48) 『研究成果報告書』134 頁。
49) 註 48) に同じ。
50) 『研究成果報告書』136 頁。
51) 『研究成果報告書』163 頁。
52) 『研究成果報告書』132 頁。

53) 『研究成果報告書』135、138、139頁など。
54) 『研究成果報告書』20、48頁。
55) 『研究成果報告書』139頁。
56) 『研究成果報告書』84頁。
57) 『研究成果報告書』146頁。
58) 『研究成果報告書』53頁。
59) 『研究成果報告書』184頁。
60) 『研究成果報告書』73頁。
61) 『研究成果報告書』159頁。
62) 『研究成果報告書』86頁。
63) 『研究成果報告書』174頁。
64) 臨汾市農業合作制編委会編・臨汾市檔案局『臨汾市農村合作制名人録』1988年、44～49頁、『研究成果報告書』15頁。
65) 『研究成果報告書』25～26頁。
66) 『研究成果報告書』184頁。
67) 『研究成果報告書』180頁。
68) 『研究成果報告書』181頁。
69) 『研究成果報告書』26、35頁。
70) 『研究成果報告書』11頁。
71) 『研究成果報告書』152頁。
72) 『研究成果報告書』39頁。
73) 『研究成果報告書』11、112、152～153頁。
74) 『研究成果報告書』51頁。
75) 『研究成果報告書』36頁。
76) 『研究成果報告書』142、144頁。
77) 2006年の調査における弁納氏の聞き取りによる。ただし『研究成果報告書』には未収録。
78) 『研究成果報告書』18頁。
79) 『研究成果報告書』132頁。
80) 『研究成果報告書』87頁。
81) 『研究成果報告書』15頁。
82) 『研究成果報告書』147、157頁。

83) 『研究成果報告書』178 頁。
84) 『研究成果報告書』198 頁。
85) 『研究成果報告書』95 〜 96 頁。
86) 『研究成果報告書』140 頁。
87) 『研究成果報告書』136 頁。
88) 『研究成果報告書』15 頁。
89) 王思斌・李小彗「血縁と利益によって形成される東村の家族——河北省村落の事例（1）」、柿崎京一・陸学藝・金一鐵・矢野敬生編『東アジア村落の基礎構造——日本・中国・韓国村落の実証的研究』御茶の水書房、2008 年、259 頁。
90) 『研究成果報告書』21 頁。
91) 『研究成果報告書』23 頁。
92) 『研究成果報告書』134、155 頁。
93) 『研究成果報告書』160 頁。
94) 『研究成果報告書』157 頁。
95) 『研究成果報告書』86 頁。
96) 『研究成果報告書』140 頁。
97) 『研究成果報告書』157 頁。
98) 『研究成果報告書』88 頁。
99) 『研究成果報告書』63 頁。
100) 『研究成果報告書』134 頁。
101) 『研究成果報告書』155 頁。
102) 『研究成果報告書』160 〜 161 頁。
103) 『研究成果報告書』136 頁。
104) 『研究成果報告書』84 〜 85、153 頁。
105) 『研究成果報告書』85 頁。
106) 『研究成果報告書』8 頁。
107) 『研究成果報告書』146 頁。
108) 註 89) に同じ。

コミュニティの人的環流
―― 近郊農村の分析 ――

田原　史起

はじめに――コミュニティの発展と「人」の要素

　中国農村を語る上で、地域ごとの発展ぶりが非常に不均等であることは、すでに常識的理解の範疇に属す。そしてその地域の発展が、その地域の保有する物的・経済的な資源と並んで、人的資本（human capital）に左右される側面も近年、関心を集めてきている。人的資本は大きく二つに分かれ、一つは「人」を「労働力」として見た上で、教育や職業訓練を通じてその全般的な質を如何に向上させるかという観点があり、そしてもう一つは、コミュニティ発展の成功事例に共通してみられる清廉かつ有能なリーダー個人の資質を問題にする視角がある（周2006：57）。

　「人的資本」と並んでコミュニティの発展を左右する要素として、「社会関係資本」（social capital）がある。近年、中国農村研究の領域でも、コミュニティの相互扶助機能であったり、信頼関係であったり、ネットワークの密度であったり、共有される倫理観など非経済的な「資本」に着眼した業績も蓄積され始めている[1]。特にコミュニティの経済活動に対するネットワークの役割などの領域で、様々な事例研究が行われている[2]。筆者自身、あるコミュニティのなかに有能なリーダーが存在するか否か、その「人」の条件によって地域の開発や公益事業の展開が大きく左右されるような事態に関心を持ってきた（田原2005、2008、2009a、2009b）。

　目下のところ観察されている中国農村コミュニティの非常な多様性は、実は「人の要素」の多様性、すなわちそれぞれの地域社会が有する「人的資本」や「社会関係資本」の多様性の反映としてもとらえられないか。特定の

第三部　農村社会・経済の変容

地域を題材として、あるコミュニティの「人の要素」を包括的・客観的に観察・記述することは、当該地域の過去における発展の軌跡を位置づけ、また今後の行方を展望することにとって有用な作業となるはずである。しかし、従来の研究はいずれも部分的であり、「人」をコミュニティ・レベルの資本・資源としてみる視点に欠けていたように思われる。

　問題は、コミュニティの「人の要素」の把握がどのようにして操作的に可能になるか、という点である。本稿は一つの方法的試みとして、コミュニティを舞台とした人々の「環流」状況——流入、流出、滞留、帰還など——に着眼してみる。

　コミュニティからの人材の「流出」について、近代化の過程で農村から都市への「人」の移動が起こるのは、世界史における普遍的な現象である。とりわけ後発国においては近代化・都市化が圧縮された形で進むために、この移動の流れは急激なものとなり、農村の社会構造はそれによって様々な影響を被らざるを得ない。とりわけ深刻な問題となるのは、農村部からの「人」の流出が農村人材の空洞化をもたらし、コミュニティの自助能力・ガバナンス能力の低下を招来するような事態であろう。日本においては「過疎化」、中国内陸部においては「原子化」[3]と呼ばれるような現象は、人材流出のもたらすネガティヴな一面である。

　だが同時に、人材の流出は、人材獲得にとり不可欠な面もある。逆説的ではあるが、ある程度の教育を受けた有能な人材をコミュニティが獲得するためには、まずは外部の教育機関に人が「流出する」ことが必要である。また、コミュニティ内部の人が外部とのコネクションという「社会関係資本」をもつ場合は、いったんは農村コミュニティを出て栄達を遂げた人材が、コミュニティとつながっていることが必要である[4]。あるいは流出人材が都市社会でコネクションを築き、コミュニティに帰還した後にその知識・技能、コネクションを使用する、などの状況が必要である[5]。つまり、「人の要素」というのは、その根源的な部分で「人の移動」に関わっているのである。

　本稿は、「人の要素」＝「人的環流」を、中国の都市近郊農村という一つのタイプについて記述してみる。具体的なフィールドは、我々調査団が訪れ

コミュニティの人的環流

ることになった山西省臨汾市にある高河店である。高河店は、「内陸部にある農村」ではあるが、如何なる意味でも「内陸農村」を代表する存在ではない。地区級市[6]の中心である臨汾の中心地から車で幹線道路沿いを五分ほど走ると「村」はもうそこにある。「農村」のイメージからはほど遠く、村内を幹線道路が貫通し、都市に飲み込まれつつある典型的な「都市近郊農村」としてこれを位置付け、我々の考察をスタートすることにする。

1. 高河店の「近郊性」

　2006年現在の高河店は、300世帯以上、人口1,600～1,700人を擁し、そのうち労働力は約1,000人である。耕地は900畝以上あり、砂地が300～400畝ある。村民の一人当たり平均収入は、控えめに見積もって6,500元とのことである。以下、本節では高河店の基本的な特徴を「近郊性」としてとらえ、それが歴史的にどのような展開をみせたか、県城への近接、野菜栽培、人口流入の三つの角度から整理しておきたい。

［1］県城への近接
　県城に近接し交通の便が良いという基本的条件は、村の地理的位置によって保証されているのであり、その意味で解放前から変化していない。経済中心地への近接という地理的位置は、中心地臨汾との人的接触の多さという社会的距離の近さでもある。日中戦争の最中に実施された調査に基づき、山本秀夫は次のように述べている。

　　「…郵便物の投函、小包の郵送等の為には、城内の商店が利用されている関係から、当部落民の城内商店員との接触がここに行われ、そこより新知識の流入が考えられるわけである。…自転車も相当普及している。部落民の或者は自転車によって城内との往復を為し、城内各所と連絡を行いつつある」（山本・上村 1941a：89）

223

第三部　農村社会・経済の変容

こうした都市近郊農村は、改革後の現在に至ってはほとんど例外なく、市街地の拡大による農地収用問題に直面している。高河店でも「山西省臨汾経済技術開発区」の用地として、2007年現在で150畝の農地が収用されている。開発区の計画には、栽培、養殖、メタンガス開発、有機肥料生産、飼料加工、屠畜、雑穀加工の機能を一体化させ、循環経済産業チェーンを建設するために、北部4村—上樊、下樊、高河店、南焦堡を生態農業科学技術区域にしようとする目的がある（二谷2008：204、以下『報告書』と表記する）。本村村民で農地を収用されたのは30世帯で、そのうち3～4世帯がすべての農地を失っている。コミュニティのまとまりとして高河店をみる場合、都市開発による収用農地の割合が小さく、村民の大部分がまだ農業的なベースと切り離されていない点は重要である。

2　野菜栽培の展開

高河店には、野菜栽培が発展する条件があった。一つは上にみた都市への近接と交通の便利さであるが、さらに①水利条件と②政策的条件を指摘できる。

①について、1939年に実施された前出の調査（山本・上村1941b：37—41）によれば、当時の村の灌漑面積は、全耕地面積751.1畝のなかで487.8畝（64.9％）を占めていた。解放以前にあってこの灌漑率の高さは極めて特殊というべきである。その大部分は河川灌漑によっており、高河店を含めて9村落を包含する樊家渠なる灌漑渠が存在していた。この水路は明萬暦年間に遡る歴史をもち、毎年9村落の代表者が廟に集まって合議の上、渠の維持費、人夫の費用等を決定していた。渠は延長10華里（5キロメートル）あり、8部落を一巡するのに40日を要し、灌漑面積は4,000畝に及んだという（山本・上村1941a：93—95）。灌漑の方法としては、水量の豊富な河川灌漑については耕地一面に水を通ずる「溢流灌漑」の方法、水量の少ない井戸灌漑について耕地のなかに畦を作ってその間に水を通ずる「壠溝灌漑」の方法が採用されていた。後者は主として野菜栽培の畑であったとされる。調査当時における本村の井戸は20眼、そのうち灌漑用井戸は18眼で、新たなる井

コミュニティの人的環流

戸掘りの余地はもはや存在しないといわれていた。野菜栽培面積は小さかったが、白菜などの畑が存在していたことは聞き取りでも確認されており（『報告書』80、154頁）、そのほかの伝統的農産物として、キャベツ、南瓜、冬瓜、トマト、トウガラシ、ナス、葱、韭等も栽培されていたという（『報告書』203頁）。改革後の現在においても、野菜栽培に有利な本村の水利条件は変化しておらず、現在はすべての耕地が灌漑地となっている。これは2005年の全国耕地の灌漑率が47.6％、山西省全体の灌漑率が27.4％[7]であることを考えるとやはり極めて特殊な事情である。ただし1970年を境として河川灌漑はなくなり、すべてが井戸水灌漑となっており、1つの井戸では20畝ほどの灌漑ができるという。地下水位は17メートルと浅く、流出量は毎時50トンと多い。

表1　高河店における灌漑整備・野菜栽培の展開

1950年代以前	野菜栽培は少なく、小麦、トウモロコシなど穀物、そして綿花が主体
1958年	小麦の畝当たり生産高が1070斤となり山西南部で十本の指に入るほどに。表彰を受け、合作社社長が北京に呼ばれ毛沢東に謁見を許される
1960年代	食糧増産の目的で本村が水利のテスト・ポイントとなり、臨汾の水利局によって河川灌漑の工事が実施され、ポンプによる灌漑を開始
1960年代末	山西省「十個紅旗之一」として表彰を受け、「農業機器試験地」に指定される。山西省農業（機械）局が開発した機械、麦の脱穀機、種まき機などのテスト・ポイントとなる
1970年	臨汾への野菜供給を図るため、臨汾県政府が「半菜半糧」の政策を推進。水利条件の良い北孝、南孝、党家楼、坂下など8～9村が対象となり、高河店では一生産隊あたり300畝の耕地のうち、80畝が野菜畑に
	河川灌漑から井戸水灌漑に転換
1975年	全村の野菜栽培面積は500～600畝（耕地の約半分）に。野菜会社の指導と、公社（城区人民公社）の指導により、ハウス野菜の栽培を開始。3つの生産隊（当時の生産隊数は6つ）でそれぞれ2畝ずつハウスを導入
	飲用水の井戸を建設
1982～83年	土地分配後、ほぼ100％の世帯が野菜栽培に従事。ハウス野菜は10戸ほど
1984年	30～40％の世帯がハウス野菜に
1998年末	臨汾市内で屯里、喬李、北城など5つの野菜基地を建設

出所：『報告書』、『臨汾市志』に基づき筆者作成。

第三部　農村社会・経済の変容

②について、野菜栽培発展の過程を［表1］にまとめてみた。ここからは、農業関係の実験が行われるテスト・ポイントや、「基地」に指定されることが多く、食糧生産が国是であった「以糧為綱」の時代には食糧生産の模範的な村として、また近郊農村を都市部への野菜供給基地とするプロジェクト（「菜籃子工程」）が実施された1970年代以降にはその野菜基地として、政府の経済的、政策的支援を受けながら野菜栽培の村として成長してきた様子がみてとれる。都市への近接は、政治権力の中心へのアクセスをも容易にする。農業政策のモデルとなることのできる村は、政府との太いパイプをもっていることが多い[8]。

伝統野菜に加え、1980年代からはカリフラワー、苦瓜、レタス、仏手柑、ナタマメ等、1990年代には、空心菜、福寿瓜、金針菇、モウコシメジ、西芹などが導入されている。高河店が属していた北城鎮は1998年に五つの野菜基地の内の一つに指定されており、特に特殊野菜（精細菜）の基地として、野菜畑は267 haあった（山西省臨汾市志編纂委員会 2002：331）。現在、高河店村において生産量の多い野菜はキュウリ、トマト、油菜で、これらの野菜は臨汾市のみならず、洪洞、太原、北京などにも出荷されている。

3　人口流入の「伝統」

高河店の「近郊性」のもう一つの構成要素としては、都市部の現場で働く出稼ぎ者に貸家を提供したり、また村営企業の労働者として雇用されたりしている「外来人口」の存在が挙げられる。高河店の場合、こうした外来人口の流入現象は改革以降のみならず、歴史的にみられる。我々のインタビューでも、父の代に河南から飢餓を逃れてきたという劉XS（60歳）が、「この場所で多くの野菜がまだ収穫されずに実っているのを見て、良いところだと考えて、居を定めた」と述べ（『報告書』109頁）、高河店が移民を引きつけるような生活の「ゆとり」を感じさせる村だった点に触れている。また山本秀夫も戦前の高河店における二十ほどの姓の混住状況について触れ、過去における人口流入の激しさ、とりわけ康熙年間の臨汾大地震において部落の人口が減少したため、政府の強制的措置によって張姓が流入したことに触れて

いる。そして「その後、山東の苦力その他、外来移住者の相当数を見るが、ただ注意すべきは逆に当部落より他地方へ移住した形跡は殆ど見られないことである」(山本・上村 1941a：89) と述べている。

建国以降も同様で、高河店村の人口発展の趨勢は、臨汾市全体の人口増加と歩を同じくし、転入人口が常に転出人口を上回ってきた（山西省臨汾市志編纂委員会 2002：206）という特徴がある。解放時の人口は 200 〜 300 人で、それが 1950 〜 60 年代にかけて 700 〜 800 人へと増加した。こうして高河店自体が外来人口の流入によって形成された経緯をもつが、改革以降においても外来人口が流入し続けている。そのほとんどは山西省の東西の山岳地帯からの移民、および河南、河北からの人々だった（『報告書』202-203 頁）。他方で、他地域への移住が少ないという伝統も、「出稼ぎが少ない」という現象として現在でも守られているようにみえる。この点については後述する。

2. 村を出る

本節から第 4 節までは、村民インタビューにより得られた個人情報を利用して、高河店における「人的環流」の様相を浮き彫りにしてみる。

まずデータについて触れておきたい。我々の調査団は 2006 年 12 月と 2007 年 8 月の 2 度にわたり高河店を訪問し、メンバー全員の合計で 101 コマのインタビューを行った。同一人物に複数回、あるいはメンバーの複数人が同時に訪問した場合もあり、最終的には 64 人のインフォーマントの提供した情報が基礎データとなる。そのなかには夫婦が 2 組、また世帯をともにする親子も若干数、含まれているが、高河店の約 300 世帯のうち、約 20％の世帯の状況がほぼ明らかになったと考えてよい。聞き取り内容は訪問者の関心によって異なるが、共通項目として、インフォーマントの個人史の聞き取りを含んでおり、ほぼすべての被訪問者についてその経歴や家族状況の概略が明らかになっている。

ただ、いくつか注意すべき点はある。第一に、歴史事象の聞きとりを目的としてインフォーマントが選択されているため、64 人の平均年齢は 64 歳と

第三部　農村社会・経済の変容

比較的高くなった。内訳としては、若い方から30代が3人、40代が3人、50代が14人[9]、60代が18人、70代が22人、80代が3人、90代が1人であった（性別は、男性が55人、女性が9人であった）。第二に、インタビューは日本側の要望に応じて高河店の村幹部が適当な相手を探し、引き合わせる形で実現した。したがって、そこには過去において各種の事情をより多く知りうる立場にあった者や、外国人の訪問に最低限対応できる者であること、などの考慮が介在したであろうから、結果的には村内の公務経験者や有識者など、権力、富、社会的地位の観点からみて、平均的な村民よりは上層に位置する村民が選択的に我々に引き合わされている点である。

　基本データから得られた限りの人員の他出事例を［表2］にまとめてみた。高河店の他出事例を眺めてみて、最大の特徴と思われるのは、他地域で同様の聞き取りをすれば頻出するであろう、「出稼ぎに出ていた」という経歴や、家族員が「出稼ぎ中である」という答えがほとんど出てこないことである。他出の事例のなかに、家計を支えるためのいわゆる3K労働に従事する「民工」は皆無である[10]。その代わり、何らかの正規ルートに沿っての他出が大部分を占める。それは大きく4つに分類できる。すなわち、(1)幹部としての栄達ルート、(2)軍隊系統を経由して都市正規工に参入するルート、(3)教育システムを通じて都市正規工ないしは幹部隊列に参入するルート、(4)都市正規工に直接参入するルートである。

1　仕官

　一般の農民が幹部となって官僚ヒエラルキーを上昇することは、解放以前の旧社会では非常に限られていたが、毛沢東時代、政治運動を契機に幹部となる栄達ルートが農民に新しく開かれた。ただし、その上方移動の大多数は、村レベルのポストに止まるものだった（田原2004：227—232）。この点、高河店の場合、多くの人材が村レベルを超えて幹部としての栄達を遂げている。大きく分けると、①最初から県レベル以上で仕官するタイプと、②村リーダーを経験した後で公社・郷鎮に昇進する二つのタイプがみられる。

　①のタイプは、旧世代では［1］柴YD（80歳、臨汾県鉄路局）、［4］張JT

表2　高河店から他出した人材の例

通番	氏名	年齢	他出経路	在外／帰郷（契機）	略歴
1	柴YD	80	幹部	帰郷（退職）	村の小学校で4年間就学後、農業に従事。1949年に臨汾鉄路局に就職、1981年退職
2	王YS	80	正規工	帰郷（退職）	10歳で小学校入学、3年間就学。母が死亡、困窮のため退学。1949年村を離れ鉄道の保଼に。1976年房建隊（鉄道に付属）に転職。1988年、退職。現在、月に1,600元の年金を受給
3	李SM	79	軍隊	帰郷（55退役）	学歴無し、河南からの避難民、本村で短工、小商売。建国初期には部隊で南下、匪賊討伐、朝鮮戦争を経て、1955年に退役・帰郷
4	張JT	78	幹部	帰郷（退職）	臨汾一中在学時に班長を務める。共青団入団、幹部訓練班で6ヵ月の訓練の後、他の班員は南下政策により四川省に出撃、自分は肺病にて一年間休養。やがて臨汾県供銷社に就職。主任、経理、書記と歴任。1992年退職
5	茹CS	78	幹部	帰郷（退職）	1954年互助組組長、1957年より生産大隊長を6〜7年、茹BSの死後の1975年の1年間大隊書記、1974（76？）より人民公社農牧場場長、1978年より北城鎮農機服務站站長。2001年退職
6	茹CL	75	臨時工	帰郷	1958年、太原電気スイッチ工場で1年就労後、帰郷して生産隊計工員、1963年から供銷社供銷員
7	茹MX	72	幹部	帰郷	1955年より保管員、人民公社食堂の司務長、生産小隊の小隊長、公社水利機台会計などを歴任、1965年に帰郷、農業
8	茹CW	72	正規工	帰郷（退職）	幼いころに父は死去。隣村の西高河に養子に行くがほどなく帰郷。西高河の小学校に2年間、高河店の小学校に1年間就学。卒業後、農業はや

第三部　農村社会・経済の変容

					らず、従兄弟の茹CSに頼まれ放映員として周辺の村を巡回。その後、臨汾市の電映公司の社員、経理を務める。「山西省先進工作者」となるが、40代で怪我のため退職。現在、月に770元の年金を受給
9	殷JT	71	教育→正規工	帰郷（退職）	小学校卒業後、16歳で臨汾第一中学校入学、1954年、19歳時に卒業。その後大同の第九工場に就職、技術員（「化験員」）となる。入原軽工業学校にて、1年間研修、化学を学ぶ。後、退職まで大同に単身赴任
10	丁HL	70	教育	帰郷（62下放）	貧農出身、太原の専門学校、中北大学卒。重慶に三年滞在。帰郷して生産隊会計、裸足の医者など。四清運動で村史を執筆し工作隊に提出、生産大隊長秘書、大隊革命委員会委員など歴任
11	柴YL	70	教育→正規工	帰郷（62下放）	中学卒業後、1955年に太原の石炭中等専門学校に就学。卒業後、陽泉に配属、2年後に臨汾の炭鉱に就職。1962年帰郷、1963年から2000年まで大隊会計
12	徐YL	70	軍隊→正規工	帰郷（55退役、62下放）	高河店小学校卒業後、1951年臨汾一営に3ヵ月入隊、太原東鋼営波に1年、52年張家口に2年、54年山西太谷集訓大隊に移動。同年帰村後、農業専業。59年太原省建設公司でパイプ工として2年間勤務。1961年、上級機関の要請で帰村、農業に従事
13	許ZW	69	軍隊→幹部	帰郷（退職）	1957年から62年まで従軍。臨汾公安独立4営で副班長、部隊で紅専大学に就学、初級中学文化程度に。1962年帰郷し、1963年生産隊長、1964年入党、民兵営長（村の副書記が兼任）、1975年、人民公社で水利を担当、井戸掘り隊の副隊長、水利排灌ステーション副ステーション長、1982年、臨汾市紅衛路施工指揮部、臨汾市規画局で就職、1998

コミュニティの人的環流

					年退職
14	柴YL	69	正規工	帰郷（退職）	1957年高河店小学卒業後、医院で助手。後に、県医院の外来部門で就職。臨汾第三中学の校医を勤めた後、復員軍人療養院で就職、1999年退職
15	黄RJ	67	教育→正規工	帰郷（62下放）	高河店小学校、臨汾一中、太原工学院卒業後、太原河西機械工場に1年間勤務。1962年帰郷。その後、1980年まで生産隊で食糧配分係。1980年から89年まで、大隊出納係。現在は野菜栽培
16	茹ZB	67	臨時工	帰郷	村の小学校に4年間、劉村の中学校に3年間就学後、太原の機械学校（兵工廠）に2年間勤務、帰郷後、1961年頃農業技術員に
17	席CJ	66	臨時工	帰郷	小学校卒。1958年に太原で学徒工に参加、帰郷後、農業に従事
18	茹LS	66	教育	帰郷（62下放）	中専学歴。かつて村営の鋳造工場で勤務。1961年の飢餓で村に帰る。野菜栽培技術士
19	茹BS	64	軍隊→正規工	帰郷（退職）	高河店小学校、臨汾三中で就学。2年次に入隊、北京で3ヵ月、広西で2ヵ月、ベトナムのハイフォンで17ヵ月、河南鄭州で1年、1969年まで内モンゴル化徳県に駐屯。除隊後帰郷、半年間農業に従事、9月に保馬の通信器具工場に就職。45才で退職、野菜作りに専念
20	茹ZG	64	幹部	帰郷	老幹部（二代目書記）。1965年生産隊長、1966～71年に村書記、71～73年まで公社弁公室、74～75まで村書記。75年再び公社へ、76年再び村で書記に、79年公社に、82年村で村長に。1989年まで村長。現在臨汾のデパートで夜間警備に従事
21	殷ZY	64	軍隊→幹部	帰郷	1963年から1969年まで北京で従軍、69年から臨汾市公路局、93年退職
22	孔DJ	62	教育	帰郷	父の孔FMは国民党の兵士として臨汾戦役で戦死。そのため貧乏で2年

231

第三部　農村社会・経済の変容

					遅れて就学。臨汾三中入学、中退後帰郷、1963年から80年まで生産隊長
23	張JG	62	教育	帰郷	西北軽工業科学院卒業
24	茹ML	61	教育→正規工→幹部	帰郷（退職）	父の茹BSは初代書記。本人、1965年生産隊会計、入党、1970年革命委員会核心小組成員（当時の主任は茹CS）、1971年村副書記、1973年山西農業大学で野菜作りを学び、74年臨汾市野菜公司に就職、75年から温室栽培で「革命」を起こす。1983年公社副主任、84年副郷長、1991年郷長、1994年郷党委書記、1997年農耕部部長・扶貧弁主任・幹部下郷弁公室主任。2002年離任、2006年退職
25	劉XS	60	教育	帰郷（退職）	父の代に河南から移民。農業中学に一年就学、帰郷して電工組に一年、村の宣伝隊など。1967年、外地の衣料工場で就労、1982年に帰郷、臨汾の染め物工場に。1992年に生産停止で辞め、農業に従事。2004年、農地は甥に委譲
26	殷ZB	57	軍隊→正規工	帰郷	1971年～1975年、武漢で従軍。班長をへて、引退時には副排長。退役後、臨汾市内にある動力機械廠に就職。熱処理工を経て、後に営業職となり、北京・石家荘・鄭州などを廻り、石炭洗浄機を販売
27	孫DJ*	55	学習	帰郷	村で最初の万元戸、トマト王。1984～85年に臨汾地区を代表して太原に野菜栽培技術の学習に
28	茹CLの長男	53	軍隊→正規工	在外	村の同級生では唯一、従軍。7年間服役した後、臨汾の鉄路党校に就職
29	柴GS	45	正規工	帰郷	1976年から26年間、臨汾市の平陽機械工場に勤務。途中84年まで臨汾市の農機具修理所に勤務。2002年に帰郷、2004年から本村の副書記として治安を担当
30	茹SL	45	臨時工	帰郷（起業）	初級中学卒業。1978年から83年ま

					で臨汾機械工場で電気溶接工、1983年から農業、野菜栽培で万元戸に。1988年プラスチック工場起業、1989～92まで副村長、1993年入党
31	徐YLの次男	45	教育→正規工	在外	洪洞コークス工場勤務
32	趙KRの五男*	44	軍隊→正規工	在外	4年間従軍、保安公司に警備員として勤務
33	柴GF*	42	教育→幹部	在外	北京の水電部に勤務
34	柴YLの三男*	40	教育→正規工	在外	河津のアルミ工場に勤務
35	黄HL	33	教育→幹部	在外	臨汾龍中、天津警察学校卒後、国土資源局に勤務
36	徐BDの長男*	30	臨時工	在外	炭坑で電気配線工
37	徐BDの次男*	26	臨時工	在外	炭坑で運転手
38	柴KK	24	教育→正規工	在外	太原のガス会社に勤務

*の人物の年齢は推定年齢。

(78歳、臨汾県供銷社書記)、[21] 殷ZY (64歳、臨汾市公路局) など、新世代では [33] 柴GF (42歳、北京の水電部)、[35] 黄HL (33歳、国土資源局) などがいる。高河店は県城の近郊であり、彼らのように基層レベルの経歴を経ることなく、一足飛びに県レベルのポストに抜擢されることは比較的容易だったのではないか。また高河店は四清運動においても「試点」となっており、村の若者たちの一部も、四清運動に際して抜擢され、外地で工作隊となった者がいる。呉HL、徐JYなどが抜擢されてそのまま幹部となったが、徐の方は現在、村に戻っている[11]。いずれにせよ、村レベルから上級政府の幹部をこれだけ輩出していること自体、高河店が特殊なコミュニティであることを示唆している。

②については、生産大隊・村レベルのリーダーが、比較的頻繁に公社・郷鎮レベルの幹部として抜擢される傾向が指摘できる。[5] 茹CS (78歳、大隊書記→公社幹部)、[7] 茹MX (72歳、公社幹部)、[20] 茹ZG (64歳、

大隊書記→公社幹部)、［24］茹 ML（61歳、大隊副書記→郷党委書記）などの経歴がこれを示している。村から郷鎮への人事異動・昇進が意外に多くみられることは、高河店において大隊・村レベルと公社・郷鎮レベルの政治的リーダーシップが密接に結びついている可能性を示唆する。このことは村の代表的リーダーである茹 ZG の経歴をみれば一目瞭然である。

　茹 ZG は茹 BS に続く二代目の村書記であり、1965 年に生産隊長、1966～71 年にかけて書記を務めた後、71～74 年まで人民公社弁公室に勤める。ここまでは通常の出世コースのようにみえるが、その後 1974～75 まで茹 CS の後任として再び村書記を務めている。1975 年、再び人民公社に戻り、知識青年対策を担当している。本人へのインタビューによれば、この間、村では盧 ZX が書記だったが、村の指導部が「良くなかった」ために 1976 年、再び村に帰り書記となった。この二度目の帰郷は、趙 TP を後任として養成するのが目的だった。1979 年、公社に戻る。ほどなくして 1982 年、三度村に帰り、こんどは村長として、公社解体、土地分配を指導し、1989 年まで村長のポストにあった。1989 年には村民選挙により村長が選ばれ、徐 BD に交代している。茹の人事の頻繁な交替の陰には、まとまりにくい高河店大隊について公社当局が苦慮している様子がうかがわれると同時に、村レベルの政治が郷鎮レベルの政治と密接に絡んだ都市近郊農村の政治的特質が現れているようにもみえる。

２　従軍

　人民解放軍での服役は、特に旧世代の農民にとっては他出ルートの主たるものである。職業軍人として発展するというよりも、むしろ退役後に幹部として仕官したり、都市フォーマル部門で就業したりと、軍役が他の他出経路への橋渡しとなっている点が重要なのである。それは、［12］徐 YL（70歳、軍役→都市労働者）、［13］許 ZW（69歳、軍役→公社幹部→市幹部）、［21］殷 ZY（64歳、軍役→市幹部）、［26］殷 ZB（57歳、軍役→正規労働者・営業）、［28］如 CL の長男（53歳、軍役→党校正規職員）、［32］趙 KR の五男（44歳、軍役→正規職員）などの経歴から明らかであろう。

3 就学

　学校制度の階梯を上昇することによって空間的にも村から他出する事例もまた数多い。小学校は村内にあるが、中等以上の教育を受けようとすれば、いったん村を出なければならないからである。新世代では初級中学卒業程度の学歴はごく一般的であろうが、注目すべきは、高河店では60歳以上の世代で中等以上の教育を受けた人材が多数、存在することである。[9]殷JT（71歳、太原軽工業学校）、[10]丁HL（70歳、中北大学）、[15]黃RJ（67歳、太原工学院）、[18]如LS（66歳、中専）、[22]孔DJ（62歳、高級中学中退）、[23]張JG（62歳、西北軽工業科学院）、[24]茹ML（61歳、山西農業大学）、[25]劉XS（60歳、農業中学）らは、同世代に比較すると、随分と高い学歴をもっており、しかも現在は帰郷して村に居住している。丁HLなどは、四清運動で「村史」を執筆して工作隊に提出したほどのインテリであるし、茹MLは、村の野菜栽培の発展を牽引した学歴エリートである。

　こうした学歴エリート輩出の背景としては、やはり臨汾に近く、教育資源を得やすい環境が指摘できよう。加えて、徐書記への聞き取りによれば、かつて村党支部は村民の大学への進学を奨励したことがあったという。茹MLが山西農業大学に進んだのをはじめとして、医学や会計専攻の大学生を輩出した。医学系の学生は現在、省内の長治に、会計専攻の学生は深圳にいるという（『報告書』122-123頁）。現在では、高河店を管轄する開発区が高等教育への就学について、大学院であれば5,000元、大学学部で2,000元、専門学校で1,000元の奨学金を給付している。2006年の場合は6人が村から大学に進学（そのうち山西医科大学に3人）し、4人が大学院に進学している（『報告書』8頁）。

4 就労

　実のところ、[表2]に示した「正規工」と「臨時工」の境界ははっきりしたものではない。だが、高河店の他出事例の大半は、都市のフォーマルセクターにおいてある程度、固定的な職に就いていたと思われるものである。

　まず、毛沢東時代に就業した旧世代の人々については、そもそも「出稼

ぎ」という形態はあり得なかったから、企業や工場への他出者は、基本的にすべて都市部の正規労働者や職員として受け入れられていたと判断される。[2] 王 YS（80 歳、鉄道関係）、[8] 茹 CW（72 歳、映画会社）、[9] 殷 JT（71 歳、中学卒業→大同第九工場）、[11] 柴 YL（70 歳、石炭中等専門学校→炭坑）、[12] 徐 YL（70 歳、軍役→帰郷→太原省建設会社）、[14] 柴 YL（69 歳、医師）、[15] 黄 RJ（67 歳、太原工学院→太原河西機械工場）、[19] 茹 BS（64 歳、軍役→帰郷→通信器具工場）、[24] 茹 ML（61 歳、臨汾市野菜会社）、[26] 殷 ZB（57 歳、軍役→臨汾動力機械工場）などである。その際、教育機関の卒業資格や、軍役の経歴が都市正規工のポスト獲得に役立っていることは、高河店村民のキャリア・パスから一目瞭然である。

　改革以降に就業した新世代について、現在の中国農村で最も一般的な他出経路の一つは、いわゆる「民工」としての他出・就労であろう。およそ初級中学卒業程度、ないしはそれ以下の学歴層の農村出身者が都市部において職を求めようとすれば、自ずと単純労働に従事することになる。ところが高河店の新世代他出者の就業先をみれば、いわゆる雑業層、建築労働者、さらには正規のブルーカラー層などもみあたらない。[28] 茹 CL の長男（53 歳、軍役→臨汾鉄道党校）、[29] 柴 GS（45 歳、臨汾機械工場に 26 年間→村副書記）、[31] 徐 YL の次男（45 歳、洪洞コークス工場）、[32] 趙 KR の五男（44 歳、軍役→警備会社警備員）、[34] 柴 YL の三男（40 歳、河津市のアルミ工場）、[38] 柴 KK（24 歳、太原ガス会社）なども、詳細は不明であるものの、いわゆる「民工」による他出ではなかったものと想像される。その理由を先取りしていうと、第 4 節でみるように、在地で様々な業種の職業に就くことが可能ななかにあって、これらの青年層・壮年層がわざわざ単純労働に従事するために他出するとは考えられないためである。逆にいえば、これら工場や企業でのポストがある程度安定的でないかぎり、わざわざ他出するメリットはないからである。

3. 村に帰る

　農村出身で都市フォーマル部門に食い込む人材は、そもそも絶対数からして少ない。さらに、高級人材はいったん都市で居場所を固めた場合、やはりその後も都市に定住しつづけるのが一般的である。他出人材は出て行ったままとなり、人材の空洞化が起こる。村には外にでる能力もチャンスも無かった人々だけが残る。

　この点、高河店のような都市近郊農村では特異な事情がみられる。第一に、「村を出る」の節でみてきたように、そもそも都市部門に参入していく人材が育ちやすく、これらの人々がコミュニティの外部で技術、知識や人的ネットワークを獲得し易いという点である。第二に、さらに重要なのは、他出した人材の多くがあるタイミングで帰郷していることである。これは［表2］に示したとおりであって、都市近郊でない一般農村と大きく異なる点である。［表2］で「帰郷」と記した人材は、通常の農村であれば「出て行ったきり」になる可能性のあった人々のリストである。彼らはなぜ帰郷したのか。一般的に考えて、他出者の帰郷に影響を与える要因は二つある。すなわち、①戸籍制度や下放政策などの政策的措置、②都市と農村の生活条件のメリットとデメリットを考慮した上での個人の選択である。

1　政策的措置

　中国において農村からの他出者が帰郷する際、特に考慮しなければならないのは戸籍制度や下放などの政策的要因である。これは一般農村であれ、都市近郊農村であれ、共通していると思われるが、都市近郊農村でより大きな意味を持ったであろう。

　周知の通り、中国で戸籍制度が導入された契機は、1958年からの「大躍進」政策の時期に遡る。同時期には、計画経済における様々な経済活動の権限が中央から地方各単位に下放されたため、地方都市や人民公社経営の重工業などが発展し、農村から都市に労働者として流入する人口が増加した。前

第三部　農村社会・経済の変容

節にみた都市正規工としての他出者の一部は、この時期に高河店を出たものと考えられる。ところが大躍進政策が混乱を生み出すと、今度は都市への人口流入を制限すべく、中央政府は「戸口条例」を公布した。さらに、1961年からの「調整期」に至っては経済活動の権限の多くを中央が回収し引き締めに転ずるとともに、大躍進時期に増えすぎた都市労働者、幹部をその出身地に帰還させる政策措置を採った[12]。

臨汾の状況について史料［中共臨汾市堯都区委宣伝部ほか 2001：63-64］からみてみよう。まず1960年に中共臨汾県委員会は、中央の呼びかけに応え、幹部を下放し基層を充実させ、食糧を保証する目的で、全県の県、社、区（管理区）三級の幹部2,311人を下放している[13]。下放幹部の人数は幹部総数の53％に上った。続いて1962年、中央の「西楼会議」を受け、さらに幹部をリストラすると同時に、職員・労働者と幹部の家族についても削減する決定が成された。1961年末、全県の幹部は1,602人（行政幹部867、企業単位516、事業単位219）、これに対し省委員会の下達した新しい幹部定数は1,266人で、336人を減らすものとされた。実際に削減したのは228人で、任務の67％に止まった。全県の職員・労働者は9,662人であったのに対し、1962年の新しい定員は7,045人、リストラ任務は2,617人だったが、実際にはそれを超過して3,397人が削減されている。幹部に比べると、母数の大きかった労働者・職員のリストラの規模が大きく、これらがすべて出身地農村に帰還したことになる。

高河店の状況について［表2］をみてみると、確かに都市の工場労働者のキャリアをもち、1962年に帰郷した人々が含まれている。「62下放」と記載した、［10］丁HL（70）、［11］柴YL（70）、［12］徐YL（70）、［15］黄RJ（67）、［18］茹LS（66）などの人々が、上記の全国的なタイミングに併せて帰郷している。いずれも1962年には20〜25歳ほどの青年で、都市で就業して日も浅かった村民たちである。これらの帰郷人材の帰郷は本人の意思とは別の時代的状況によって規定されていたわけだが、その後の高河店の発展について彼らの存在は重要な意味をもつことになる。

コミュニティの人的環流

2　自発的選択

　高河店の大きな特徴はまだある。国家幹部や都市における正規工のポストを退職まで務めた人員が、退職後の「第二の人生」を送る場所として出身地である高河店を選び、帰郷する者が多いことである。インタビューの対象となった村民の内、少なくとも次の11人はこうした範疇の人々だと判断される。

　　［ 1 ］柴YD（80歳、臨汾鉄路局幹部）
　　［ 2 ］王YS（80歳、鉄道関係職員）
　　［ 4 ］張IT（78歳、臨汾県供銷社書記）
　　［ 5 ］茹CS（78歳、北城鎮農機服務站站長）
　　［ 8 ］茹CW（72歳、臨汾市電映公司経理）
　　［ 9 ］殷JT（71歳、工場職員）
　　［13］許ZW（69歳、臨汾市規画局幹部）
　　［14］柴YL（69歳、復員軍人療養院医師）
　　［19］茹BS（64歳、保馬通信器具工場職員）
　　［24］茹ML（61歳、堯都区委農村工作部部長）
　　［25］劉XS（60歳、臨汾染物工場職員）

　通常、県城以上の都市部で栄達を遂げ、固定的なポストに就いたものは、かつてであれば所属単位から分配された住宅に住み続けることが可能であり、現在であれば経済的実力をもって住宅を買い取る、あるいは新規購入するのが普通であろう。県城に職場がなくとも、たとえば郷鎮レベルの指導幹部であれば、県城に住宅を所有して住み、勤務先の郷鎮まで専用車で「通勤」する現象が広くみられる[14]。こうした傾向とは逆に、高河店ではこれらの「高級人材」が農村に帰還することを選択しているのは何故だろうか。
　それは当然のことながら、帰郷することのメリットが、デメリットを超えているからである。帰郷のメリットとしては、市街地に比較すると、住宅建設にかかるコストが安いことがある。というよりもむしろ、同じだけの資金

239

をもってすれば、格段に条件の良い住宅を保有できるためであろう。これについて徐書記は、「臨汾で家を建てる者は非常に少ない。本村であれば20万元で豪邸が建つが、臨汾ではマンションを買うにはそれでは足りない」と述べている(『報告書』121頁)。事実、我々が村民の自宅を訪問した際の印象としても、数人の家族員だけではもてあますほどの部屋数をもった「豪邸」が目についた。この生活上の「ゆとり」に引き比べると、デメリットの方はほとんど目立たない、といって良い。高河店は臨汾から車で数分の距離にあり、都市生活のもたらす便宜は村に居ながらにして充分に享受できるからである。帰郷人材は臨汾を始めとして、各地に現役時代からの人的ネットワークを築いており、それは市街地に居住していないからといって維持が難しくなるようなものでもない。

さらに、経済的実力があれば、市街地と村との双方に住宅を保有することも可能である。[28] 茹CL氏の長男（53歳）は人民解放軍で7年間服役した後、臨汾の鉄路党校に勤務しており、現在は臨汾に家を購入しているが、高河店村内にも家があり、二階部分に居住、一階部分は店舗としてリースしているという。都市と農村の双方に住宅をもつことは、「第二の人生」における選択の幅を確保するうえでは望ましい。「在外」か「帰郷」か、という二者択一でなく、都市と農村の双方に足場をおいて生活し、双方の境界線が曖昧であるのも、都市近郊農村の大きな特徴であろう。

4. 村で生きる

前節にみた、他出人員が退職後に帰郷を選択する理由は、そのまま一般村民が「出稼ぎ」に出て行かない理由でもある。村に残る人々は村に居ながらにして、外部の「市場」に結びつき、まずまずの暮らしを立てることが可能だからである。本節では労働力年齢にある高河店男性村民71人の生業形態が、コミュニティとどのような関係をもっているのかをみてみる [図1]。

まず、生業基盤の置かれた場所からみれば、在外で生計を立てる事例は少なく、在村がほとんどである。在外で就業する場合も、幹部や工場・企業の

コミュニティの人的環流

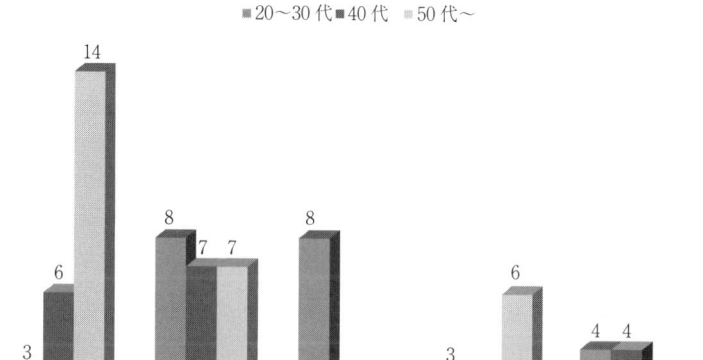

図1 高河店村民の年代別生業形態
■20〜30代 ■40代 ■50代〜

在村：野菜栽培 3／6／14、自営 8／7／7、臨汾通勤 8／2／1、その他・不明 3／2／6
在外：4／4／1

注）一人が複数の生業形態にまたがる場合（野菜栽培＋自営など）も数字に含めた。なお、図に示した事例の数は、あくまで村民インタビューのなかで触れられた本人や家族員に関する情報の内、確実なものを拾ったにすぎず、これを統計的な意味でもちいることはできない。しかしその結果は我々が現地で得た印象とほぼ一致しているため、あくまで参考として提示しておきたい。
出所：『報告書』に基づき筆者作成。

職員・運転手などで、いわゆる「民工」という形態での他出ではない。次に、在村で生計を立てる人々を生業業種と年齢の関係でみれば、野菜栽培や自営は50代の村民に事例が多く、運送業や臨汾の企業への通勤などは20〜30代で相対的に多くなっている。コミュニティの観点からみれば、運送業や臨汾への通勤が可能であればこそ、若い世代が村に在住しているのである。これは多くの内陸農村ではみられないことで、都市近郊農村としての高河店コミュニティの顕著な特徴である。

第三部　農村社会・経済の変容

1 野菜栽培

　野菜栽培の「近郊性」については先に触れた。野菜栽培は都市近郊であればこそ成立する農業である。さらに、野菜は水利の便が良くなければ不可能であり、高河店が昔から水利の便に恵まれていた点も幸いした。まず、典型的な事例とみられる殷S（56歳）の家庭状況（『報告書』125-126頁）をみてみよう。

　【事例】殷家では、一家の野菜畑を合わせると6.5畝で、このまとまりを「我が家の畑」として一家で経営しているという。6.5畝のうち、1982年当初に分配されたものは3.3畝で、のこりの3.2畝は隣人の耕地をリース料無しで耕作している。そのうち一戸は老人の世帯で、息子が臨汾で大型トラックの運転手をしているため耕作する労働力がない家庭、もう一戸は40数歳くらいの世帯主だが、病気のため耕作できなくなった家庭である。その後、この人の病気は回復したが、野菜作りというのは作付けや収穫のタイミングをずらすことができず、年中忙しい作業であることから、彼は野菜を作ろうとせず、開発区の清掃の仕事をしている。野菜の総収入は1畝あたり約1万元、そのうちコストが2,000～3,000元である[15]。すべて自分たちで作業するが、ここ3年ほど、畑の鋤き起こしだけは人を雇って行うようになった。これは機械ではなく手作業となる。小麦しか作っていない他村の人間を雇用し、電話一本でやってくる。かれらは4～5キロ離れた村の人々で、大体30～40歳くらい、自転車でやってくる。賃金は、時給2.5元などと時間制にしても良いのだが、効率が悪いので出来高制にしている。こうすると労働者は一日で30～40元ほど稼ぐことになるが、非常に早く作業が終わる。鋤き起こしのみ人を雇用することで、殷Sも、最近は娯楽の時間も持てるようになった。野菜の出荷は、全て堯豊卸売市場に持っていく。村の農家の80％くらいは堯豊市場で野菜を出荷している。坂下卸売市場は規模も小さいので買い付け業者の数も少ない。堯豊は規模が大きく大量に出荷することができる。業者と農家の間にはある程度、固定的な関係が形成されていて、業者の方から野菜の注文の電話が入ってくる。殷と付き合いのあるのは浮山の業者である。運送は次男がほぼ毎朝、堯豊市場まで持っていく。市場に

入場するには毎回3元の使用料を支払う。

　ここから読み取れることは、次の二つである。
　第一に、野菜栽培の専門性の高さである。作付け品目の決定はもちろん、労働力の雇用や技術管理、卸売市場での出荷に至るまで、農家は「経営者」として自立していなければならない。比較的狭い耕地面積で、多量の労働力を吸収し、高収益でもある。高い技術が高収益をもたらすということは、食糧作物に比較すると、壮年層が本気で取り組む価値を見いだすことのできる生業だということになる。単なる食糧栽培よりは「挑戦のしがいがある」わけである。農業であるから、50代の経営者が多くはなっているが、中核的な年代である40代についてみてみても、「自営」と同程度数の人々が、やはり「経営者」として野菜栽培に取り組んでいるとみられる。
　第二に、野菜栽培における中核農家の形成である。徐書記によれば、高河店では野菜農家は世帯数の95％に及ぶという。また『報告書』(202頁)では、農業人口は80％であるとされる。しかしこの高い比率は、実際には「耕地を分配されている世帯」という意味だと推測される。というのは、上記事例にみられるように、青年層は直接には野菜栽培に従事していないケースが多く、むしろ副業の担い手として野菜の運送の形で父親の農地経営に関わっているからである。その結果、息子世代の農地や、耕作に従事できない隣人の農地を集約して、野菜専業でじっくり取り組もうとする中核農家層が村内に形成されていると思われるのである。

2　自営

　自営業者の多さも、都市近郊ならではの特徴であるといえる。[図1]をみれば、自営はどの年代の村民もばらつきなく従事している職業である。代表的な自営業として、①企業経営、②運送業、③流通業、④不動産賃貸業、について整理してみよう。

第三部　農村社会・経済の変容

①企業経営

インフォーマントの中の典型事例として、茹SL（45歳）がいる。彼は初級中学を卒業した後、1978〜83年にかけて臨汾機械工場で電気溶接工を経験した後に帰郷した人材であり、帰郷後は1983年から野菜栽培を始めて「万元戸」となっている。1988年からプラスチック工場を起業しているが、このときに臨汾時代のコネを使って銀行の融資を受けている。このように、外地経験がコネクションを作る契機となり、帰郷後の企業経営に活かされる例は帰郷人材の農村での発展をみる上で興味深い。都市近郊農村では、都市とのつながりも緊密であり、この関係資源が農村での副業経営を支えているのである。

②運送業

徐書記のデータ提供によれば、村民のなかで運送業に従事するのは、労働力の5％＝50人ほどである。その総収入は50万元ほどで、一人平均にすると1万元ほどになる（『報告書』121頁）。これだけの運送業者が生計を立ててゆけるのは、幹線道路と連結した高河店の地理的位置のもたらすメリットによる。茹SM（37歳）は、初級中学卒業後、1990年にトラクターを購入して、農業との兼業で運送業を始めている。トラクター購入資金は、やはり高河店出身の村民のコネを使用して、信用聯社の貸し付けを受けた。2001年にはトラックを購入し、やがて4〜5台のトラックを保有し運転手を雇用して経営した。茹によれば、近年は超過積載の罰金が高くなったこともあり、運輸業に携わる人は減っており、年代的には40〜50歳代の者が多いという（『報告書』196頁）。他方で、小型の三輪トラックを用いた小規模な運輸業は増加していると思われる。前出の殷Sの長男（36歳）、次男（30歳）はともに三輪トラックを用いた運送業を行っている。個人が家屋の新築などで建築資材の運搬を必要とする場合、大型トラックは料金が高いというので、三輪トラックを頼み、個別に料金交渉をする。「関係」が大事で、次男の場合は学生時代の同級生の兄の注文を受けたりしている。村で大型トラ

ックを保有しているのは4～5戸で、徴収される道路維持費は年間1万元ほどになるが、三輪車の場合は1,000～2,000元で済む。三輪トラック購入に必要な初期投資は2万元ほどで、燃料費は一日で20～30元。運送は自分だけでやり、人は雇わない。砂や砂利は機械で載せるので楽だが、レンガの場合は人力で載せるので作業がきついという（『報告書』126頁）。

③流通業

　流通業者は「経紀人」と呼ばれ、高河店では張GB（32歳）と如HC（34歳）の二人の若い村民が野菜の買い付け、流通に従事している。茹HCの経歴（『報告書』127頁）をみると、彼が村に居住しながら全国マーケットに結びついていることがよく分かる。

　【事例】茹は初級中学を卒業後、16～20歳ころまで都市で仕事をすることもなく、家で野菜を作っていたが、野菜よりも儲かるものを求めて外に出て行った。野菜の場合、一畝の純収入が5,000元、一人平均では1,000元程度である。ところが野菜の値段差が非常に大きく、開源で1斤（500グラム）2元だったインゲン豆がこちらでは6～7元で売れていた。ここに目をつけた茹は、まずほんの少しの資金をもって鄭州に行き、鄭州に流れてきている野菜の元を辿って湖北に行き、さらに湖北に流れている野菜が湖南であったことから湖南へ、同じように株州、広州、海南島と進んでいった。広州と広西での買付を始めたのは8年前、1999年頃であった。また北方では内モンゴル、そして山東での尖椒などの商売は2年前の2005年に始めた。また太原、運城にも行って買付拠点を作った。現在、湖北、湖南、広州で仕入れを続けており、海南島でも時々仕入れる。また季節的には太原でも仕入れにくる。内モンゴルからはリンゴ、タマネギなど、価格が安いときに臨時に買い付ける。襄分県からもリンゴを買い付ける。こうして現在、全国各地で野菜を買い付け、地元の堯豊市場で販売しているのである。彼はトラックを自分でもっている訳ではなく、保鮮庫もリースして使用している。臨汾周辺では野菜の面積と生産量が少ないため、野菜の豊富な山東の野菜の需要がある。

第三部　農村社会・経済の変容

　以上は一見すると複雑な経緯ではあるが、これを要するに、臨汾地区で野菜栽培をする農村が数少ないため野菜需要が満たせなかったこと、および高河店がその数少ない野菜生産地の一つであったという事情が、需要と供給の結節点となった高河店の村民である茹という青年を広域的な野菜流通の商売に向かわせることになった、ということである。

④不動産賃貸業

　これも都市近郊農村であって初めて成立する業種である。幹線道路脇で店舗をリースする村民世帯は約80戸である。聞き取りによれば、道路わきの店舗は、村民が自分で経営する例は少なく、村外の人間に貸し出しているものがほとんどである。村民たちは皆が商工業のノウハウをもつわけではないので、自分では経営せず、場所を貸すのみの場合が多いのだという。

3　通勤

　徐書記への聞き取り（『報告書』121頁）によれば、副業従事者や臨汾で就業する者は、全村労働力1,000人のうちの約四分の一、255人である。その一人当たりの平均年収は5,000元程度である。通勤者の年代は、［図1］によれば20〜30代の村民で特に多くなっている。複数のインフォーマントの証言でも、50歳代で臨汾に出勤している者はほとんどおらず、40歳代以下ではおよそ三分の一が臨汾で就業して通勤していること（『報告書』120頁）、また18歳から27、28歳くらいの者は基本的に全員、臨汾で仕事をしており、これらの青年層は、30代で結婚した場合でも、充分な土地があるわけではないので、やはり臨汾で稼ぎ続けるだろうという（『報告書』126頁）。この年齢層は非近郊農村であれば、普遍的な出稼ぎ層を構成しているはずである。それが高河店ではこぞって村に滞留しているわけである。「当地の親は、子女にできるだけ出稼ぎで遠くに出てほしくないという観念がある。従軍、就学などは良いが、出稼ぎは悪い習慣に染まるので避けたいという気持ちである」（『報告書』126頁）ということで、青年層の滞留現象は、意識面においても裏付けを与えられているのが興味深い。

コミュニティの人的環流

　以上から、ほとんどの中核的な労働力が在村であり、少なくとも「民工」の形では他出せず、コミュニティに足場を置きながら生業を営んでいることが確認された。それではこの事実は、高河店のコミュニティが「閉鎖的」であることを意味するのか。答えはその逆であり、都市近郊農村としての高河店が「開放的」であり、マーケットに緊密に結びついているからこそ、村民は居ながらにして外部世界と深く結びついた生業を営むことが可能となっているのである。

おわりに

1 都市近郊農村の人的環流

　本章でみてきた高河店コミュニティにおける「人的環流」の特徴は、次のようにまとめられる。

　まず、高河店は、建国以降、幹部系統や軍隊系統、そして教育制度や都市国営工場の労働者採用制度などを通じ、おそらくは平均的な農村を上回る割合で、人材を「流出」させてきた。ところが、高河店から他出したこれらの「高級人材」の多くは、そのキャリアの途中で政策的に帰郷させられる場合もあるが、その多くが退職後に帰郷し、村で第二の人生を歩むことを選択していた。我々のインフォーマントの多くが帰郷人材であったことは、彼ら在外経験者の村内での影響力の大きさをそのまま示すものだろう。

　様々な事例からみれば、帰郷人材は、帰郷後にそのまま村レベルのリーダーシップを握って村の発展を牽引した、というよりは、技術面ないしは実務面において、村の発展を裏側から支えたという意味で重要であったようにみえる。表だった村のリーダーシップは、むしろ茹 ZG や徐 BD など、公社幹部など村外での経験は有りながらも、村に滞在した時間の長い人材によって担われていた。

　帰郷人員の内、もっとも「大物」といえるのは、茹 ML（61 歳）であろう。その経歴は、他出→帰郷人材のコミュニティへの影響を測り知る上で重要である。初代の党支部書記茹 BS を父にもつ茹 ML は、1965 年に生産隊会計を

247

第三部　農村社会・経済の変容

務めて入党を果たし、1970年には革命委員会核心小組成員、1971年には村副書記と、村リーダーとして着実に歩を固めた。ここから前述の通り、村から大学進学者を出すという取り組みに後押しされ、1973年には山西農業大学で野菜作りを学び、1974年には臨汾市野菜公司に配属され、1975年から温室栽培で「革命」を起こした。その後の1983年には農業担当の公社副主任、1984年には副郷長、1991年10月には段店郷郷長、1994年末に龍祠郷郷党委書記と、郷鎮レベルで幹部としての実績を積んだ。1997年10月から2002年4月までは、尭都区委農村工作部部長として県レベル政府のなかにポストを得、さらに2002年4月から2006年2月まで、緑万家農業技術園技術者を務めた後に退職している。この経歴からも明らかなように、茹MLは技術的資質と政治的コネクションを兼備しており、高河店の人的資本と社会関係資本の中核に位置するキーパーソンであるといえる。

　次に、他出せずに村で生活する人々の多くは、内陸部の一般農村であれば「民工」として外出したであろう人々である。ところが高河店は都市近郊農村であり、村に居ながらにして生業を立てることができるため、20代～50代にかけて、幅広い人材が村に居住している。とりわけ、若年層が村に住み続けることができるのは、臨汾という中心地への通勤が可能で、なおかつ幹線道路に面していることから可能になる運輸業によるものであり、青年・壮年層を引き留めることができるためである。そして40歳代以上の層にとっては、近郊農業としての野菜栽培が重要であった。

(2) **都市近郊農村のガバナンス**

　以上が本章の確認し得た「人的環流」に関わる基本的な事実である。それでは、こうした都市近郊農村の人材状況は、コミュニティ全体としての発展にどのような影響を与えるだろうか。青年層から壮年層にかけての多彩な人材が村にいることによって、村の「活気」のようなものが生み出されていることは間違いない。これは中国に限らず、日本や東アジアを含めた都市近郊農村の特徴であるようにも思われる[16]。また、退職帰郷人員がコミュニティの発展に果たす役割は、「老人協会」などの民間組織における退職幹部・退

役軍人の役割（楊・王 2005）とも絡んで、大変に興味深い課題である。だがこれら諸点の本格的検討は、残念ながら本文で検討可能な課題の域を超えている。したがって印象論的な見通しを一つだけ述べ、むすびとしたい。

それは、人材の多彩さが、逆にコミュニティ・ガバナンスの難易度を高める可能性についてである。この点は、近年、実施された二つの選挙の結果に表れている。まず、1994年5月の党支部委員の改選で、候補者の誰もが過半数の票を得ることができず、委員全体が辞職するという事態が生じている。その後も書記のポストは、茹 ZG（1994）、陳 L（北城鎮副書記）（1995）、茹 SL（1995～2000）、趙 CS（2000～2001）、羅 LG（2001～2004）、徐 BD（2004～）と頻繁に交替し（『報告書』36-37）、リーダーシップの不安定さを印象づける。もう一つは2003年の村民委員会選挙であるが、ここでも候補者が誰も当選できず、主任・委員などが不在で、村民委員会の職務を党支部が代行する状況が続いている。「なぜ村には村民委員会が無いのか」という質問者の問いに対し、茹 ZG は次のように答えている。

「選挙法の規定によれば、半分以上の村民が投票して、得票数が半数を超える者が当選するとされ、また追加選挙も一度しか認められていない。この村では皆自分に近い人間を当選させようとして、だれも村全体の角度から考えないので、票が分散してしまう。皆が自分の利益を考えて、身内を当選させようとする。結局、誰も当選できないので、書記が代理するしかない。付近の村はみなそういう状況だ」（『報告書』153）。

都市近郊農村にある種「まとまりにくさ」があり、それが近年のリーダー選出の困難さにあらわれているのだとすれば、次のような要因が考えられる。第一に、都市近郊農村においては農家経済における副業の比重が大きく、農家ごとの経済的利害が分化していることである。農家が個別にマーケットに結びついて活動しており、従来の研究で指摘されてきたような、一人ないしは少数のコミュニティ・リーダーの存在に村の発展が左右される、という状態が生じにくい。第二に、本章でみてきた人的環流の観点からいえば、都市

第三部　農村社会・経済の変容

近郊農村においては分別盛りの 30 〜 40 代の村民や有能な退職人材の大部分が村に滞留・帰郷しており、その人数は一般農村に比べて多く、それぞれが自分の利害関係に基づく強烈な主張をもっているために、村全体の利害を代表するようなリーダーを選びにくい、という事情があるのではないか。特に帰郷人材は、村落レベルのリーダーシップの中核を担うわけではないが、周辺でリーダーを支えたり、逆に異議を唱えたりして隠然たる影響力をもっている。各家庭の関係者のなかには、たいてい有力な帰郷人材がおり、多くの村民がある程度のコネクションや資源を独自に保有しているため、村単位で発展するためにリーダーのコネクションを利用するなど、団結していく必要がない。高河店のガバナンスの難易度が高いのは、こうした文脈に当てはめてみれば理解しやすいのではなかろうか。

　優秀な人材が豊富に存在すること—「人的資本」の量は、コミュニティ・ガバナンスの安定に有利に働く「社会関係資本」の量とは必ずしも一致せず、矛盾する場合がある、ということである。もっとも、現在の高河店の場合、開発区によって収用された農地はまだその一部に止まっており、多くの世帯が野菜栽培を営んでいるため、農業生産の共同を通じて「まとまる」契機をいまなお残しているといえよう。

●注
1)　たとえば、Sato（2003）、鄭（2007）など。もちろん、「社会関係資本」は目的限定的・文脈限定的な概念であるから、考察の際には「コミュニティの発展」などという漠然とした目的ではなく、具体的にどういった協調行動を想定しているのかを明示しなければならない。たとえば「頼母子講のため」の社会関係資本であれば、将来の他者の行動に対する「信頼」ということになるし、「どぶさらいのため」であればコミュニティを構成する具体的な個々人の行動に対する信頼というよりも、集団行動を規制する倫理観の存在に対する「信頼」がこれにあたる。また「相互労働提供（ユイ）のため」であれば長年培われた「制度」に対する「信頼」が必要である（佐藤 2001：8）。
2)　たとえば、曹・張・陳（1995）、胡・胡（1996）など。
3)　「原子化」とは、コミュニティ成員の意識が「外向き」となり、内部の人

間関係が希薄化し利害打算に基づく利己的な行動パターンが現れ、コミュニティを基盤とした様々な協調行動が成立しなくなる現象を指して、賀雪峰らが使用した概念である。賀（2003：3-27）などを参照。
4) 広島県の事例に基づく鰺坂（1992）によれば、日本の「過疎化」の場合も、都市部に流出した娘や息子が頻繁に帰郷することで高齢者世帯を支え、コミュニティの相互扶助機能を補完している側面がある。
5) 中国では成功を遂げた出稼ぎ者が故郷に戻って新しく事業を始めるいわゆる「回郷起業」が議論されており、政策的に推奨されてもいる。「陽原県鼓励農民工回郷創業」（『農民日報』2007年11月17日）、「河南出台政策支持農民工回郷創業」（『農民日報』2008年2月2日）、またMurphy（2002）などを参照。
6) 中国では「市」といっても三つのレベルがある。すなわち①省レベルに相当する中央直轄市、②地区級市、③県級市である。
7) 全国では耕地面積1億3,004万haに対し灌漑面積が6,190万ha、山西省では耕地面積459万haに対し灌漑面積が126万haである。中国農業年鑑編輯委員会［2007：159、255］より算出。
8) この点については、田原（2005）を参照。
9) 年齢不明の孫DJを含めた。
10) 「民工」として都市雑業や単純労働を担うための他出がみられない理由については第4節で検討する。
11) 『報告書』：151-152。四清工作隊への参加が幹部養成のルートとなっていたことは、Huang（1998）で主役として描かれた「葉書記」の経歴からも確認できる。
12) 1962年〜68年で約120万人、そして後の文化大革命時期（1968年〜78年）では、約1,200万人の都市の若者が農村へ下放されたが、これは全都市人口の約11％にトったとされる（MacFarquhar & Fairbank 1991：665）。文革期の知識青年の下放も、人的環流分析をめぐる一つの興味深い題材であるが、高河店についてはそうした事例は確認できなかった。
13) このうち行政単位が255人、県企業・事業単位が267人、公社の行政単位328人、社弁企業101人、管理区幹部が1,096人。ちなみに当時の全県幹部数は6,075人（行政が745、県企業・事業単位2,627、公社行政502、社弁335、管理区幹部1,866）であった。また党員が1,135人、団員が274人で、

第三部　農村社会・経済の変容

　　　党員・団員が下放幹部総数の61％をしめた。科・局・股長級以上の幹部は147、公社書記、主任が50、管理区書記、主任級が478であった。
14）できる限り都市部に居住したがるこうした傾向の幹部は、いわゆる「走読幹部」と呼ばれるが、政府の側は大衆から遊離する傾向としてこれを戒める方向性にある。たとえば「郷幹部『走読』為何禁而不止」(『農民日報』1999年9月27日)などを参照。
15）張YXへの聞き取りでは、2006年の野菜の総収入12,000元の内、コストは5,000～6,000元とされていた(『報告書』118頁)。
16）「東アジアの農村と都市の関係は地域によって多様である。広域都市圏内やその周辺の農村と大都市から離れた辺境地の農村という両極端のタイプの間に様々なタイプがありうる。社会の存続・持続という点で、比較的問題が少ないのは、実は大都市圏や周辺の農村である。単純化すると、その理由は、若年層の就業機会・就業場所が近くでえられるため、通勤や週末帰宅が可能だからである。若年層の存在は、家族・親族の構成から、村社会の活動、活気にまで影響する。辺境地の場合、とくに東北アジアでは『老人社会』となり、また東南アジアでは出稼ぎ中の両親の留守を守る『隔世代家族』も少なくない」[北原2005：15-16]。

● 参考文献
・鯵坂学(1992)「中国山地における過疎化の研究——広島県作木村・布野村を中心に」『現代社会学論集』(広島大学)、第1号。
・曹錦清・張楽天・陳中亜(1995)『当代浙北郷村的社会文化変遷』上海、上海遠東出版社。
・賀雪峰(2003)『郷村治理的社会基礎——転型期郷村社会性質的研究』北京、中国社会科学出版社。
・胡必亮・胡順延(1996)『中国郷村的企業組織与社区発展——湖北省漢川県段夾村調査』太原、山西経済出版社。
・Huang, Shu-min (1998) *The Spiral Road: Change in a Chinese Village Through the Eyes of a Communist Party Leader*, Second Edition, Boulder: Westview Press.
・北原淳(2005)「東アジア地域社会の構造と変動——農村社会を中心として」北原淳編著『東アジアの家族・地域・エスニシティ——基層と動態』東信堂。
・MacFarquhar, Roderick and John K. Fairbank eds. (1991) *Revolutions within the*

Chinese Revolution, 1966-1982, Cambridge: Cambridge University Press.
・三谷孝編（2008）『中国内陸地域における農村変革の歴史的研究』［平成17年度～平成19年度科学研究費補助金（基盤研究B）研究成果報告書、課題番号：17401019、研究代表者：三谷孝（一橋大学大学院社会学研究科教授）］。
・Murphy, Rachel（2002）*How Migrant Labor is Changing Rural China*, Cambridge, U.K.: Cambridge University Press.
・佐藤寛（2001）『援助と社会関係資本——ソーシャルキャピタル論の可能性』アジア経済研究所。
・Sato, Hiroshi（2003）*The Growth of Market Relations in Post Reform Rural China: a Micro-Analysis of Peasants, Migrants and Peasant Entrepreneurs*, London: Routledge Curzon.
・山西省臨汾市志編纂委員会編（2002）『臨汾市志』北京、海潮出版社。
・田原史起（2004）『中国農村の権力構造——建国初期のエリート再編』御茶の水書房。
・――（2005）「中国農村における開発とリーダーシップ—北京市遠郊X村の野菜卸売市場をめぐって」『アジア経済』第46巻第6号。
・――（2008）「中国農村の道づくり——『つながり』・『まとまり』・リーダーシップ」高橋伸夫編『現代アジア研究第2巻　市民社会』慶應義塾大学出版会。
・――（2009a）「道づくりと社会関係資本——中国中部内陸農村の公共建設」『近きに在りて』55号。
・――（2009b）「水利施設とコミュニティ——中国山東半島C村の農地灌漑システムをめぐって」『アジア経済』50巻7号。
・山本秀夫・上村鎮威（1941a）『満鐵北支農村實態調査臨汾班参加報告——山西省臨汾県一農村の基本的諸関係（上）』東亜研究所。
・――（1941b）『満鐵北支農村實態調査臨汾班参加報告——山西省臨汾県一農村の基本的諸関係（下）』東亜研究所。
・楊勇華・王習明（2005）「農村老年協会与農村社会発展」仝志輝編『農村民間組織与中国農村発展：来自個案的経験』北京、社会科学文献出版社。
・鄭伝貴（2007）『社会資本与農村社区発展—以贛東項村為例』上海、学林出版社。
・中共臨汾市尭都区委宣伝部・中共臨汾市尭都区委党史研究室編印（2001）『中国共産党臨汾市尭都区地方組織建党80件大事（1919-2001）』。

第三部　農村社会・経済の変容

・中国農業年鑑編輯委員会編（2007）『中国農業年鑑 2006 年』北京、中国農業出版社。
・周春霞（2006）「農村人才資源開発与新時期農村社区発展」『湖北社会科学』2006 年第 11 期。

山西省農村の
「社」と「会」からみた社会結合

内山 雅生

はじめに

　筆者が、山西省農村の社会結合に注目するのは、本書所収の三谷孝「臨汾現地調査（1940年）と高河店」の中で詳細にその内容が紹介された『満鉄北支農村実態調査臨汾班参加報告第二部　山西省臨汾県一農村の基本的諸関係』の記述と無関係ではない。
　その調査担当者であり、執筆者であった山本秀夫と上村鎮威は、当該村高河店の経済状況を説明する中で、しばしば「小経営農業の東洋的形態」として「ガルテンバウ」という用語を使っている。
　例えば、

　　ところがこの人工灌漑による耕地拡張の相対的制限は、総耕地面積の相対的狭隘、従つてまた単位経営に於ける労働の一方的集約化を齎し、茲にその労働の集約性に於て西洋の小経営農業技術と質的に区別されるところの農業技術形態、すなはち所謂「ガルテンバウ」が形成されたのである。さうして斯かるものとしての「ガルテンバウ」は、文献学的には大凡西紀前一・二世紀の交、即ち秦・漢の時代に一応その完成せる姿にまで持来らされたと言ひ得るにも拘らず、その後多少の発展を遂げたとは言へ今なほ支那農業技術体系の根幹をなしてゐるといふことは人の知るところである[1]。

　以上のような説明の後に、当該村では「ガルテンバウ」の基本的要素とし

第三部　農村社会・経済の変容

ての「灌漑、輪作、組合せ耕作、頭割施肥料、原生的農具」が、「莫大な人間労働力の投下を条件としている」として、その農業労働を説明している。

この「ガルテンバウ」（Gartenbau）とは、菜園とか農園を意味する語句であるが、山本たちが参照したであろう1930年代のドイツで出版された経済学辞典によれば、通例の農地での人力や畜力を投下した耕作（Ackerbau）に対して、もっぱら人力によって、より繊細に付加価値を高める必要のある作物を栽培する際に使われる用語であるという。

さらに、野菜や果物、鑑賞用の花木、種子や球根など、いわゆる高付加価値の商業的農作物生産の過程で、生活水準や雇用水準が上昇し、農民自身の栄養状態も向上するといった、いわば経済状況の発展を説明する概念と結びついているとも指摘されている[2]。

果して「ガルテンバウ」という語句に表象される経済的変化が、どこまで1940年代の中国内陸部農村、それも臨汾という地方都市の近郊に位置する高河店でいかに展開していたか検討を要するが、ドイツ農業経営理論の影響を強く受けていたであろう戦前・戦中期の日本の農業経済学からすれば、山本たちの立論も、中国農村の特徴に関する一つの説明方法であったのかもしれない。

しかし、70年前の山本たちの調査時期と違って、「改革開放経済」体制下での大きな変動のただなかにある現代中国農村を解明するには、単に農業技術的特徴に止まるのではなく、社会構造とも関連して考察することが求められる。

従来の日本における現代中国農村社会に関する研究には、現状分析あるいは1979年以降の改革・開放路線下の農村に関するルポルタージュ類が多く、全体像が理解しにくい状況にあったといっても過言ではない。

一方中国では1980年以降、欧米の中国研究を積極的に取り入れるようになった。またアメリカの中国研究者から、日本の農村調査資料と自らの現地調査を組み合わせた中国研究が発表されている。

しかし、その多くは、自らの理論的説明のために農村の実例が紹介されたに止まり、地域研究としての実証性に課題を残している。

山西省農村の「社」と「会」からみた社会結合

　そのような社会状況および研究状況をふまえて、本章の目的は、中国内陸部に位置する山西省の社会結合に関する言説の整理と、通称「三谷科研」と呼ばれた本プロジェクトの結果を織り交ぜながら、中国農村社会の構造分析をするために、中国社会の具体的理解を促進するものである。

1.　中国農村社会における社会結合について

　19世紀後半期になって、欧米列強がアジアへの植民地化を一段と強化した過程において、アジアの側からすれば、果たして「眠れる獅子」と称された中国が、植民地化に対抗し、独立した国家として自立できるのか、期待と不安が混在化した中で、中国像が形成されていった。

　20世紀となって日本や欧米の中国に対する経済的進出が、資本輸出という形態をとって、より複雑に進行する中で、現実の中国社会では、清朝から中華民国になっても、国民統合とは程遠い、いわば軍閥割拠の状態が継続した。

　果たして近代中国社会は、日本や欧米の諸国と同質の社会構造を保有した、いわゆる近代的社会として確立し得るのかという疑念が、中国研究者の間にも拡大し、しばしば中国人の個別分散的行動を捉えて、「バラバラな砂」とも称され、その社会結合の脆弱さがその植民地的状況を招いたともいわれた。

　そのような社会状況の中で、共に1940年代の中国での農村調査の成果の一つである『中国農村慣行調査』の内容を分析しながらも、相反する見解を展開したのが、いわゆる中国社会における「共同体」をめぐる論争といえる「平野・戒能論争」である。

　本論争の紹介については、筆者は拙著等でしばしば取り上げてきたが、社会結合という点に絞りながら、以下に簡単に整理してみる。

　つまり、満鉄のスタッフが中心となって実施された『中国農村慣行調査』を分析した平野義太郎は、日本や中国に共通する共同体として、「郷土共同体」論を提起した。平野の考えはやがて大アジア主義とも結びついて、「大東亜共栄体」の建設を主張した[3]。

第三部　農村社会・経済の変容

　それはアジアやアフリカを自国の植民地として、労働力と資源を搾取する帝国主義体制を形成した「西洋・近代文明」の残酷さを否定し非難する「反西洋・反近代」のアジア観に結びついた。
　しかし、結果として日本のアジア侵略を擁護することとなり、大東亜共栄圏構想に結びついてしまった。
　これに対して、同じく『中国農村慣行調査』を分析した戒能通孝は、脱亜主義的思考から、近代的市民秩序を肯定し、西洋・近代文明への積極的評価に基づいて、中国における「共同体」の存在を否定した[4]。それはアジアへの侵略を推し進めていた「時局への抵抗」としての脱亜主義的思考であり、戦後日本における民主国家の建設に結びつくものであった。
　しかし、平野は引き続いて『中国農村慣行調査』等の調査資料を分析しながら数多くの論文を発表し、結果として華北を中心とする中国農村の細部にわたる実像を紹介した。特に本章でとりあつかう「社」「会」と呼ばれた社会結合について、積極的にその存在を強調し、中国社会の特徴とした。
　中でも、河北省順義県沙井村（現在の北京市順義区沙井村）の「会（村公会・公会）」を取り上げ、「会」の世話人ともいうべき「会首」の集会や、「会首」の社会的地位、「会」の機能、「会首」と村長などの関係を検討し、次のように論究したことは周知の通りである。

　　里甲等の制度は歴史に多く現れ、また、官治の補助機関としての村坊里甲の作用も確かめうるけれども自然村落の詳しい内部の構造、「社」・「会」の内的構成、それを支配統治する村の有力者の「会首」「首事人」や村の寄り合ひ、公会・市集・廟会の廟産の管理から村政・雨乞ひ等々、すなわち村民の自然的な具体的生活協同態の実相のことは、資料が甚だ乏しかったのである。
　　しかるに、満鉄・北支経済調査所の慣行調査報告『順義県沙井村に於ける質問応答（一）村落』に基く調査者旗田巍氏の報告、この沙井村における村民の自然的な生活協同態たる「会」がよく聴取され、支那における自然村落の内部構造や村政の実態に関して好資料を提供してをる。これは村

山西省農村の「社」と「会」からみた社会結合

政がいかに自治的に運用せられ、支那の村が、数人の有力な「会首」「首事人」によつて、いかに治められてゐるか、官治機関としての村長が、この「会首」へ、いかに県からの官治を媒介し、また、生活協同態たる村が、いかに官治に対して自己を主張してゐるかを示してゐる[5]。

　支那で「会」といふときは、集よりも遙かに大きい定期市を意味したり、頼母子講も「会」と呼ばれたり、「会館」の「会」であったり、「看青会」の「会」であったり、特に「廟会」の「会」であったりする場合、主に自然的地縁的結合に従属し宗教・祭祀・同郷・取引等のために多数人の集るのをいふが、ここにいふ「会」は、それと異り、村落の自治的要素のすべてを結合した地縁団体たる自然部落そのものたる「会」であつて、最も基礎的な「会」である。明代の里甲制より清代の保甲制へ移行する過渡期に比較的自然な自律的組織に近い「会」があつたといはれるが、この村落の自治的要素のすべてを結合した比較的自然的な自律組織に近いこの「会」が、官治の補助機関たる村長と組み合つて、いま沙井村の内部組織を構成してゐるのである[6]。

　村長が村の公益、村民の共同生活に関するかぎり、いかなる事項に関してでも必ず会首と協議・相談せねばならぬ以上、この会首の集合協議する公会が自然部落の自治機関であって、この公会は、前清時代より存在するが、古来、政府の作ったものではなく、自然部落の自治機関である。そして、この会首の「公会」の背後には、県政府の命令によって作られた保甲・隣閭制や国家の行政機関の単位たるべき行政村とは異るところの自然的生活協同態たる「会」がある。この「会」こそ村民の自然的な生活協同態である。この「会」は廟を中心とし、地理と歴史とによって自然に発達した村民の自然聚落に外ならない。村の財産を「会裏財産」といひ、廟産も公会の建物その他の村有財産をも統一して指称し観念してゐることは、それ自体において、この自然聚落たる「会」が廟を中心としつつ自然生的に共同生活し、共同の村落組織に結成して来てゐることを示す[7]。

第三部　農村社会・経済の変容

しかし、戦後日本において民主国家の建設が進行し、日本の中で「伝統的社会を克服した社会主義中国」というイメージが強まる中で、平野の示したデータは、あくまで過去の中国農村の断片を、「郷土共同体」という視角から取り扱った特殊なケースに過ぎないものとして理解され、日本の中国研究において、その価値は充分に評価されなかった。

従って「会」の実像も、そして農村社会における「社」の意味も充分には検討されてこなかった。いわば「社」「会」による社会結合を取り扱う研究は中断したのである。

ところで、近年の現代中国に関する研究の中では、中国社会の特質が、かつてその存在を戒能たちによって否定された「共同体」的存在に注目しながら検討されている。

特に、鄧小平が主導した「改革・開放」経済体制が定着し始めた1980年代に至ると、経済発展の一方で、沿海部と内陸部、都市と農村、工業商業部門と農業の間に、社会的格差が拡大してきた。そのような状況の中で、現代中国が抱える問題は、社会の基底部に影響されているのだとする議論が、その社会結合の特徴と関連させて、提示されるようになってきた。

例えば、中嶋嶺雄は、「今日の中国農村の社会的諸断面は、先の『人民日報』の指摘を見るまでもなく、共同体原理の連続性をこそ示しているといわざるをえないように思われる。まさに中国の村落共同体は、その組織と行動様式を通じて、最も根強い社会的な惰性として今日にいたっているのである」[8]と主張した。

さらに山本秀夫も、「改革・開放」経済体制に転換した中国農村において、その現代化・民主化が、「郷規民約」という伝統的な形式を採用していると主張した。つまり「郷規民約」という伝統的な社会的慣行が、村落の治安を維持し、「封建的」な悪習慣をやめさせることによって実現されつつある点に、西欧的近代化・民主化とは異なる道を歩み始めたとみることができると主張した[9]。

また、石田浩は、『中国農村社会経済構造の研究』等の著作の中で、現代社会の日常生活まで含めて、人々の生活を「共同体」が規定しているとして、

「生活共同体」を提起した[10]。

　石田によれば、「生活共同体」は、村外に対しては、国家権力による苛斂誅求、匪賊の襲撃、他族との械闘などの厳しい現実に対応した。

　一方村内では、農民にとって不可欠な農業経営の維持、つまり洪水・旱害・蝗害への対策、さらに農家間の労働力交換や畜力交換などの生産条件での協力、水利、土地売買、小作契約での調整、さらに農民の日常生活の維持のために必要な金銭貸借、祭祀、結婚、葬式などで機能したという。

　以上のように、かつて平野によって提唱された「会」などの、中国農村社会における社会結合を物語る組織に関する検討については、その実態像が部分的には提示されたといえようが、「平野・戒能論争」も含めて、理論的かつ実証的な問題については、未解決なまま今日に至っているというのが研究史の現状である[11]。

2. 山西省農村の「社」「会」に関する学術的検討

1　民俗学的検討

　車文明「対宋元明清民間祭祀組織"社"与"会"的初歩考察」は、車が2006年8月21日〜25日に山西省の長治にて開催された「賽社与東戸文化国際学術研討会」にて発表した論文であるという。山西省における「社」「会」に対する民俗学的な検討を試みた貴重な研究であるので、以下に簡単にその内容を紹介する[12]。

　車論文では、『左伝』などから、古来「社は土地神のことを意味する」とし、さらに顧炎武の『日知録』から「社は古くから、国社とか里社と呼ばれ、郷村に社が存在した」と結論している。さらに『漢書』から国家の基層組織としての里社のほかに、民間の社会団体としての私社があったとしている。

　一方、会は会合、聚合、聚会、集会のことを意味し、人や物資が集合する地域も会と称していたという。

　このように、「社」と「会」はそれぞれ同一の意味を持つ別称と解され、自然村における単位としての意味を持つ形態や、職業団体としての形態、そ

して多くの社会結合の基礎としての宗教組織としての精神的結合の紐帯として、民間における祭祀組織の役割を持ち、時に併せて「社会」という名称が使われたという。

当然の結果として、「社」と「会」は、民間の自律的組織としての意味を持っていたから、参加にあたっては当事者の自発性が尊重されたが、同時に祭祀組織としての宗教性を保持していたために、村落地域による一定の参加強制が住民に加えられたという。

「社」「会」の構成員は、一般的には男性が多いが、仏教会などを例に、必ずしも女性を排除しない面を持っていたという。

社会結合を維持するために、数人から数十人の組織に、「社首」「会首」「理事」「首事」「社頭」など、名称は様々なリーダーが設置され、年中行事の開催に当たっては、一名から数名の「総理社首」「正社首」「大社頭」などが選出された。いずれにしても彼らリーダーの多くは、いわゆる「郷紳」「富戸」と呼ばれた経済的富裕層であった。彼らの多くは、名誉職として報酬を受け取らず、状況に応じて経済的負担や労働力の負担をしていたという。それは、「社」と「会」の主要な活動が、祭祀の指導と寺廟の修理であったことと無関係ではないという。

そしてこれらの結合組織は、一方で住民の自治的自立組織であったが、他方では国家権力による郷村統治を実施する際の基層組織としての役割も荷ったという。

以上のように車論文では、山西省における「社」と「会」についての多くの事例を挙げながら、民俗学的な検討がなされているが、歴史的展開過程については、依拠した史料の吟味が不足しており、いささかアバウトな面が残るという課題を残している[13]。

2 地縁集団としての「社」

陳鳳「伝統的社会集団と近代の村落行政——山西省の一村落を事例として」[14] は、近代山西省の「社」を歴史的過程の中で取り上げた、貴重な研究である。

山西省農村の「社」と「会」からみた社会結合

陳論文が取り上げた調査村は、山西省交城県城から10キロほど離れた段村。2001年段階で952戸が生活する、30余りの姓が共存する雑姓村である。特に清代では、閻・馬・康・李・大宗・小宗・段の7姓を中心に街が形成されたという。

段村の各宗族については、以下のように説明されている。

　段村の各宗族は毎年旧正月1日に共同で祖先祭祀の活動を行う。新中国成立以降、とくに文革期に活動が中止されたが、1980年代に入ってから、長年にわたり中止されてきた宗族の祖先祭祀をいち早く復活させた。祀堂の修繕や建て直しまではいたらなかったが、各宗族の族人が金を出し合い、わずかな手がかりを活用して、さらに年長者の記憶を頼りに「神子」と呼ばれる布の掛け軸を完成させ、宗族共同で祖先祭祀の活動が行われるようになった。「神子」とは位牌を立てる替わりに一族の始祖とされる祖先をはじめ、その男性子孫とかれらの配偶者全員の名前を布に書きつらねた図表のことであり、「神譜」と呼ばれることもある。「神子」や「神譜」というのは死亡した族人を記載し、祭祀用のものである。「神子」以外に族譜を新しく作った宗族もいくつもある[15]。

　清代の時に段村の村民は族ごとに居住しており、すでに9個の街が形成されていた。そして、「社」とよばれる組織も街ごとに組織されており、社の名前も族の名前が付けられていた。社は居住の地理的条件を重視する集団であり、おもに「祭神」と「娯楽」を行う地縁集団にあたる。

　民国時代に段村は山西省政府が実施した「村本政治」に従い、村の内部に閭と隣を設置した。血縁集団と地縁集団は自然的に、自発的に結束する集団である。それに対し、閭と隣は政府の行政命令下に設置した行政下位組織である[16]。

従って、

先行研究によると、社とはもともと同じ聚落村に住む人々により祭祀のため自発的に組織された地縁集団である。(中略) このような「社」という組織は地方によっては「会」ともよばれる[17]。

という。
そして、以上のような山西省農村の事例研究から、以下のような結論を導き出している。

段村は、典型的な雑姓村で、宗族ごとに結合するが、その内部は枝分かれをし、支派を形成し、世代が経つとさらに枝分かれをし、分裂する傾向がある。人びとは冠婚葬祭の時に結集するが、活動と行為はその支派内に留まり、閉鎖的な一面がある。そして祖先祭祀を行うのは族員の責任と義務であり、強制的な意味合いがある。
一方、社というのは地理的に近い家庭が、自主的に結集する祭祀・娯楽集団である。祭祀の対象となる神は人びとの共通の神であり、だれでもが参拝することができる。そして、娯楽もだれでも参加でき、みんなが楽しむ行事である。そのため、祭神にしても、娯楽にしても開放的な性質を有する。社の成員は祭神と娯楽行事の組織者と同時に参加者でもあり、協力をしなければならないという一体感が活動を通じて生まれる。さらに、相互扶助、福祉、地域の公共事業など村民たちの日常生活に深く関わっており、より親密な関係が生まれた[18]。

陳論文で、段村における実例から、宗族との対比で社を検討した点は面白い。
しかし「宗族集団が閉鎖的となり、社集団が開放的となった要因」として、以前は「土地が少なく、生活が苦しい人々は宗族に頼ることが多かった」のに対して、新中国成立後は「多くの人々は宗族に頼ることなく、生活ができた。その一方、この地方の降雨量が少なく、雨乞いの祭事が人々にとってはとても重要であった。同じ地域に住むかれらにとって、豊作の時も、不作の

時も、自然災害に遭う時もみんな同じである。つまり、同じ自然条件下に置かれた彼らは一つの運命共同体に属する。だから、かれらは自主的に祭神・娯楽活動に参加し、協力しているのではないだろうか？　また、こうしてかれらの郷土に対する愛着心が生まれたのではないか」[19]と結論している。

　この宗族集団と社集団との二項目についての対比からのみ提起された結論は、いささか短兵急すぎよう。さらに以上に紹介した、社会的背景に関する説明の中で、「①山西省農民が、低生産力段階では宗族に頼らざるを得なかったが、生産力の上昇により宗族から自立できた。②一方で、降雨量が少ないという自然条件の中で、社を中心とする祭神や娯楽活動に自主的に参加し、郷土に対する愛着心が生まれた」とする推論は、生産力の上昇をめぐる問題や、特殊な自然条件に対する評価について、たとえ段村に限定しても一面的理解にとどまっており、宗族集団と社集団が複雑に絡み合っているという現実から遊離しているといわざるを得ない。

3　水利組織から検討する「社」

　水利組織から、山西省農村の社会結合を考察したのが、森田明「明清における山西『四社五村』の水利組織の形成とその特徴」である[20]。

　森田は、中華書局から2003年に発行された、『陝山地区水資源与民間社会調査資料集』第4巻の『不澆而治――山西四社五村水利文献与民俗』に掲載された、「四社五村」と呼ばれる地域の水利と民俗に関する史料を紹介しながら、「四社五村に典型的、象徴的に見られる民渠は、官渠に比して絶対的な水不足から、基層村落民にとって、最小限の生活用水の確保を目的とする用水組織であった」と結論している。

　そして、『陝山地区水資源与民間社会調査資料集』で調査地域とされた霍山県について、「本来霍山県境域内では、いわゆる四社五村とよばれるものは一つではなかった」が、「ただそれらの四社五村の組織内の村社数は一定ではなく、それぞれの歴史的規定によって異なっていた」として、四社五村以外、「現在は明渠灌漑が実施され、農民も水道水を使用しており、かつての民間組織は『名存実亡』となっている」が、「これに対し唯一の四社五村

第三部　農村社会・経済の変容

は、現実になお存在していたのである」と、四社五村を取り上げる意義を強調している。
　さらに

　　水利簿は、四社五村にとって水利組織の直接的な管理運営の規定と、その活動実践の記録にとどまらず、水利を中心とする地域社会の「水法民約」であり、社首集団の権威と活動の根拠であった。特に注目すべき点は、水利簿は聖俗両面の性格を持っていた。現実的生活をめぐる民俗的水利の一方、それが祖先から継承した水規が最も重要視されているように、水利簿は祖先崇拝の教典にほかならなかった。したがって水利簿は社首の下で非公開とされ、保管されると同時に、民間信仰と相俟って、大祭、小祭を通じて社首に授権され執行されてきたのであった[21]。

と語っている。
　台湾までその研究対象としながら、近代以前の農村社会の変動をも、水利慣行で捉えようとする森田の研究には、スケールの大きな研究視野が見え隠れする。
　従って、民渠としての水利組織である社の実態紹介は説得的な説明となっている。しかし、水利慣行から中国史を俯瞰してきた森田からすればごく当たり前なのかも知れないが、なぜ山西省の農村地域における社会結合の一つである水利組織が、社という団体組織に結集するのかという初発の疑問に立ち戻った時、依然として明快な解答は浮かび上がってこない。むしろ上記の車・陳両氏の民俗学的かつ歴史的論文を検討に加えれば、一定程度の説明は可能となるのではないかと思われる。そこで本稿でも山西省の農村調査から再検討してみよう。
　前掲の『不灌而治──山西四社五村水利文献与民俗』と題する資料集については、森田によると、フランスと中国による、1998 年から 2002 年に至る 5 年間の共同研究の成果であり、「水冊」とか「水利簿」と呼ばれる水利のルールを記した冊子などの関係資料の発掘と同時に、調査地域の住民に対す

る聞き取り調査も含まれているという。

さらに、山西大学中国社会史研究センターが保管する、大量の「集団化時代の農村基礎資料」には、履歴や思想信条、さらに言動などの記録として保存され、いわば農民の個人情報が多く含まれている。

1950年代から60年代に関するこれら基礎資料は、農民の政治動向に関する内容も記載された「階級成分表」と多くの帳簿類、さらに中央・省・県・人民公社レベルの「上級機関」から村に出された指令書類が含まれていた。

山西省の各地では明清以来の伝統的慣行により、民間の自治組織が水利組織を形成していた。この自治組織が「社」と呼ばれ、水脈にそって複数の村が水の利用の為に作った組織であった。従って「社」とは自治制を持った「水利共同体」である村落連合ともいえる。

しかし、森田のいうように、中華人民共和国成立後、多くの民間の水利組織は、用水の確保の厳しさから、その運営を国家管理に委ねた。

そこで、本章では以下に、橋西村（2006年8月、07年8月、08年12月、09年12月の調査）や義旺村（2007年12月、08年12月の調査）、さらに橋東村（2008年12月の調査）を中心に、「四社五村」での水利組織のあり方を検討し、山西省農村における人的社会的結合の存在形態を明らかしてみよう。

3. 山西省の水利組織からみた人的結合

1 遠郊農村の水利組織からみた人的結合

前述したように、山西大学中国社会史研究センターには、大量の「集団化時代の農村基礎資料」を収集保管している。この基礎資料は、中国では「档案」と呼ばれる書類で、履歴や思想信条、さらに言動などの記録として保存され、いわば農民の個人情報が多く含まれている。

筆者は2006年10月、2007年8月、07年12月、08年12月の4回にわたって、「四社五村」のうちの橋西村と義旺村、そして橋西村で村幹部から、過去の水利関係の実情と現在の状況に関する説明を受け、さらに近隣地域と

の水の配分を約した「水冊（水利のルールを記した冊子）」を閲覧した。

そこで以下に上記の調査で得た橋西村と義旺村、さらに橋東村での事例を中心に、都市部から離れた遠郊農村での水利の実情を紹介しよう。

山西省中部の山岳地帯に位置する霍州市（中華民国時代は霍県と呼ばれていた）と洪洞県の境界にまたがる地域には、明清時代の「水冊」に依拠した村落連合ともいうべき「四社五村」が存在していた。「四社五村」とは、霍県と洪洞県にまたがる四つの社と五つ目の村の総称であった。

これらの地域では、森田前掲論文でも紹介されているが、飲料水も含めて生活用水を確保するのがやっとで、灌漑にまわす水の供給は不可能に近かった。図1にみられるように、4つの「社」は、複数の村から階層的に構成されていた。例えば、第1社の李荘社の下には、橋東村と橋西村があり、橋東村に下には、南川草窪村が、橋西村の下には、北川草窪村が位置していた。同様に、第2社の李荘社、第3社の義旺社、第4社の杏溝社と続く。そして5番目に第5村の孔潤村が位置する。

2007年12月に実施した霍州市水利局幹部エンジニア安WDへのインタビューでは次のような事実が紹介された[22]。

　　四社五村では水源の水を利用するルールをめぐって、頻繁にトラブルが発生した。四社五村の水利は全て飲用水となり、灌漑用にまわす余裕はなかった。

　　そこで、灌漑用には、山西省における大河である汾河からの水に頼らざるを得なかった。汾河からここ霍州市内までは、30km余りも離れていた。汾河には9つの支流があった。その一つから電気モーターを利用して汾河の水を汲み上げて、霍州市や洪洞県を灌漑する2か所の灌漑区が作られ、約4万畝の水田が灌漑されるようになった。

　　霍州市が所属する七里峪灌区では、2002年に水道管が所属する各村までつながり、村の飲用水問題が解決した。

　　義旺村では、2003年に井戸を掘り、水道管で村まで水を引き、貯水池を作った。以前の貯水池は、石で作られており、その貯水量は400立方メ

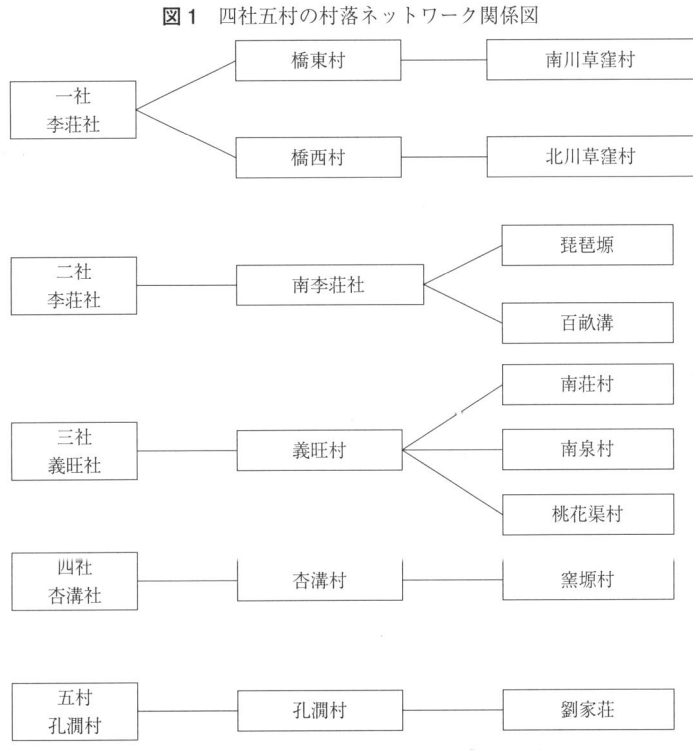

山西省農村の「社」と「会」からみた社会結合

図1　四社五村の村落ネットワーク関係図

```
一社         ┌─ 橋東村 ─── 南川草窪村
李莊社  ─────┤
             └─ 橋西村 ─── 北川草窪村

二社                        ┌─ 琵琶塬
李莊社  ───── 南李莊社 ─────┤
                            └─ 百畝溝

三社                        ┌─ 南莊村
義旺社  ───── 義旺村 ───────┤─ 南泉村
                            └─ 桃花渠村

四社
杏溝社  ───── 杏溝村 ─────── 窯塬村

五村
孔澗村  ───── 孔澗村 ─────── 劉家莊
```

出所：『陝山地区水資源与民間社会調査資料』第4巻『不灌而治』13頁。

ートルだったが、コンクリートで新たに作られた貯水池の貯水量は、200立方メートルだった。その水は主に劉家庄等に提供された。これらの工事は「義旺工程」と呼ばれ、その経費140万元のうち、国家が55万元、「四社五村」が71万元、霍州市と洪洞県の地方政府が残りを支出した。

　四社五村は、霍州市洪洞県という二つの行政地域にまたがって存在しているので、現在でも地方政府は、水利問題に介入しにくい。山西省には水利工事に関する管理条例が定められているが、地方政府は伝統的な水利慣行を尊重し、四社五村の中心的な村で、最も大きな社の中心である義旺村に調整を任せていた。

269

第三部　農村社会・経済の変容

　最近では、洪洞県側の村でも井戸を掘って水利問題を解決したため、1980年代以降、村同士での水のトラブルは少なくなった。現在、義旺村には深さ200メートルの井戸がある。洪洞県側には、深さ170メートルの井戸がある。

　一方、橋西村については前共産党橋西村支部書記の張YXが、義旺村については元書記の郝JHが回答してくれた。彼らの回答からその実情をまとめると、以下のようになる。

　この地域では、1960年代中頃の「四清運動」の頃に、霍山の水源から地下に管を埋めて水を通した。当時は、一月に8日間水を使うことができた。水を分ける方法は、昔からの慣習に従った。
　村では井戸を掘ることもした。井戸を一つ掘るには、ポンプや電気工事代も含めて、10万元くらい必要だった。しかし井戸を掘った後も、四社五村の連帯感は残った。
　現在の村の灌漑面積は200畝から300畝程度だ。
　この地域での取水は、旧暦を用い、洪洞県が14日間、霍県が14日間と決められ、洪洞県の橋西村・杏溝村と霍県の義旺村・南李庄がそれぞれ7日間、霍県の孔澗村が3日間（そのうち、1日は隣村の劉家庄）となっていた。
　毎年、「祭社」（「祭」を主催する当番の村）が5つの社から費用を徴収した。
　「祭社」は、水神である龍王を祭る「龍王廟」（図2および図3参照のこと）近くの水源を見て保守点検・工事を行う「小祭」と、その工事終了後に工事の点検を行う「大祭」を開催した。
　さらに4月初旬の清明節の時に「吃蓆看戯」（宴席を設け、芝居を見る）が行われた。その費用は「祭社」の村が負担し、1980年代には3日間で数千元から1万元を要した。その後、数百元で映画を上映するようになり、2000年以降は経済的事情も関与してか、映画の上映もしなくなった。

図2　義旺村の龍王廟

筆者撮影。

図3　龍王像

筆者撮影。

1970年代には、水利をめぐって各地で紛争が起きた。80年代になって、四社五村以外にも柏木溝などの他村も四社五村の水源の水を利用するようになったが、これらの村には水の管理権はなく、干魃が発生した時は、四社五村の取水が優先された。

1981年、北京師範大学教授の董暁萍等の調査によって「水冊」が発掘された。この四社五村の「水冊」は漢代に作られ、元末に消失したが、明初に再び作成された。現在の「水冊」は、1984年に作成された、清代の「水冊」の写本である。

水利以外で四社五村が協力することはあまりないが、小麦の収穫作業は村同士で助け合う。洪洞県の橋西村は海抜が低いので早く収穫することができ、一方霍県は海抜が高いので収穫時期が遅い。そこでまず霍県の農民が洪洞県で小麦の収穫を手伝い、その後に洪洞県の農民が霍県で小麦の収穫を手伝った。

むろん現代でも、「社」が「水利共同体」としての機能を発揮し、村民に「社」としての一体感を保持させるためにも、龍王廟での宗教行事は、結合を維持するために欠くことのできない要因の一つであったであろう。

事実、橋東村で34年間も共産党書記を務めた董BYによると、「社」の代表である「社頭（いわゆる社首）」は、中華人民共和国成立以前は、村長が兼任し、共和国成立後は、共産党書記が兼任するようになり、水利にかかわる時のみ、「社頭」の名称が使われたという。

また、橋東村は、かつて「永安城」と呼ばれた大きな村であったので、四社五村の「首村（第1の社）」を務めてきた。董によれば、村とは自然村のことで、「社」とは徴税の単位だという。徴税のために、50戸の村を「社」と呼び、50戸に達しない村は、近隣の村と合わせて、1つの「社」としたという。

以上の橋西村、義旺村、そして橋東村の老幹部の説明により明らかなように、厳しい自然条件のもとで、水利を中心として、村々の結合が次のような特徴をともなって維持されていた。

山西省農村の「社」と「会」からみた社会結合

　この共同体的村落結合は、水源に近いところに建設された、「龍王廟」での宗教行事での協力を梃子に強化された。
　さらにこの村落結合は、水資源の配分を行うだけでなく、山岳地域での高低差による農作物の収穫時期の差を利用した、労働力交換等の農業面での協力関係の実施主体ともなっていた。
　むろん現代でも、「社」が「水利共同体」としての機能を発揮し、村民に「社」としての一体感を保持させるためにも、龍王廟での宗教行事は、結合を維持するために欠くことのできない要因の一つであったであろう。
　このことは、前述の霍州市水利局の関係者から紹介された、現在でも水路等の建設および水の配分等に際しては、霍州市と洪洞県という二つの行政領域をまたぐ「四社五村」での領域では、従来からの伝統的慣行を尊重した水利運営が行われているという事実と一致する。
　そしてインタビューの後訪れた義旺村の元共産党書記の家には、清代に作られた「水冊」の写本が保管されていた（図4参照）。

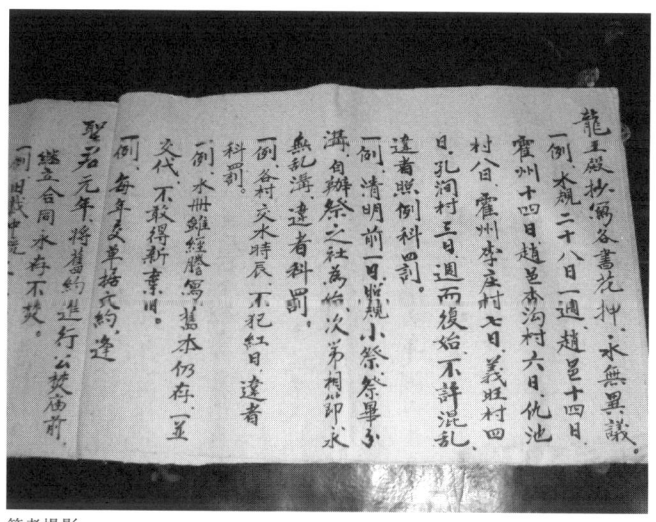

図4　「四社五村」の「水冊」

筆者撮影。

273

第三部　農村社会・経済の変容

2　都市近郊農村における水利組織からみた人的結合

　山西大学中国社会史研究センターが保有する「集団化時代の農村基礎資料」については、既にアメリカ在住の中国人研究者である黄宗智（Philip C.C.Huang）が編集する『中国郷村研究（*Rural China : An International Journal of History and Social Science*）』第5輯に、山西大学中国社会史研究センターの責任者でもある山西大学副校長の行龍が概述している[23]。

　行龍は、『区域社会史比較研究』[24] などの編集も手がけており、文字通り山西大学を中心に、中国の社会史研究をリードしている。

　従ってセンターの保管する資料の多くは、人民公社時代の農村社会の実情を細やかに伝えてくれる貴重な一次史料である。これら一次史料の存在と利用は、中国における社会史研究の発展を裏付けるものであるといっても過言ではない。

　さらにセンターには、水利関係の資料も多く保管されている。その一部が、以下に紹介する太原市近郊の晋祠鎮赤橋村である。

　晋祠に隣接する赤橋村については、政協晋源区委員会・太原晋祠博物館編『古村赤橋』（山西人民出版社、2005年）が出版されている。

　2007年12月および08年12月に、筆者は山西大学中国社会史研究センターのスタッフと共に、赤橋村を訪問した。

　赤橋村の元書記の王CS等の説明によれば、中華民国時代までは、晋の始祖、唐叔愚を祀る晋祠の泉の水を利用した水稲栽培が盛んであったという。収穫した米は太原まで運んで行き、米1斤に対して高粱3斤と交換したという。

　しかし中華人民共和国成立後は、晋祠の水も減少してきた。多量の水を必要とする田植えの時は、最初に水源に近い赤橋村が20日間だけ水を使用し、その後にその他の村が使用したという。二年前から晋祠の水が減少してきたので、水田も減り、現在ではほとんど水稲作は行われていないという。

　図5は、晋祠の中にある真趣亭の泉から湧き出る水を、二方向に分ける分水所の写真である。泉から湧き出た水は、上段のプールに溜められ、7対3に分けられる。灯篭のような形をした石の置物を基点として右と左に、7個

の穴と3個の穴に分けられて海清北河（智伯渠）と鴻雁南河へと流れていく。

　7対3の理由は、山西大学中国社会研究センターの常利兵によれば、水利が設置された村々の傾斜によるという。つまり傾斜が緩やかな土地が多い村々の方面には、7個の穴から放水され、傾斜が急な地域には3個の穴から放水され、結果として均等な配水という合意を形成している。

　北に分水され海清北河に流れた水は、赤橋村では、智伯渠と名付けられた水路に入り、村を縦断している。

　中国の農村の多くでは、引水した水道管は地中に埋められている。しかし分水所のような要所では、誰がみても明らかな比率で分割されて流れていく様子が地表で窺える。

　このような分水所は、都市部に近い水源地の多くに設置されている。そして義旺村と同じように、水源の近くには、必ず水神である龍王を祭る龍王廟などの宗教施設が現存している。

　晋祠は晋の始祖を祀るところであるが、湧き出る泉の神も、あえて龍王ではなく、晋の始祖に置き換えられている。

図5　晋祠の分水所

筆者撮影。

第三部　農村社会・経済の変容

　2006年8月に山西師範大学のスタッフと共に訪れた、山西省中部の介休市の洪山鎮にある源神廟では、神像が安置されている廟の鍵は、堂守の農民ではなく、廟の真向かいにある介休市洪山水利管理所の事務部門である弁公室主任が保管していた。

　大学院を出てきて間もないという主任の説明では、霍州市水利局幹部エンジニアの説明と同様に、給水地域のトラブルを避けるために、旧来からの伝統的な水利慣行を遵守しているという。

　晋祠を中心とする赤橋村の近隣でも、旧来からの伝統的な水利慣行が守られている。

　筆者は、山西大学のスタッフの協力を得て、赤橋村を中心として「集団化時代の農村基礎資料」を分析している。森田論文に加えて、車・陳両論文を考慮して、山西省農村の社会結合を検討してみると、次のようなことが考えられる。

　山西省の農村の多くは、「改革・開放」経済体制以後、経済のグローバル化の中で大きく変貌している。そのような激しい変動の中で、多くの農村は、西ヨーロッパや日本の社会とは違った形態を取りながら、地域の伝統的慣行を保持し、地域住民の共同体的結合によって地域の伝統的慣行を保持しその生活と生存を維持している。

おわりに

　本プロジェクトの一環として、地方志研究家王汝雕にインタビューする機会を得た[25]。

　第1回のインタビューは2006年12月20日夕方、第2回は2007年8月25日午前の座談会であった。共に短時間に多くの質問をしたため、「社」と「会」についての王の考えは断片的にしか明らかにされなかった。

　しかし要点をまとめると以下のようになる。

　①金や元の時代では、50戸ごとに「社」を形成していた。農業生産を促進させるための組織であり、廟で豊作を神に祈願した。祈願祭には、外部か

山西省農村の「社」と「会」からみた社会結合

ら演劇集団を呼んだ。山西の農村社会においては、固定的長期的な組織に一つでもある。

②一方、「会」は、臨時の、一回限りの祭礼を実施する主体であり、そのための資金集めの団体として理解できよう。

果たしてこのような王の示した「社」と「会」についての定義がどこまで普遍性を持ち得るか、短兵急な結論は出せない。

そのような意味合いからすれば、本章が山西省の水利組織から検討してきた社会結合も、どこまで普遍性を持ち得るか疑問の残るところである。

以上、本章では、山西省での事例を中心として、「社」と「会」についての言説の整理と現地調査での村の古老からの証言から、その実態の一端を明らかにした。

しかし、太田出は、筆者が紹介した「平野・戒能論争」も意識しながら、華北農村との対比から、太湖流域漁民の組織という全く別なケース・スタディから「社」と「会」を検討している[26]。

特に「社」「会」のリーダーとしての香頭へのインタビューから、同じ太湖地域でも、農民とは違った漁民の「共同性」を、香頭の持つ宗教的職能者の面から浮かび上がらせた点は注目に値する。

そこで山西省から少なくとも中国内陸部農村の特質を考察する上でのヒントを、江蘇省呉江市西部、太湖の南岸を中心とする地域に関する太田の研究から探ってみよう。

太田は、その研究の中で、拙著『現代中国農村と「共同体」』での村民と会首・会頭の関係に関する指摘を整理したのち、

　本稿で検討した香頭は太湖流域漁民といういわば特殊な事例に属するやもしれぬ。しかし平野氏の「廟の世話人たる『香頭』の方が村の世話人たる『会首』の原身だとさへ想はしめる」との言に注目する時、太湖流域漁民の事例を対置させておくこともあながち無意味なことではなかろう。（中略）徐貴祥氏の場合、「村政」には全く関係なく、むしろ香頭の本来的な職務たる順調な信仰活動の実行力、換言すれば、誰を香頭とすれば確実

に神霊とつながれるかが最大の要件であったと考えられる。(中略)かような香頭の性格は社・会という集団が純粋に信仰組織であることを示すと同時に、香頭——香客間関係から成る漁民集団が宗教的価値観を共有し、それが集団の凝集性を高める役割を果たしていたと考えられるのである。しかしその裏返しとして、北六房の事例に見られる如く、香頭が依拠すべき廟宇と神霊を失った場合、急速に求心力を無くし、集団の解体へと進んだのである[27]。

　華北農村調査の香頭(会首)、山東省滄県の香頭、太湖流域農村の会首(大会首)および太湖流域漁民の香頭を比較してみると、その実態は極めて多様である。かかる相違の背景には調査時の特殊な状況や歴史的な変容もあろうが、固定した農業村落では地縁・血縁関係のほか、官僚(支配)身分の獲得などの政治力、地主・富農の土地所有に代表される経済力といった様々な要因が複雑に絡み合っているのであろう。その組み合わせ次第では香頭(会首)は、ヒーリング治療を行うなど宗教的職能者としての性格を色濃く残す場合、宗教的職能者としての性格をほとんど失って廟会の世話役に過ぎなくなった場合、逆に村政とは全く切り離さねばならなかった場合など、調査の時期や地域、さらに自然生態環境などの相違によって多様な姿を見せるのであって、固定された香頭像の抽出は難しいように思われる。しかし、華北農村でも、宗教・信仰が村の凝集力を維持する作用を果たし、本来的に香頭が村内で重要な役割を担ってきたこと、政治的経済的な影響が相対的に少ない漁民間に香頭の宗教的職能者としての性格が明瞭に看取されることなどを考慮すれば、香頭が元来、宗教的職能者であった可能性は高いと筆者は推測する[28]。

と、いわば太田流の農村社会構造に関する見通しを示している

　従って、太田が指摘するように、調査地域の地域的特性や、自然生態環境などの相違などが関与して、香頭が保持していた宗教的職能者としての存在価値が変動していったとすれば、「社」や「会」にみられる社会的結合も、

山西省農村の「社」と「会」からみた社会結合

当該地域の農村社会の内部構造と連動してその表象形態を選択することになるであろう。

つまり、太田の言説から、中国社会全体における「社」「会」のあり方が、再考される必要が明らかにされたが、紙幅の関係もあり、今後の検討作業とせざるを得ない。

さらに冒頭で紹介した、1940年代の東亜研究所等による山西省の農村調査でしばしば取り上げられた「ガルテンバウ」という概念も、近代中国において、都市近郊農村としての変動をいかに独自中国的に展開していったのかという問題と、社会結合のあり方をリンクして再考することも求められるかもしれない。共に今後の課題としておく。

〈付記〉稿了後、山本真氏より明清期の山西省における「社」と「会」に関する史料の提供を受けたが、時間の関係で別稿で検討させていただくこととした。

●注

1) 『満鉄北支農村実態調査臨汾班参加報告第二部 山西省臨汾県一農村の基本的関係(下)』東亜研究所資料丙第188号の2D、東亜研究所報第10号、1941年6月、37頁。
2) Ludwig Elster (Hrsg.) *Woerterbuch der Volkswirtschaft*, Jena 1932, Bd. 2, S. 1-4. による。なお本項目の説明については、首都大学東京の浅田進史氏のご教示よる。
3) 平野義太郎『大アジア主義の歴史的基礎』河出書房、1945年。
4) 戒能通孝『法律社会学の諸問題』日本評論社、1948年。
5) 平野前掲書、151～152頁。初出論文は、平野「会・会首・村長」(『支那慣行調査彙報』1941年)。
6) 平野前掲書、153頁。
7) 平野前掲書、158～159頁。
8) 中嶋嶺雄『中国――歴史・社会・国際関係』中公新書、1982年。
9) 山本秀夫「中国農村の現代化と『郷規民約』」(『日中経済協会会報』1983年5月号)。

第三部　農村社会・経済の変容

10)　石田浩『中国農村社会経済構造の研究』晃洋書房、1986 年。
11)　現代中国の現状に照らして考えれば、「共同体」をめぐる問題は、「平野・戒能論争」も含めて未解決だとする筆者と、中国の伝統社会を「共同体」的ではないとする奥村哲氏との間の論争も平行線をたどったままである。このことについては、拙著『日本の中国農村調査と伝統社会』（御茶の水書房、2009 年）の「第 9 章　華北農村における『共同体』論争と農村社会研究の課題」を参照されたい。
12)　2006 年 8 月 28 日に、筆者が山西師範大学戯曲文物研究所を訪問し折に、黄竹三・馮俊杰両教授より、洪洞県・介休市の水利碑文について説明を受けた。その際に同席した車文明所長より本論文を恵与された。
13)　しかし、車論文の内容は、従来の現代中国における「社」と「会」に関する研究動向の特徴を端的に表している。例えば、陳宝良『中国的社与会』（浙江人民出版社、1996 年）も、政治・経済・軍事・文化生活の 4 側面から、「社」と「会」を伝統社会における組織結合の基軸に捉えている。しかし、その検討時期は、先秦時代から中華民国期までの長きにおよび、タイムスパンが余り長く、結果として分析が不充分になるという問題を残している。
14)　中国現代史研究会編『現代中国研究』第 20 号（2007 年 3 月 23 日）所収。
15)　陳前掲論文、『現代中国研究』第 20 号、87 頁。
16)　陳前掲論文、87 頁。
17)　同上、91 頁。
18)　同上、98 頁。
19)　同上、99 頁。
20)　山根幸夫教授追悼記念論叢『明代中国の歴史的位相』（上）（汲古書院、2007 年）所収。なお、本論文も含めて、森田の「四社五村」の水利に関する論文は、森田『山陝の民衆と水の暮らし――その歴史と民俗』（汲古書院、2009 年）にまとめて収録されている。
21)　前掲森田論文、634〜635 頁。
22)　2007 年 8 月 24 日、および 2007 年 12 月 17 日のインタビュー。筆者の録音資料とメモの他、平成 17 年度〜平成 19 年度科学研究費補助金（基盤研究（B））研究成果報告書『中国内陸地域における農村変革の歴史的研究』（研究代表者；三谷孝一橋大学大学院社会学研究科教授）205 頁、および弁納才一「華北農村訪問調査報告（一）2007 年 12 月、山西省太原市・霍州市農村」

(『金沢大学経済論集』2008年11月）参照。
23) 行龍・馬維強「山西大学中国社会史研究中心"集体化時代農村基層档案"述略」『中国郷村研究』第5輯、福建教育出版社、2007年。
24) 北京の社会科学文献出版社より2006年に出版された。
25) 研究成果報告書225頁では王汝鵬と記されている。
26) 太田出「太湖流域漁民の『社』『会』とその共同性」（太田出・佐藤仁史編『太湖流域社会への歴史学的研究——地方文献と現地調査からのアプローチ』汲古書院、2007年）、以下、太田第一論文と略称、同「太湖流域漁民の『香頭』と『社』『会』——華北農村調査との比較試論」（『近きに在りて』第55号、汲古書院、2009年）、以下、太田第二論文と略称。
27) 太田第一論文、230～31頁。
28) 太田第二論文、54頁。

第四部　農村生活の変遷

華北農村の医者と医療

李　恩民

はじめに

　農村の医療体制は中国社会インフレ整備のなかで最も立ち遅れた分野である。重い病気にかかった農民は経済的・技術的な理由で治療を断念し、自宅で最期を迎えざるを得ないことはよくある。本論文は、現代中国農村で重要な役割をはたしている医者の活動と医療衛生制度の整備に注目し、華北農村（北京市近郊・天津市近郊・山西省・河北省・山東省）における「裸足の医者」「郷村医者」の養成・活動をケース・スタディーとし、農民の医療衛生生活、農村でよく見られる病気・生活習慣病、病人の神・巫医への信仰等の側面から中国農民生活の内実を考察する。

　農村医療は農民の生命の安全を保障し、農民の基本的生活を向上させる基礎である。21世紀に入ってから、医療衛生の問題は既に単なる健康の問題にとどまらず、人間の生活の質をはかる基準の一つにもなっている。なぜならば、人びとの健康は社会環境（自然・衛生環境）、生活への満足度、婚姻家庭・人間関係とも密接しているからである。しかし、中国の農村では、経済改革が30年以上行われたにもかかわらず、多数の農民に適した医療保険制度は未だ整備されておらず、農民はいったん大病になったら、医療費はすべて自己負担しなければならない。大体一万元以上の医療費がかかってしまったら、その家庭経済の回復は5年もの歳月を要する[1]。したがって、われわれが華北農村で聞き取り調査をしている時、農民に一番恐れていることについて尋ねたところ、その回答の大部は大病であるという。「有銭治病、没銭去命」、すなわちお金があれば病を治すが、お金がなければ命を捨てるし

かない、というのが農村の現状である。

　私費医療システムをもっている中国農村で調査をしている時、生活が困難のため、あるいは医療費を支払う能力がないため、約四割の農民は病院に行くべきだが行かず、約六割の農民が入院すべきだが入院しなかった、との話を農民からよく聞く。約半分の農民は病院に寄らず自分の判断で、薬局で非処方の薬を買って病気を治す方法を取っている。医療保険制度なき農村の現状は、地域経済の発展を阻害し、貧困を招く一因であると共に、農民の社会に対する不満爆発の火薬庫でもある。農民の不満を解消するため、また中国農村の真の持続的発展のためには、深刻化しつつある農村医療の問題点に焦点を当てる時が既に来ていると言っても過言ではない。

1. 農村医療制度の変遷

　1940年代、日中戦争および国共内戦時に、中国農村は基本的な医療制度がなく、個人経営たる医者が農民の面倒を見ていた。妊婦出生の面倒を見ている「接生婆」も特に資格がなかった。不治の病にかかった者は大体現地信仰の神やキリスト教等の宗教に救いを求めていた。1948年、世界保健機関（WHO）が成立されると、すぐ医療衛生の国際交流の促進、"Health for all, All for health"のスローガンを打ち出した。しかし、内戦状態下に置かれていた中華民国政府は何の対策も取れなかった。

　中華人民共和国が樹立した後、新政府は農村地域において先端医療技術よりも比較的少ないコストで効率の良い基本的医療をすべての農民に届くようにするとの理念を持って農村合作医療制度の創設を試みた[2]。同制度は山西省高平県米山郷農業生産合作社共同保健ステーションの設立等から始まり、1955～1958年農業合作化の高潮期に、全国の合作医療普及率は10％になった。1958年人民公社の勃興により、合作医療は最初のピークを迎えられ、1962年まで普及率は50％に達した[3]。これは第一の合作医療ブームであった。

　1960年代以降、合作医療発展のスピードはさらに加速した。1965年6月

26日、毛沢東は「医療衛生活動の重点を農村に置け」(「6・26講話」) と呼びかけた。翌1966年8月、湖北省長陽トゥチャ族自治県楽園公社杜家村衛生室が農村合作医療試行所として正式に設立され、村唯一の医者譚祥官も着任した[4]。1968年9月、中国共産党機関紙『紅旗』と『人民日報』は同時に上海川沙県江鎮公社における農村医者養成の経験を紹介し、「裸足の医者」(赤脚医生) の名称を誕生させた[5]。同年12月、毛沢東は楽園公社の医療経験を推し進めるように指示した[6]。そこで文化大革命の嵐のなかで、全国で第二の合作医療ブームが起こった。1970年代まで、農村の合作医療普及率は90％、村→郷→県といった三級の医療体制も作り上げた。各村にはいわゆる「裸足の医者」が少なくとも一人配置されていた。

当時のやりかたについて、北京近郊の農民は次のように証言している。「医療費は一部分大隊が負担する。合作医療というものがあり、三分の一が支払われる。年度末には一人一元の医療費が差し引かれ、これが合作医療費となる。金が少ないときは一人につき五角が差し引かれ、合作医療組織に加入する。病気になったときは薬代の三分の一をそこから落とすことができる。」「当時は病院に治療を受けに行く人はとても少なかった。村には合作医療があり、医者もいて、ちょっとした病気なら皆村で直すことができた。重い病気で入院するのを除いて、普通の病気ならば村の外に出る必要はない。当時は病気になる人も少なかった。みな畑で仕事をして、特別に身体が丈夫で病気にならなかった」と[7]。

当時、金がなく病院に行けない農民は殆どいなかった。このような医療制度は政府主導のもとで政治の力ででき上がった福祉的なものであった。1980年代になると、この中国型合作医療システムは成功例として世界的に紹介された。WHO はそれを「発展途上国において衛生経費問題を解決できる唯一のモデル」とし、積極的に各地域の発展途上国に推薦した。

ところが、その直後、このモデル自体が発祥の地の中国で存亡の危機を迎えた。1980年代初期、中国農村の集団経済体制が解体され、家庭単位の請負制度が実施された。合作医療制度の経済的基礎を失った結果、1985年全国の合作医療加入率はわずか5.4％であった。1989年になると、かつては

287

90％であった加入率が4.8％まで下落し、中国の合作医療制度が事実上崩壊し、数億の農民は窮地に立たされた。その頃、中国政府は「2000年すべての人びとは初級的衛生保健を享有する」というWHOの戦略目標の実現を承諾し、医療改革を行っていたが、その重心を大都会に置いたため、農村の医療改革は放棄されたままである。こうして農村では、医療品の膨張、医薬品管理の混乱、偽薬の横行等問題が頻繁に発生、農民の不信・不満が一層高まった。「幹部吃好薬、百姓吃草薬」（病気の時、共産党の幹部は良い薬を飲むが、われわれ百姓は安い漢方薬しか飲めない）という「順口溜」が広く伝わり、人気を博した。資金、健康教育、農村衛生環境、安全な水、衛生なトイレ、新生児死亡率、妊産婦死亡率等の数値から総合的に見て、中国農村ではWHOの掲げた2000年の目標は2010年現在になっても未だに実現されていないと言える[8]。

このような状況を解消するため、2003年7月、中国政府は農村医療衛生の重要性を訴え、行政管理を厳格化した。例えば、2005年までに農村医者のうち助理医師の資格を有しない者には医を業とすることは許可しないと規定した。しかし現状としては、農村の大部分の医者は処方権がないが、農民たちは彼らを必要としている。

付言であるが、1990年代初期、中国はアメリカのランドコーポレーション（RAND Corporation、蘭徳公司）や世界銀行の援助を得て、一部の農村で合作医療制度を再建しようとしたが、功を奏すことができなかった。同時期に、各宗教慈善団体も農村医療への参入を試みたが、その効果はまだ見えてこない。1989年以降、キリスト系の南京愛徳基金会（the Amity Foundation）は貧困地域の医療人を養成するため、貴州、内モンゴル、青海、寧夏、甘粛、四川、雲南、広西、海南などで郷村医療人特訓プロジェクトを開始したが、修了者の大部分は都会に進出、農村で医療に従事する人は極めて少なかった。

2. 農村医者の養成と医療活動

1960年代末から1980年代半ばまでの中国農村では、医を業とする者ある

いは医を兼業できる人は「裸足の医者」と呼ばれていた。これは農村を離れず農業も兼業しなければならない農村のお医者さんへの愛称である。裸足の医者は日本風に言うと、農村で働く衛生士のような役割を果す存在で、簡単な治療、施薬、衛生や上水のモニター、衛生教育、予防接種、感染症のコントロール、母子保健等を受け持っていた。前にも述べたように、1980年代以降、合作医療制度の崩壊とともに、農村改革による市場経済的な農業生産収入への魅力から、「裸足の医者」の多くがフルタイムの農業生産活動に転じ、ごく少ない人はかかった医療費を患者に直接請求する診療所（プライベートクリニックのようなもの）を開設するようになった。その結果、従来機能していた医療保健システムは崩壊し、「裸足の医者」という言葉も基本的に使わなくなった。却って農村で医を兼業・専念する人は「郷村医者」と呼ばれ、現在に至っている[9]。「裸足の医者」と「郷村医者」は本質的には違いがないため、本論文は彼らのことを「農村医者」と称する。以下は農村医者の養成と活動を通して、中国農村医療の実態に迫っていく。

1 農村医者への道

　日本では偏差値の高い学生でなければ医歯薬学の医療系大学には入れず、優秀な学生だけが医学を学ぶというイメージが定着している。しかし中国の農村では、「医学」を学ぶことはそれほど難しくなく、短期でもマスターできる、しかも医者たる者は村では尊敬される、という見方が濃厚である。もちろん、農民の言う「医学」とは家庭常備薬でも治せるような医術であるが、それでも、このような心理的働きが医学者養成の速成を助長した。

　現代中国の農村医者は人数的には不足であるが、それでも速成方法で養成された者が多かった。一番多かった事例は、中学校・高校を卒業して初めて医学を数ヶ月間学び、または病院の研修所に入り、医療技術を数ヶ月間学んですぐ医者になった人々である。いわば、正規の学歴のない人が殆どである。

　1994年12月、1995年9月、1999年9月、われわれは河北省欒城県寺北柴村で実地調査した。この村では、三人の医者が年間終始、350世帯、1400人の健康を守っている。筆者はその時、一人の若手医者と出会い、長時間に

第四部　農村生活の変遷

写真1　河北省欒城県寺北柴村診療所のお医者さん
1995年9月　筆者撮影

わたりインタビューした。インタビューの間に、何人かの患者が訪れてきたため、診療の様子もうかがうことができた。以下は彼の医者への道のりを辿ってみよう。

彼は郝SSといい、1958年生まれ、30代。1976年高校卒業した頃、河北省唐山大地震が発生した。彼は震災救援の「民工」として派遣され、現地でパトロールの仕事をやらされた。一ヶ月後、彼は村に戻り、村事務室で「通訊員」として五、六ヶ月間勤め、新聞・郵便物・公文書などの受け取りと配付をしていた。翌1977年、医学を学んだことはなかったが、欒城県病院へ派遣され、講義を受けるとともに実習するという形で一年間勉強した。その間、彼は内科、外科、小児科、婦人科などの知識を浅く広く学び、各科で一、二ヶ月の実習もしていた。この学習で彼が一生、医者をやるという基礎を固めた。彼自身は「最初は高校卒業したばかりだったので、医学についてまったく暗かった。今回の学習を通じて、少なくない専門知識を習得し、医学の門に入ったとは言える。ただし、医学とは主に実践によるものだから、実践の過程で知識を把握することが大切だ」と筆者に語った。県病院での勉強が

終わって彼はすぐ村に戻り、二人だけのいる村衛生所で1994年6月の単独開業まで約20年間農村医者をしていた[10]。

天津近郊の静海県馮家村の医者張BS氏のケースも同じである。1991年8月、聞き取り調査を受けた時、彼は副村長をしながら農村医者を兼任していた。調査記録によると、彼は1955年生まれ、1974年に郷の農業高校を卒業した後、村に戻って農作業に従事するかたわら、農村医者を目指した。当時、同村では高校を卒業した者は極めて少なく、彼を入れてわずか三人であったが、他の二人は大学に進学したため、村に戻ったのは彼だけになってしまった。そのため、学力の要る医者の卵として彼は選ばれた。彼は医学の基本を習得するため、王口郷衛生院で四ヶ月間学び、1976年に天津第二センター病院で一年間の研修を経験した。帰村後、保健衛生員として村民の日常的な病気やけがの治療などを担当している[11]。

農村医者の学歴を見ると、一番の高学歴者と言われる人は大体、医療系専門学校を卒業して農村で開業した人々である。2006年12月と2007年8月、われわれは山西省臨汾市の近郊農村・高河店村で歴史調査を実施した。約300余りの世帯、1,600～1,700人を擁する同村では二人の医者が常駐して二つの診療所を営んでいる。以下は医歴の最も長い一人の生い立ちを紹介する。茹HH氏、1948年生まれ、50代。中学校卒業2年後、晋南衛生学校に進学、1968年卒業。地方政府が新卒の彼に仕事を用意したはずであるが、文化大革命運動の最中のため、役所の文化教育衛生担当室が手配してくれなかった。仕方なく彼は村に戻り、衛生院で「裸足の医者」という身分から医業を始め、それ以来、約40年が経った。1993年、彼は医師資格を取得して屯里衛生院で医者をしていたが、その後は退職して帰村し農村医者の生涯を再開した[12]。

上記の指名されて医者になった人や衛生学校を卒業して医者になった人が主であるが、家庭の伝統・家系の環境を受けて医者の道を選んだ人も少なくなかった。例えば、山東省平原県のある村に李HT氏という名医がいたが、彼は先祖代々医者で、普通の病気なら何でも診察することができた。彼の息子も後に医学の道を進み、県病院で二年間実習し、村の保健員となった[13]。

第四部　農村生活の変遷

写真2　山西省臨汾市高河店村のお医者さん
2007年8月　筆者撮影

北京近郊の沙井村には楊CW一族があり、楊PS氏が1940年代から医者をしていて当該地域で「注射を打てる唯一の医者だった」。昔は医者が少なかったため、彼は高い地位についたと村人に好評されている。彼の息子や娘もまた父業を継いで医学の道を進め、医者になっている[14]。山東省平原県前夏寨村では、魏QC氏という医者がいた。彼は恩城初等師範学校卒業後、村外で小学校教師などを歴任した後、医者である兄の所で医術を学んでさらに独学して1963年から1980年まで村の衛生保健員をしていた[15]。

(2) 農村診療所の特徴

速成養成された医者の大部分は現在、農村で個人経営の診療所をもっている。前に紹介した河北省寺北柴村における個人診療所の開業状況を見てみよう。

1994年、郝SS氏を含む寺北柴村衛生所で仕事している人びとは、衛生所の資産を均等に分け、「寺北柴村衛生所」という共通の看板のもとで[16]、それぞれ単独で診療所を経営し始めた。開業時、郝氏は一万元かけて診療所を

建てて、衛生所から分け与えられたもの以外、また一万元ぐらいを投入して医療機械や薬品を購入した。単独開業者は、定期的に石家荘市が一元的に主催している資格試験を受けなければならなかったが、彼は合格している。彼は「私は暇な時に、いつも読書している。現在、新しい病気が絶えず出て来ている。ある時はこの難病の克服はできたが、新たな難病がまた発生した。ある問題は外国でも解決できない。われわれは難病の治療はできないが、僅かでも知っていることは必要だ。だから、読書しなくては駄目だ」と温故知新の重要性を筆者に語っている[17]。

診療所を経営している農村医者は以下の特徴を有している。

（A）専業の医者が殆どなく兼業者が多い。彼らの身分は農民である。農民である以上、農繁期には農作業を兼業しなければ生活はできない。一部の人は病気治療のため人望が厚く農村の幹部まで選任された。1991年8月、馮家村の張BS氏は、専念している医者として月に50〜60元の収入を得ているが、副村長としての収入は約150元で、兼業の方の収入が高い[18]。1994年12月、われわれが寺北柴村を訪問した時、衛生所の劉SJ医者も副書記を兼任している[19]。

（B）設備はシンプルであるが、農民の信頼は厚い。現在の農村では、一つの村には二、三名の医者がおり、それぞれ診療所を営むケースが多い。診療所の医療設備を見ると、常備されているのは止血、体温計、聴診器、救急箱ぐらいで、あとは風邪薬、鎮痛剤、痛み止め、下痢止め、止血綿、ピンセットなどである。薬としては西洋薬の方が多いが、漢方薬も置いてある。個人の財政力では、設備と言えるほどの医療機器は殆ど置かれていないのが現状である。

都会の医者に比べて農村医者の特徴は、彼らが全科医者であって専門医ではない。彼らはどのような科目も少し知り、どのような科目も深く理解していないのである。医学の視点から見れば、彼らの技術は高くなく、すべての病気を専門的に対処することができない。しかし、現実のなかで彼らは農民にとっては決して欠かせない存在である。なぜならば、農村では一番欠けているのは物知りの庶民的な医者であるからである。

写真3 よく見かける華北農村の診療所
2007年8月　筆者撮影

　医者の絶対不足の農村では、医療設備、医療技術よりその医者の人間性・信頼性が最も重要視される。人情に溢れる農民が求めている医者の道徳は、良い腕前ではなく、「随叫随到」すなわちいつ呼んでも対処してくれるサービス精神であるからである。農村医者は大体地域の住民に尊敬され、人望のある紳士的な存在であると言えよう[20]。

　(C) サービス優先と経営難　農村医者は医者・看護師・薬剤師の仕事をすべて兼任し、一人で遂行する。彼らは診療所をもっていても、政府からは僅かな補助金もなければ、給料の支払いもまったくない。農村医者は主に付近の県城から薬品を仕入れ、15％前後の付加価値で処方して農民に売るという方法をもって稼ぎ、生活を維持している。

　市場経済の浸透により、農村の診療所も競争原理で動いている。農村医者は多くの患者が来てくれれば収益も上がると考え、良いサービスを提供している。往診費を例に言うと、政府の規定によれば、昼間の往診費は0.4元で、夜間は倍にする。しかし農村医者は基本的に徴収しないことにしている。ま

た、小さい傷跡を包む場合などは殆ど費用を取らない。ひどい外傷の包帯をしても基本料金だけで済む。

　農村医者の殆どは診療所で寝泊まりをしている。彼らの証言によると、一晩で三、四回往診に呼ばれることも、徹夜することもあるため、苦しみやつらさを耐え忍ぶことができなければ、この仕事はやれないという。それにもかかわらずどの診療所も常に運転資金不足の窮地に陥る。なぜならば、中国農村では、村民があまり現金をもたず、つけで治療を受けることが多いからである。医薬費を払えない人もいれば、100元ぐらいの医薬費の支払いを何日間も待たなければならないこともある。「農村ではこういう慣習（つけ）がある。ある時には、彼はお金があまりない、支払うことができない。ある時には、彼はお金をもっているけれども、ほかの仕事をやりたい、ほかのものを買いたい。だから、診察をしたらまず記帳させる。」「郷親は誰でも現金を常にもっている訳ではない。一時的に現金がないため、病気になっても診察しない、薬が必要であっても薬を出さない訳にはいかない。病気になったら、治療を先にし、お金のことは後でいい」との証言がある[21]。

　こうして現金収入の少ない農民の多くは、医薬品代金を帳簿につけるだけで、付け払いする。しかし、農民はいったん現金を手に入れると、一文でも、先に欠ける医薬品代金を返還することを思いつく。どうしても返せない時は、卵や鶏をもって抵当する。俗に言う「欠帳不頼帳」である。このようなやり方は農民と医者との間に厚い信頼関係があるから成り立っている。しかし、「因病致貧・因病返貧」の現象は頻繁に出てくるため、どうしてもつけの支払いができない人に対しては、診療所は年々繰り越すか、免除にするかに決断しなければならない。

　2000年以降、中国社会で偽薬が横行し社会の人問題となった。このような社会状況のなかで農村医者は薬品を購入する時に自ら真偽を鑑別しなければならなかった。彼らによると、もし不注意で偽の薬品を購入してしまったら名誉上の損害が一番大きい。「農村では名誉が極めて重要だ。都会では、もし患者があなたの病院で診察を受けて、薬を飲んでよく効かないとすれば、これからあなたの病院に行かなくなるが、病院にとっては損が少ない、他の

患者が来るからだ。村では、患者はただこの村の村民だけで、評判が悪くなったら、この仕事はもう続けられなくなる。みんなが常に『信誉第一』と言っている」[22]。偽薬の問題にもかなり神経が取られていることはよくわかる。

3. 農民の健康生活と衛生環境

中国農村では都会に比べて劣っていない医療サービスと言えば基礎予防接種で、その仕事を担っているのは各村の診療所である。診療所の予防接種は「日報制」で、ワクチンの接種があれば、その日のうちに現地の予防ステーションに報告しなければならない。そのため、情報は比較的に把握しやすい。大部分の農村では、予防接種は1970年代より導入され、地方財政負担により実施されている。1990年代以降、ポリオ、DPT三種混合（またはDT二種混合）、風疹麻疹、BCGの5種類の予防接種が一部の地域を除く誰もが原則無償で受けられる（表1）。そのため、多くの感染病、例えば結核・マラリア・ポリオ・寄生虫症などが広大な中国農村で根絶された。

日本では4〜15歳の児童に対して日本脳炎、集団生活者に対してインフルエンザ等臨時接種も行われるが、中国農村では殆どしていない。

中国農村では、経済生活の向上や予防接種の徹底により感染症等の発病率が減少してきている一方、悪性腫瘍、脳血管系、循環器系の疾患が増加し、大都会の疾病構造に徐々に近づいている。中国衛生部の統計によると、近年、農民のかかった主要疾病を多い順で見ると、①呼吸器系疾患、②がん・腫瘍、③脳卒中、④心疾患、⑤傷害、⑥消化器系疾患、⑦泌尿器系疾患、⑧肺結核などとなっている[23]。それを検証するため、われわれが北京近郊農村で入手した「沙井村村民過去帳」をもとに分析してみる[24]。その過去帳は公的記録ではなく、一教師が個人的に記録した私的メモであるに過ぎないが、現代農村では類を見ない一級の資料に値する。過去帳には死亡した村民の名前がすべて記録されているが、病気で死亡した場合は、具体的な病名を書かず単に「急死」「病死」だけを記したものが多かった。それをもとに統計してみると、1948〜1980年、沙井村村民の死亡者数は156名で、そのうち99名の死者

表1　中国農村地域基礎予防接種項目

接種区分	接種時期	追加説明
ポリオ（Polio 急性灰白髄炎）	生後3ヶ月～18ヶ月の間に2回、2回目は初回終了後6週間以上経過したもの	農村では「小児麻痺」と呼ばれる
DPT 三種混合 　ジフテリア（Diphtheria） 　百日咳（Pertussis） 　破傷風（Tetani）	3期に分けて実施。第1期：生後24ヶ月～48ヶ月、3週～8週間隔で3回。第2期：第1期終了後12ヶ月～18ヶ月1回。第3期（ジフテリア）：小学校6年生	DT 二種混合の場合もある。三種混合対象者で、既に百日咳（P）にかかった人。または何らかの理由で三種混合が受けにくい人
風疹（Rubella）	1回、中学校2年生	女子のみ
麻疹（はしか　Measles）	生後18ヶ月～72ヶ月	MMRの場合も有料の地域もある
BCG	ツベルクリン反応検査で陰性（結核にかかったことのない）の人は、小学校1年生、中学校1年生で、BCG接種を受ける	結核性髄膜炎、肺結核等の予防

の病名・死因が記されている。改革開放以降の1981～1998年、89名の村民が亡くなったが、そのうち、病名と死因のわかっている者は67名。各時期の内訳は表2の通りである。

　表2からわかるように、沙井村では1980年代以降改革開放期の自然死亡（老衰）率はそれ以前より明らかに下がっており、都会の三大疾病であるがん（悪性新生物）、脳卒中（脳梗塞・脳出血・くも膜下出血）、心筋梗塞も多く見受ける。他の農村地域も同じである。内陸に位置する山西省臨汾市高河店村衛生所の医者茹HH氏によると、現地では以前は風邪、気管支炎、慢性気管支炎、結核、結核性脳膜炎、脳梗塞、脳出血、脳血栓などの病気がよく見られるが、2000年以降、生活習慣・生活環境による疾患、高血圧（肥満・栄養過多）、糖尿病、高脂血症（アルコール中毒・喫煙などによるものを含む）、腎臓炎が多発している。死亡原因について言うと、以前は気管支炎、肺心関係の病気、肺気腫が多いが、現在は脳血管の悪性瘤が比較的に多くなっている[25]。これらの病気の多発と農村の生活環境との関連については

第四部　農村生活の変遷

表2　「沙井村村民過去帳」にみる主要疾病

病　名	1948〜1980年 99名死者の内訳（％）	1981〜1998年 67名死者の内訳（％）
老衰	56名（56.6%）	17名（25.4%）
夭折	8名	0名
心臓病（心筋梗塞・狭心症）	8名	14名
食道がん	3名	9名
気管支炎	3名	0名
肺の病気・肺がん	5名（うち肺がん3名）	1名（肺がん）
事故（交通・触電・水死等）	3名	4名
自殺	2名	1名
高血圧	2名	2名
認知症	2名	0名
戦死	1名	0名
子宮がん	1名	0名
皮膚がん	1名	1名
肝臓炎・肝臓がん	1名（肝臓がん）	2名（肝臓炎1名、肝臓がん1名）
白血病	1名	0名
ぜんそく	1名	2名
癲癇	1名	0名
脳卒中（脳出血・脳血栓等）	0名	6名
胃の病気・胃がん	0名	2名（うち胃がん1名）
がんのみ記述	0名	2名
結核性脳膜炎	0名	1名
前立腺炎	0名	1名
大腸がん	0名	2名

出所：「沙井村村民過去帳」をもとに筆者が作成。

さらに詳しく研究する必要があるだろう。

　インフラ整備の不備における診療所の不足、個人経営における診療所の経営難、市場経済化による収益重視型の医療の不安定、農村医師の絶対的不足

と医術の欠如など、農民の健康に関する問題が多数噴出しているが、そのなかで特に突出かつ深刻化しつつある問題は、農民の「看病難」とエイズ感染の問題である。

難病にかかった農民は村の診療所の勧めで医療設備の整っている上級の病院、例えば郷衛生院、県人民病院に行くことになる。しかし、市場経済的な運営方式を導入した病院は、必然的に営利主義に走り、救急車で運ばれた者に対してもデポジットがないと施術しないケースもある。農民患者は病気で貧困に陥ることを防ぐため、なるべく病院に行かないという防衛手段をとらざるを得なかった[26]。数多くの調査報告に見られるように、中国農村には金がないため、病気になっても病院に行けなかった人、置き薬のみで済ませて適切な治療を受けなかった人が多数あった。われわれが調査した各村でも、病気になってもすぐ医師に診てもらえず、言い伝えられてきた漢方治療法によって回復を目指すしかなかった、そのため治療のタイミングを逃れた事例があった。山西省の一人が「農民にとっては金のないことは恐れないが、病気のあることを怖がっている。家庭のなかに一人の重病者がいたら、その家庭の未来はもうないのだ」と悲しそうに筆者に語った[27]。

最近の十数年間、病院で出生する農村の女性がかなり増えているが、病院に行かず専門知識をもった保健師・医者の立会いがないまま、自宅で出産するのがまだ一般的である。山西省万栄県出身の筆者が、近所に住む同級生の母親が自宅出生で大量出血し、担架で8キロ先の病院に運んでいく途中で息が止まったことを、40数年経った今もはっきり覚えている。自宅出産を選んだ理由は古い慣習によるものだと言われるが、その大部分はやはり交通不便と貧困によるものである。

近年、経済の発展に恵まれていない農民患者が神や巫医に救いを求めに行く傾向も鮮明になっている。一部の人は神の救いを求め、キリスト教・カトリック教ひいては新興宗教などに入信するが、その他は土着の神に信仰を傾ける。後者の場合は、手術などを要する病気にかかっても、病院での治療をあきらめ、「神巫（いちこ）」「江湖郎中」「巫女（みこ）」と称する人を招く人が多い。われわれが調査した山東省の農村では病気になると「神仙」に頼

る事例があった[28]。河北省の農民によると、いまでも昔のように医者にみせず、御祓いやまじないなどをしている者がいるが、若い人は御祓いなどに頼らないのが一般的である[29]。上記の社会現象は単なる「文盲」「無知」の問題として片付ける問題ではなく、社会環境・自然環境を考慮した上で検討すべき問題である。

エイズ（HIV）問題は近年、農民を悩ませるもう一つの深刻な問題である。各地の村を歩き回ると、電柱に闇の性病治療広告が多く張り出されていることにすぐ気がつく。HIV の感染経路は、大都会の場合、異性間・同性間の性交渉によるものが主であるが、「無師自通」を貫き性生活に関連する情報をタブーにしている農村では「売血」による感染が大半を占めていると報道されている[30]。

1990 年代以降、中国の都会と農村地域の経済格差は急ピッチで拡大された。生活費や子どもの教育費等の捻出に打つ手がない農民、貧困に苦しむ農民が手っ取り早い現金収入の道として売血を選んだのである。「血頭」と呼ばれる血液ブローカーの助長のもとで、「売血は富を直ちに招く」という誤ったメッセージが広く伝えられ、村を上げてその道を走る村落も現れた。管理混乱下の病院の注射針や遠心分離機の使い回しによって HIV の感染は急激に広がり、われわれが 2005 年に訪問した河南省だけでも 38 の村落が「エイズ高発村」として中国政府に認定された。

2001 年 5 月、中国は初めてエイズ患者の存在を報道した[31]。それを前後に、ニューヨークタイムズ、英国 BBC テレビ製作のドキュメンタリー「中国の忘れられたエイズの被害者たち」は、売血により多くの犠牲者を出した河南省の貧困村を「エイズの村」として暴いた[32]。同年 11 月、北京で開かれたエイズ性病予防治療大会の記者会見で、中国政府は初めて売血による集団感染が河南省で起きていたことを発表した。これによって売血で農民の多くが感染してしまった悲劇がクローズアップされた[33]。2002 年 6 月、国連テーマグループ（UNTGAIDS）は「中国のタイタニック危機」と題する報告書を発表し、エイズ問題の深刻さに警鐘を鳴らした。これを受けて中国政府は農村のエイズ問題に本腰を入れ始め、「血液管理規制法」「血液製剤管理条

令」「医療衛生管理法」等を制定し、「エイズ対策5ヶ年計画」も発表した。2005年2月、温家宝首相は旧暦の正月休暇を返上して河南省の「エイズの村」を見舞って犠牲者を励ました。

2005年8月、われわれは河南省鎮平県、許昌市の農村現地調査を予定していたが、時の総理小泉純一郎の靖国神社参拝の影響で日中関係が悪化した。河南省政府外事当局が必然のように「人民の反日感情の高まり」を理由に日中両国学者による共同農村調査の申請を却下した。外国人が多数を占める調査団のエイズ村への接近を阻止する狙いもあったかもしれない。2006年12月と2007年8月、われわれは現地調査を山西省臨汾市の近郊農村へシフトして実施した。調査のなかで、われわれは同問題を取り上げることはなかったため、村のなかに感染された農民の有無については確認できていない。しかし、明確になっているのは臨汾市が山西省のなかでも売血によるエイズ多発地域として知られるところである。

これに関連して有名な事件は、同市堯廟郷岔口村で起こった悲劇である。1998年2月旧正月中、16歳の宋PF氏が不慮の事故でハサミが刺さり、大出血となった。その後、彼は市病院で1,350ccの輸血を受けたが、その血漿は血を売る文氏（18歳、小学校卒、HIV感染者）からのものであった。一向に好転を見せない宋氏は転院して北京で精密検査を受けた結果、輸血によるエイズ感染者となったことが判明した。通報を受けた中国警察当局は衛生部とともに緊急調査に乗り出し、臨汾地区における売血によるエイズ感染事件の真相・規模等が初めて明らかになった。この事件を教訓に臨汾市は被害者およびその家族を調査してエイズ患者に優しい町作りを始めた。現在、同市東15キロに位置する堯都区岔県底鎮東里村には70床、30名の医者・看護師を擁する臨汾市伝染病院エイズ治療専用区（「緑色港湾」と呼ぶ）が設置されており、十数名のエイズ感染者を収容している「紅糸帯小学」（赤いリボン小学校）も設立されている。われわれの農村調査のパートナーである山西師範大学の大学生もこの村でボランティア活動をしている。

現在、中国農村では売血が禁止され、不法な採血所も閉鎖されたため、血液によるエイズ感染の拡大は抑制されている。しかし、エイズ感染者への差

別と無理解は依然として存在している。エイズ啓蒙活動、感染者への治療とケアなど取り組んでいかなければならない課題が数多く残っている。

おわりに——今後の展望

中国の憲法には、国家の責務として国民の健康を保障することがあげられている。しかし、以上で分析してきたように、中国農民の健康状態は大幅な改善が未だ見られないし、農民の医療衛生状況が極めて深刻な状態になっている。医療問題を適宜に解決しないと、農民の不満がいつか勃発するかもしれない。それでは中国政府はどこから有効な手を打つべきか、筆者から見ると、以下の二点は無視できないだろう。

｜１｜ 伝染病の防衛体制作り

最初の措置はやはり農村でもきちんとした伝染病予防体制を作るべきである。中国農村では、1980年代以降、ポリオ（急性灰白髄炎）、百日せき、ジフテリア、破傷風、風疹、麻疹の接種率（中国語で「四苗六病」と呼ぶ）は既に100％を達成している。しかし、伝染病予防体制の脆弱さは猛毒SARSの発生によって初めて露呈された。

SARS（Severe Acute Respiratory Syndrome、重症急性呼吸器症候群、中国語略称「非典」）は2003年3月15日にWHOによって命名された新しい病気である。2002年11月〜2003年5月、SARSは中国の広東で発生、その後、山西、北京、香港、台湾へ蔓延した。当時、中国の伝染病予防管理法は1989年のもので、SARSは国境を越えて人間の安全保障への脅威となる新興感染症であるとの認識には至っておらず、各地方の対策（農村では診療所）に任せていた。しかし、SARSは人々の動きに合わせて東南アジア、北米、ヨーロッパなど世界各地へと飛び火し、中国の予防体制、防疫体制の問題点がクローズアップされた。2003年4月20日、中国政府はSARSの対応不適当・情報隠蔽の責任をとる形で医療衛生担当部長と北京市長の二人を解任し、国際機関との協力体制を強くした。この日を境に突発性公共衛生事件応急体

制が一新され、かつてない有効な対策と大掛かりな啓蒙活動は迅速に都会から農村の隅々までいきわたり、SARS の蔓延が最終的には抑えられた。われわれが調査した高河店村でも大規模な動員と推進力をもって村周辺に他村民の出入り禁止等の措置を取り、予防と蔓延防止に努めた。

　SARS 撲滅を契機に中国政府は社会の末端の農村まで防疫体制を再建したが、その問題点はやはり予防の責任を農村の個人診療所に丸投げしたところにある。個人診療所に情報とアドバイスだけを提供して後はすべて任せるといった対処の仕方で足りるだろうか？　グローバリゼーションの進む時代、突発性伝染病の拡大の可能性も大きく、経済的、政治的影響も大きいため、対策もそれに対応したものでなければならない。大規模な伝染病が中国農村で再発してしまったら、SARS 時代の混乱を避けることはできるか否かは疑問である。

2　新型農村合作医療制度の確立

　2002 年、中国政府は「中共中央、国務院関於進一歩加強農村衛生工作的決定」（2002 年中発 13 号）のなかで、新型農村合作医療制度の構想を打ち出した。2003 年 1 月、衛生部、財政部、農業部は 2003 年より各地域で実験的な県・市を選び、直ちに実験開始するよう、共同で政令を発布した。われわれが調査した山西省臨汾市近郊の高河店村も実験地として選ばれ、実施を開始した。

　その内容は次のようなものである[34]。掛け金については、加入する農民は家庭ごとに加入、一人あたり毎年 15 元。中央政府は加入者一人あたりで 10 元補助、省・市・県各レベルの地方政府は合計で 10 元補助する（一般的に省は 3 元、市は 3 元、県は 4 元）。治療待遇については、加入者は地域の指定病院入院で累積 500 元以上かかった場合、30％で還元されるが、最高額は 3,000 元を上限とする。市以上の上級病院で入院して医薬品が 2,000 元以上の部分は 40％還元されるが、毎年一人の上限額は 10,000 元とする。省以上の病院入院で 3,000 元以上の部分は、45％還元され、12,000 元を上限とする。総じて一人当たり毎年、政府から還元できる最高の医療額は 12,000 元とす

第四部　農村生活の変遷

る。2007年3月、堯都区新型合作医療管理センターは高河店村の全村民に「堯都区新型農村合作医療証」を配布したが、同年8月、われわれが農民に確認したところ、実際に利用したことのある農民は一人もいないし、彼らが利用の方法も手順も分らないと言っている。医療保険の対象者が拡大され、農民患者は病院で治療を受けられるようになるのはまだ時間がかかりそうである。

●注

1) 王紅漫『大国衛生之難——中国農村医療衛生現状与制度改革探討』211頁、北京大学出版社、2004年。
2) 1960年代、中国には医療衛生業に従事する者がわがず140万で、そのうちハイレベルの医療人の70％が大都会に、20％が県城に常駐しているが、農村で仕事をしているのはわずか10％である。「在全国農村医学教育会議庁局長組伝達主席指示精神」（1965年6月26日衛生部長銭信忠発言）、1965年全国農村医学教育会議秘書処編集・配布『会議資料集』（未刊稿）。
3) 米山郷の保健ステーションは郷レベルの医療保健所で、資金は農業社の公益金、農民の出資、医者の投資で構成され、郷所属のすべての農民の医療、予防、保健業務を担当する。医者の待遇はその医療技術、サービス、業績等で農業社の代表、郷政府の幹部、社員代表の三者の協議によって決められる。1962年末、山西省だけでも6093個の農村保健所が作られた。山西省史誌研究院編『山西通誌』（第41巻　衛生医薬誌・衛生篇）、171、176～177頁、中華書局、1997年。
4) 同村では一人当たり毎年1元の合作医療費を納付、各生産大隊が公益金から一人当たり0.5元を抽出する。両者を合わせて「合作医療基金」とする。特別なケースを除けば、すべての村民が医者にかかる時、診察受付費（0.5元）のみの支払いで済む。薬代等は無料となる。
5) 「従"赤脚医生"的成長看医学教育革命的方向」『紅旗』1968年第3期、1968年9月10日；『人民日報』1968年9月14日。文化大革命中の映画『春苗』は、上海市川沙県（現浦東新区に属す）の裸足の医者王桂珍等の物語を基に作ったものである。
6) 「深受貧下中農歓迎的合作医療制度」『人民日報』、1968年12月5日。

7) 1994年8月、現地での聞き取り記録。三谷孝編『中国農村変革と家族・村落・国家——華北農村調査の記録』726～727頁、汲古書院、1999年。
8) 前掲『大国衛生之難——中国農村医療衛生現状与制度改革探討』25～30頁。
9) 1985年1月、中国の全国衛生庁局長会議において「赤脚医生（裸足の医者）」の呼称を「郷村医生（郷村医者）」へ変更することが公式に決定された。
10) 1995年8月、現地での聞き取り記録。前掲『中国農村変革と家族・村落・国家——華北農村調査の記録』543～546頁。
11) 1991年8月、現地での聞き取り記録。三谷孝編『中国農村変革と家族・村落・国家——華北農村調査の記録』第2巻、492～494頁、汲古書院、2000年。
12) 2007年8月19日、現地での聞き取り記録。三谷孝編『中国内陸地域における農村変革の歴史的研究』101～102頁、平成17年度～平成19年度科学研究費補助金（基盤研究（B））研究成果報告書、2008年。
13) 1993年3月、現地での聞き取り記録。前掲『中国農村変革と家族・村落・国家——華北農村調査の記録』第2巻、104頁。
14) 前掲『中国農村変革と家族・村落・国家——華北農村調査の記録』、827頁。
15) 前掲『中国農村変革と家族・村落・国家——華北農村調査の記録』第2巻、204頁。
16) 規定によると、一つの村には一つの衛生所だけの設置が許可され、医者開業書も一つになっている。
17) 前掲『中国農村変革と家族・村落・国家——華北農村調査の記録』543～546頁。
18) 前掲『中国農村変革と家族・村落・国家——華北農村調査の記録』第2巻、493～494頁。
19) 前掲『中国農村変革と家族・村落・国家——華北農村調査の記録』117頁。
20) われわれの調査で明らかになったことであるが、戦乱中であっても医者およびその家族は基本的に土匪や馬賊などに襲われない。例えば、寺北柴村では張老楽という知識人がいた。彼は一介の村人だが、医者（漢方医）で脈を見て病気を診察することができるため、馬賊の拉致の対象にはならなかった。前掲『中国農村変革と家族・村落・国家——華北農村調査の記録』288、305頁。

第四部　農村生活の変遷

21)　前掲『中国農村変革と家族・村落・国家――華北農村調査の記録』543～546頁。
22)　前掲『中国農村変革と家族・村落・国家――華北農村調査の記録』545頁。
23)　中国衛生年鑑編輯委員会編『中国衛生年鑑』(2008)、人民衛生出版社、2008年。
24)　「沙井村村民過去帳」は前掲『中国農村変革と家族・村落・国家――華北農村調査の記録』に付録として収録されている、923～932頁。
25)　2007年8月19日、現地での聞き取り記録。前掲『中国内陸地域における農村変革の歴史的研究』101頁。
26)　農村では病気と家計との関係について次のような順口溜がある：「小病托・大病挨、要死才往医院抬」「救護車一响、半頭牛白養」「住上一次院、全年活白幹」「脱貧三五年、一病回従前」「小康小康、一場大病全泡湯」など。
27)　2007年8月23日、現地での聞き取り記録。前掲『中国内陸地域における農村変革の歴史的研究』112頁。
28)　前掲『中国農村変革と家族・村落・国家――華北農村調査の記録』572頁。
29)　前掲『中国農村変革と家族・村落・国家――華北農村調査の記録』503頁。
30)　売血時に必要な成分だけを取り、残りの血を人体に戻すプラズマ機にかかり、その過程で感染したもの、輸血や血液製剤の使用により感染したものが含まれる。
31)　中国でのHIV感染者報告第一症例は1985年である。当初、雲南省などから流入した麻薬注射針使用者が中国のHIV感染報告の七割を占めていたが、流行が進むにつれ、ほかの感染経路も増えている。
32)　日本では2005年10月、NHKは「中国　エイズに苦しむ村」という番組の名で河南省の「エイズの村」と呼ばれた村に生きる人々と医療支援などを行っているボランティアの活動を紹介、農村医療の実態を忠実に報道した。
33)　2009年12月1日の世界エイズデーを前にして中国のHIV感染者は74万人と推定されていると発表した。
34)　高河店村が壁に張り出した「堯都区新型農村合作医療宣伝材料」による、2007年8月。

●参考文献
1　現地調査資料

三谷孝編『農民が語る中国現代史——華北農村調査の記録』内山書店、1993年

三谷孝編『中国農村変革と家族・村落・国家——華北農村調査の記録』汲古書院、1999年

三谷孝編『中国農村変革と家族・村落・国家——華北農村調査の記録』第2巻、汲古書院、2000年

三谷孝編『中国内陸地域における農村変革の歴史的研究』 平成17年度〜平成19年度科学研究費補助金（基盤研究〔B〕）研究成果報告書、2008年

2　地方誌

山西省史誌研究院編『山西通誌』（第41巻　衛生医薬誌・衛生篇）、中華書局、1997年

山西省史誌研究院編『山西通誌』（第41巻　衛生医薬誌・医薬篇）、中華書局、1998年

河北省地方誌編纂委員会編『河北省誌』（第86巻　衛生誌）、中華書局、1995年

3　先行研究

中国医学研究会編『新中国医療への道』亜紀書房、1972年

柘植秀臣『中国科学と医療の諸相』恒星社厚生閣、1977年

J.S. ホーン著、香坂隆夫訳『はだしの医者とともに——イギリス医師のみた中国医療の15年』東方書店、1972年

王紅漫『大国衛生之難——中国農村医療衛生現状与制度改革探討』北京大学出版社、2004年

張開寧・温益群・梁苹主編『従赤脚医生到郷村医生』雲南人民出版社、2002年

李春燕口述『郷村医生李春燕』人民出版社、2006年

大谷順子『国際保健政策からみた中国——政策実施の現場から』九州大学出版会、2007年

高河店における嫁入り道具の変遷

張　愛青（朴　敬玉 訳）

はじめに

　高河店は山西省の臨汾盆地の北側に位置し、長方形に分布した世帯数450戸、人口1,680人の村である。運輸の主要幹線は村を横断する霍侯1級国道で、村民の居住区域の主要道路はアスファルト舗装されている。村の東側には東芦鉄道貨物輸送場があり、交通と貨物輸送にはとても便利だ。地形は平坦で、水利と灌漑が発達している。北側には澇濠河（1950～70年代、灌漑用水源）があり、西側の黄河支流である汾河と隣り合っている。その他、20数個の井戸があり、飲用である一つを除き全ては灌漑用である。灌漑は100％に達し、耕地は農業生産に適している。1960年代半ばから、村は穀物だけの生産地からしだいに穀物と野菜の生産地になった。農家が生産を請負ってからはどの農家も野菜の専門経営者となり、農家の収入は大幅に増加し、著しい生活改善が見られた。ここ数年来、村民委員会は経済開発区の地理的優位性を存分に利用し、"无农不稳、无工不富、无商不活（農業なくして安定せず、工業なくして富まず、商業なくして活気なし）"という経営理念を揚げて、農民経済の多角的発展を奨励し、都市化を加速させた。経済の急速な発展は人々の婚姻観念と結婚風俗に変化をもたらし、地域特色の著しい嫁入り道具の風習が形成されるに至った。

　本稿は現地調査資料を用いて、社会変遷の視点から高河店村の過去60年間の嫁入り道具（結納金を含む）の変遷過程を3段階に分けて考察し、そのような変化をもたらした要因を分析する。

第四部　農村生活の変遷

1. 民国期：千差万別の嫁入り道具

中国には古来嫁ぐ娘のために、親が娘に嫁入り道具を贈る習慣がある。高河店も例外ではない。ただし、文献資料で確認できるのは、1930～40年代の日本人学者の記述だけである。そこには「男子側からは女子側に対して指輪と金子を普通約百二十圓程度及び未来の妻の衣服を贈る」[1]と記してある。しかし、女性側の嫁入り道具の中身については説明されていない。現地調査資料から民国期の高河店における嫁入り道具について整理すると次のとおりである。

表1

経済レベル	嫁入り道具の中身
富裕層	箪笥、連柜、銀の簪、銀の腕輪、銀の耳飾り、スカート鈴、ズボン鈴、布、衣服、銅鉢、鏡、くし
準富裕層	箪笥（或いは木箱）、銀の腕輪、銀の耳飾り、衣服、鏡、くし、洗面器
一般層	木箱、綿服
貧困層	一着の綿服或は嫁入り道具がない

民国期の高河店における女性の嫁入り道具を分析すると、二つの特徴が見られる。

第1に、嫁入り道具の色は決して赤色だけではなかったことだ。中国の伝統的婚礼が特に重んじたのは「赤」である。赤色は慶事、成功、めでたい、繁栄、発達を象徴し、昔の嫁入り道具の壮観な場面を形容する時も「十里紅妝」という言葉を用いた。中国の嫁入り道具の主な色調は赤だったのは明らかである。しかし、高河店女性の嫁入り道具のなかで箪笥と木箱の色は、赤色もあり、黒地の金花もあり、すべてが赤色のみではなかった。老人Dは「黒地は黄色を際立たせるためであり、黄色も縁起がよい色だ。天子の着物

も黄色ではないか。」[2]と言った。つまり、どの色の嫁入り道具も両親の娘に対するめでたい祝福を表していると言える。

　第2に、経済レベルが違う人々が送った嫁入り道具には大きな格差があったことだ。裕福な者は手厚く、貧しい者は粗末であった。豊かな家庭の嫁入り道具は10数点もあるのに対し、貧しい家庭は1着の木綿の着物だけ、或いは嫁入り道具が全くなかった。それは主に当時の土地配分が不合理で、貧富の格差が大きかったからである。記録によると、抗日戦争期に、全村落の土地面積は688.9畝、人口は506人で、一人当たりの耕地面積は1.36畝であった。地主の一人である黄金山は例外で、46畝の耕地と県城に商業用地18畝を所有していた。そのほか、中農は一人当たり6.57畝、零細農（およそ貧農に相当する）は一人当たり1.25畝、雇農は一人当たり0.62畝所有していた[3]。土地所有面積と家庭の経済的実力と嫁入り道具の多寡は密接な関係を持っている。土地が多ければ、家庭の経済的実力は強く、嫁入り道具も多い。逆に土地が少なければ、十分な衣食にも事欠き、嫁入り道具は少ない。一人当たり耕地面積0.62畝の雇農の娘は、嫁に行く時によく男性側の家で借りてきた新婦の服装を着て嫁いだという。したがって、解放前の当該村の嫁入り道具は階級・階層の影響を強く受けていたのは明らかである。

　民国期の嫁入り道具は千差万別であったが、当時のことを思い出す老人たちの態度はとても穏やかであった。彼らはそれはやむを得ないと思っていたのかもしれない。老人Ｚは「条件のいい者は条件の悪い者を探そうとしなかった。自分の条件に相当する者を選んだ。条件の悪い者が条件のいい者を探そうとしても、相手にしてもらえなかった。自分の条件とほぼ同じ者を選ぶしかない。嫁入り道具もこれと同じである」[4]。「お金がある者はもちろん持たせる物が多く、質も良かった。貧しい者は条件が悪く、できるだけのことをして、とくにこだわらなかった。」[5]と言った。貧富の格差が大きい社会環境のなかで長期にわたり生活していた彼女たちは、穏やかな態度で嫁入り道具の多寡を眺めていたのだ。当時の人は階級意識がきわめて強く、家柄がつりあうことがいい配偶者を選ぶ基準であり、また彼らの実際の行動基準でもあったことをこのことは充分説明している。

第四部　農村生活の変遷

2. 建国後30年間：簡素で類似した嫁入り道具

1　土地改革以降

　1948年5月17日、臨汾が解放され、高河店貧農の常SL、高LGは貧困農民を指導して、階級を分け、地主と闘争して、農地を分配した。しかし分配が不公平であったため、1950年の2度目の土地改革を行った結果、1951年にはそれは軌道に乗り始めた。おおぜいの貧困農民は地主や富農の余分な土地と家屋を分け合い、新時代の土地の所有者となった結果、生活水準は著しく向上した。中農の場合土地と財産は再分配されなかったので、家庭の生活状況は豊かで、嫁入り道具も比較的豊富であった。50年代の2軒の家庭の嫁入り道具は次のとおりである。

　1950年の嫁入り道具：服5着、靴2足と靴下2足。
　1954年の嫁入り道具：トランク、服、洗面器。

　このリストは条件のいい2軒の家庭が嫁ぐ娘に用意した嫁入り道具であり、余裕のある中農の嫁入り道具は普通の家庭より服が何着か多いだけだったのである。しかし、一部の貧農家庭は異なっていた。「私の家は貧農で、姉妹も多く、条件が悪かったので、3番目のお姉さんが嫁ぐ時には嫁入り道具を贈れなかっただけでなく、「就親」を行った。」[6]という。つまり、土地改革以降、村民の嫁入り道具にはまだ一定の差異はあったものの、民国期のようにそれほどかけ離れてはいなかった。それは主に、土地改革期に地主と富農の余分な土地を没収し、それを土地のない或いは土地の少ない貧雇農に割り当て、当該村の土地と家屋の不均等な所有状況を解消していたので、解放され生まれ変わったかつての貧困農民は新しい社会の主人公になり、生産への積極性が大いに高まったからである。村は解放後、農村合作制度を実施し、互助組から初級合作社に、さらに高級合作社に発展して、労働力や家畜、農機具の深刻な不足問題を克服した。農業生産は発展し、農民の生活は改善し、

かつ貧富の格差は次第に縮小していった。

2　人民公社の初期

　初級合作社から高級合作社になり、ようやく成果を挙げ始めた時、高河店は1957年下半期からの「政社合一」「三級所有、隊為基礎」（公社、生産大隊、生産隊の所有制のなかで、生産隊を基本とする）という人民公社制に移行した。個人が所有していた土地、家の周りの木、家畜がすべて人民公社の所有になり、「多者不退、少者不補、在全社範囲内統一核算、統一分配（これら財産について元々多くもっていた者に返還させるのではなく、また、あまりもっていなかった者に追加で与えるのでもなく、全公社の範囲で収益や労働点数を統一的に計算し、報酬も統一的に分配する）」という政策を実行した。社員は自分の家の鉄鍋をも寄付して製鉄に用い、年寄や若者を含めたすべての家族は共通の食堂で食事し、経済的に集団所有制に大きく依存するようになった。したがって各家庭の経済状況はほぼ同じで、嫁入り道具は質素で同じ傾向が見られ、ほぼ統一される状況に至った。当時、村民が贈った嫁入り道具は主に、綿服・生地・靴下・洗面器・くし・タオル・歯ブラシなどで、ごく少数の人が結納金で白山マークの自転車を買った。

　同時に、結婚する際、結納金を贈らず、嫁入り道具も持たせない一部若者もいた。このような現象は決して当時のイデオロギーが反映された結果ではなく、家庭の経済状態がよくなかったからである[7]。ただし、高河店では若い女性に嫁入り道具を贈る事をやめることはなく、結納金の問題で新旧観念の激しい衝突が現れることもなかった。

　1966年以前、高河店で嫁入り道具の風習が「革命化」しなかったのは以下のような要因が考えられる。

　第1、閉鎖的な環境。山西は古くから「表裏山河（表裏は山と河）」と呼ばれ、西に黄河を臨み、東は太行山に寄り、北の長城は延々と続き、南は山々と水に囲まれている。境内には幾重にもそそり立つ山々、渓谷があちこちにある。南北を貫く同蒲鉄道を始め、村落の交通は社会制度、生活環境の変化とともに、物品の輸送と情報伝達に影響を与えた。村民の婚姻観念と嫁

第四部　農村生活の変遷

入り道具にも影響を与えたのだ。

　第2、保守的な思想。高河店は中国堯王の所縁の地——古都平陽に位置している。伝説によると、堯王がかつて高河店一帯を巡遊していた時、河の水位が急にあがり河岸がそれに従って高くなる奇異な景観を目撃し、この川を高河と称したという。川の両岸の高河店及び東、西高河もそれによって名付けられたのだ。高河店の村民は早くから中国文化の薫陶を受けて、民間の風俗が色濃く残っていたので、考え方は保守的である。さらに抗日戦争期には日本軍による占領によって、強圧的な教育を受けた結果、新しい事物の受け入れが少し遅れたのである。

　第3、イデオロギーの影響。建国初期、中央人民政府は古い風俗習慣を改め、結婚行事の新方式を提唱し、延安時期に形成された「革命的な婚礼」を強力に推進した。1950〜60年代に結婚した若者の大部分は、戦争のなかで成長したため、革命への情熱にかられて、新たな風潮の積極的な推進者になったのは当然である。彼らは自由意志による結婚を主張すると同時に、家父長制下の産物である嫁入り道具と結納金は自由結婚の障害であると批判した。さらに、放送、新聞などのマスコミは北京、上海などの大都市と一部農村地域の結納金や嫁入り道具を必要としない先進的人物とその事績を宣伝したので、結婚行事の新方式と嫁入り道具の簡素化という社会文化的雰囲気が形成された。しかし、これらは高河店地域社会の伝統的婚姻観念と嫁入り道具の風習に衝撃を与えることはなかった。1960年代初期の困難期でも、結婚する若者は依然として伝統的嫁入り道具の風習を守っていたのだ。

3　文革期

　1966年の文化大革命以来、高河店の村民は毛沢東思想の文芸宣伝隊及び銅鑼、太鼓チームを組織して、宣伝教育を繰り広げた。彼らは頻繁に会議を開き、文献を学び、新聞を読み、行進活動に参加した。彼らは二つの派閥に分かれていたが対峙してはいなかった。彼らのこのような活動は村の農業生産と庶民生活にほとんど影響を与えなかった。村民Kは「村人も行進と文芸公演に参加した。しかし活動が終わると、再び農業生産に戻った。農民生

活と生産はさほど影響を受けなかったので、農民にはしだいに余裕が出てきた。」[8]と述べた。そのため、この時期でも嫁入り道具を贈るのは一般的な現象であった。当時定期市場での売買と家庭の副業は「資本主義の尾」とされ、取り締まられていたので、農民の収入は依然として少なく、嫁入り道具の消費は以前とあまり変わらなかった。ある一家が自転車と洗濯機を贈った以外、他の人々の嫁入り道具は主に木箱、服、生地、靴、靴下、洗面器、魔法瓶、タオル、せっけん箱、歯ブラシなどであった。毛主席語録と毛主席の肖像入りのバッジを嫁入り道具にした者はだれもいなかった。村民Rは「当時（政府は）嫁入り道具として、鋤・シャベルなどの農具を贈ることを提唱したが、村の女の子はだれもそのようにしなかった。」[9]と言った。もちろん服は嫁入り道具の必需品で、たとえ文化大革命の日々においても変わることはなかった。

　嫁入り道具が1970年代に全面的に復活した主な要因は以下のとおりである。

　第1に、家庭の貯金が増加した。文革期、村の経済発展はほとんど政治闘争の影響を受けなかった。そのうえ、毎年政府が野菜の生産基地に返還した商品穀物補助金があったので、解放初期の経済状況に比べると、大多数の人々は食事を満足にとれるようになり、少し余裕も出てきた。このように、建国初期に強力に提唱した「勤倹持家」という道徳風潮と人々の生活要求・欲求の間にはずれが生じた。

　第2に、家庭生活がより重視された。文革後期、人々の政治に対する情熱はしだいに弱まり消えていった。政治闘争にも飽き始め、個人に戻って生活を楽しむ渇望が切実となり、それは伝統的な嫁入り道具を贈る風習の復興に影響した。

　第3に、消費水準が向上した。文革が終わってから、農業生産を回復、発展させるため、中央及び地方政府は一連の農業を調整する措置を実施した。それは人々の生活改善のための物質的基礎を提供した。村民Xは「文革終了後、武装闘争は終わったが依然として『革命に力を入れて、生産を促す』というスローガンが出されていたが、村民たちはすでにすべての力を農業生

産に投入していた。村民の収入は以前より高くなり、生活にも明らな改善が見られた。」[10] と言った。この時期、村民の消費水準もはっきりとに向上していた。

3. 改革開放以降：新しく多様な嫁入り道具

1980年代から今日まで、高河店では嫁入り道具を贈ることがますます盛んになり、嫁入り道具の数も、中身も豊富になってきている。以前と比べて、それは伝統を保ちつつ、大きく変化している。

高河店の嫁入り道具に関する調査資料を整理すると次の通りである。

表2

時期	送った嫁入り道具（衣服、日常生活用品などを除く）
1980年代	箪笥（或いはユニット家具）、ミシン、腕時計、自転車、化粧台、電子時計
1990年代	ユニット家具、カラーテレビ、冷蔵庫、洗濯機、扇風機、自転車、預金通帳
2007年現在	カラーテレビ、冷蔵庫、洗濯機、扇風機、ステレオ、ソファー、オートバイ、自動車、預金通帳

高河店における最近20数年間の嫁入り道具の変化を分析すると、嫁入り道具の変化がどんどん速くなっていることに気付く。服、日常生活用品などの必需品は継続され、ミシン、腕時計、自転車などは退出した。その代わり、ユニット家具、29インチカラーテレビ、冷蔵庫、洗濯機は必需品となり、オートバイと預金通帳を贈ることが、近年一種の新しい趨勢となった。また嫁入り道具として自動車を贈る人もいる、結婚後それを用いて輸送業務に携わり、そこから収入を得るのだ。

時系列で見ると、高河店の嫁入り道具の変化はとても速く、伝統的嫁入り道具の象徴的意義がほとんどなくなり、功利性の追求が新しい時代にさらに強くなってきた。現在、嫁入り道具の種類は多く、品質も高まり、より「現

代的」となり、都市との格差は縮小した。村民たちが嫁入り道具を贈るには基準があり、経済条件がやや劣っている家庭では達成しにくい。しかし、いわゆる「メンツ」のために、彼らは金を借りてこの基準に達しようとした[11]。「もし嫁入り道具を贈らないか、或いは贈ったのがよくなければ、（人に）笑いものにされる。それを恐れて、良いものを持たせなければならない」[12]。これは現在高河店の村民の間で、嫁入り道具をめぐって互いに張合う現象が生じていることを反映している。

　注目に値するのは、高河店の嫁入り道具は急速な変化のなかで一種の独特の風習を形成したことだ。すなわち嫁入り道具の価値は結納金を遥かに上回っているのである。ここで一つの概念に触れたい——間接的な嫁入り道具。間接的な嫁入り道具とは女性側が男性側から贈られた結納金で嫁入り道具を揃え、男性側の家庭に返すことを指している。

　このような情況は山西各地でかなり一般的で、男性側が贈った結納金によって娘の嫁入り道具を決める家庭さえある。このように、嫁入り道具と結納金は密接に関連し、また間接的な嫁入り道具の地位は一層重要に見える。概算統計によると、80年代から、山西農村の青年が結婚する際の結納金が10倍高くなり、収入及び物価上昇のスピードをはるかに超えている[13]。民間には「一人の嫁をもらうとピンハネされ、二人の嫁をもらうと家財が差し押さえられる」「息子の結婚に、俺様は気を失う」という説もある。

　しかし、高河店の結納の金品は山西の他の地域よりはるかに低く、周りのいくつか条件のよい村落に比べても 2,000 〜 3,000 元低い。たとえば、80年代の結納金は 500 〜 1,000 元で、90年代の結納金は 560 〜 3,000 元で、一部の人は 6,000 元或いは 8,800 元を贈った。今は 3,000 〜 10,000 元でそれぞれ異なる。同時期臨汾その他の地域の結納金はこれと違い、少なくとも 2 〜 3 万元はある。しかし、高河店の女性の嫁入り道具の価値は結納金をはるかに上回っているのだ。

　村民 R は「私には三人の娘がいる。一番上の娘はほかの地域へ嫁いだが、結納金を受け取らなかったし、嫁入り道具も贈っていない。二番目の娘と三番目の娘が嫁に行くとき、男性側はみんな 6,000 元の結納金をくれたが、二

人の娘にはそれぞれ 8,000 元の嫁入り道具を贈った。」[14] と言った。90 年代、この村における二組の幼なじみの青年夫妻が結婚する時の贈り物目録をあげてみたい。

 1990 年の贈り物の目録：
  男性側は 600 元の結納金を贈る。
  女性側が贈った嫁入り道具：3,000 元のカラーテレビ、500 元ぐらいの洗濯機、ユニット家具、10 数着の服、1 組のくし、1 組の洗面器、1 組の魔法瓶、1 セットの化粧品。
 1997 年の贈り物の目録：
  男性側は 3,000 元の結納金を贈る。
  女性側が贈った嫁入り道具：2,600 元のカラーテレビ、2,800 元の冷蔵庫、600 元の洗濯機、420 元の三槍マークの自転車、1 組のクスノキの木箱、5 セットの春夏服、1 セットの化粧品、1 組の洗面器、1 組のくし、2 枚のタオル、1 組のせっけん箱、1,000 元の預金通帳。

上記の目録からは、妻をめとるには結納金が比較的少なくて済むものの、女性側の嫁入り道具がますます高価格化する現象が読み取れる。それはこの村の婚姻を結ぶ範囲と密接な関係がある。この村は交通が発達し、地理的環境に恵まれ、経済条件が良いため、市街から遠く離れている農村の女性は結納金がなくても嫁ぎたがるが、村の女性が探している結婚相手は主に近郊の富裕村あるいは都市にいるからである。

高河店の嫁入り道具が急激に変化した原因を、私は以下の二つの要因から考察する。

第 1、1978 年の中国共産党第 11 期 3 中全会後、中国農村では家族請負制が実施され、農民の生産に対する積極性と主導性が高まった。1980 年、高河店の第 6 生産隊は 11 戸の家庭が生産先鋒隊を組織して、家族で生産を請負う実験を行った。ある家庭は政策の変更を恐れ、途中で棄権したため、二年目には 4 軒だけ残った。1981 年下半期、全村で家族生産請負政策を実行

した。

　村民Ｋは「1980年、自分の家は土地2畝6分が分配され、その後また入札で1畝あまりを買って、全部で4畝の土地があったが、すべて野菜を栽培した。1981年6月30日に至って、6分地のトマトだけで3,600元の収入が得られた。」[15]と言った。それは当時一人の大学学部卒業生の5年半分の給料に相当した。村では1982年に最初の万元戸が現れ、1984年には19軒にも上った[16]。当時の「万元戸」は一種の富のシンボルであった。90年代以降、村民は運送業に勤めたり、起業したり、野菜の仲買いを始めたりして、多角経営の道を歩み始めた。それによって村民の経済収入は著しく増加し、村民間の格差はしだいに大きくなった。

　村民Ｋは「1980年代から今まで、高河店の生産はめざましく発展し、庶民の生活は日進月歩で新しくなって、まるでごまの花が上へ上へと咲いていくように、段々と発展してきた。」[17]と言った。村民生活の改善は、嫁入り道具の質と数の水準を高めた。

　第2、高河店は臨汾市の中心——鼓楼までわずか3キロメートルで、村民が町に行って出稼ぎをするのにたいへん便利である。統計によると、高河店には400戸の農家があるが、平均して一家族ごとに少なくとも一人は出稼ぎに行く。それはおよそ全村人口の三分の一を占める[18]。出稼ぎに行った者はお金を稼ぐだけではなく、都市のニュースを持ち帰り、個人の生活空間と農村の情報空間を拡げた。それはまた村民の婚姻観念と嫁入り道具の風習の変遷に影響を与えた。都市の女性が嫁ぐ時にどんな嫁入り道具を持参するかによって、高河店の嫁入り道具もまた左右されたのだ[19]。

おわりに

　高河店の嫁入り道具は、一貫して経済制度の変革、科学技術の発展と経済レベルの変化の影響を受けてきた。同時に、高河店の嫁入り道具は一貫して現地の風俗習慣の制約を受けた。それは主に初婚女性には組布団を持たせない風習に現れている。組布団は中国の伝統的嫁入り道具の必需品の一つで、

まして山西省の民間にも二人用布団と二人用枕を贈る風習がある。しかし、高河店にはこれまで初婚の人には組布団を持たせず、再婚の人に組布団を持たせる風習があった。調査資料からは、民国期から現在まで、すべての嫁入り道具のなかに組布団とシーツ、掛け布団カバーなどの寝具がないことに気付く。しかし、女性が再婚する際には組布団を持たせる。これは封建的な礼儀と道徳のなかで「よい女性は二人の夫に嫁入りしない」という言葉もあり、かつての再婚女性に対する偏見が嫁入り道具の風習に反映したものである。

高河店の嫁入り道具の変遷には村落全体の社会的変遷が凝縮されている。そこには、中国北方内陸農村における社会生活の時期ごとの変化が反映されており、それぞれの時代を象徴するものである。

●注

1) 山本秀夫、上村鎮威『満鉄北支農村実態調査臨汾班参加報告第二部——山西省臨汾県一農村の基本的諸関係』東亜研究所、1941年、66頁。
2) 取材記録番号：HC061108-1。
3) 山本秀夫・上村鎮威『満鉄北支農村実態調査臨汾班参加報告第二部——山西省臨汾県一農村の基本的諸関係』、東亜研究所。
4) 取材記録番号：HC061107-1。
5) 取材記録番号：HC070515-1。
6) 取材記録番号：HC080710-1。「就親」とは当地の一種の結婚に関する風俗である。経済面からの理由により、新婦の家が嫁を迎える新郎側の人たちをもてなすことができない場合、新郎側が自分たちの隣村で学校などの公共施設を用意する。そこで新婦と新婦を送ってきた親戚たちに、新郎の出迎えを待たせるのである。
7) 取材記録番号：HC080710-1。
8) 取材記録番号：HC070820-2。
9) 取材記録番号：HC080710-1。
10) 取材記録番号：HC070715-1。
11) 取材記録番号：HC070516-3。
12) 取材記録番号：HC070517-1。
13) 喬潤令『山西民俗与山西人』中国城市出版社、1995年、100頁。

14） 取材記録番号：HC070516-3。
15） 取材記録番号：HC070820-2。
16） 臨汾市経済技術開発区档案室。整理中であったため、档号は付されていなかった。
17） 取材記録番号：HC070820-2。
18） 村民委員会提供。
19） 取材記録番号：HC080710-1。

高河店村民の宗教信仰に関する調査

徐　躍勤（朴　敬玉　訳）

はじめに

　宗教は一種の文化現象として、人類の歴史と同じく非常に長い歴史がある。科学技術が絶えず発展し、人々の社会的地位はしだいに高まり、人々が自然や社会を改造して支配する能力がますます強まる一方で、宗教も日に日に繁栄し、盛んになっている。*Britanica Book of the Year*, 1991. のデータによると、1990年代初頭の、世界総人口約53億人のうち、各種の宗教を信仰している人口は約42億人で、総人口の8割を占めている。その中には、キリスト教徒が17億人余り（カトリック教徒10億人余り、プロテスタント4億人余り、ギリシャ正教徒2億人余りを含む）、イスラム教徒が9億人余り、仏教徒が3億人余り、ヒンドゥー教徒が7億人余り、その他の民族宗教および民間信仰の信者がいる。無神論者と宗教信仰のない者は10億人で、総人口の2割を占めるにすぎない。

　中国国家宗教事務局のオフィシャルサイトの統計数字によると、1997年、中国における各種の宗教信者は1億人余りで、宗教活動の場所は8万5千ヶ所、聖職者は約30万人、宗教団体は3,000余りもある。宗教団体は聖職者を育成する74の学校を運営している。しかし、中国の農村における多くの宗教信者は政府側に登録されていないため、一般の学者は目下中国における宗教信者の実人数は政府側の数字よりも多いと推測している。その中で、中国には仏教の寺院が1万3千余りあり、出家した僧侶と尼僧が約20万人いる。道教の道観（道教寺院）は1,500余りあり、男女の道士は2万5千人いる。イスラム教は中国の回族・ウイグル族など10の少数民族の民衆が信仰

第四部　農村生活の変遷

している。これらの少数民族の総人口は約1,800万人で、現在清真寺は3万余り、イマーム・アホンは4万人いる。カトリック教徒は約400万人、聖職者は約4,000人、教会、会所は4,600余りある。プロテスタントの信者は約1,000万人、伝道者は約1万8千人で、教会は1万2千余り、簡易活動所（広場）は2万5千余りある[1]。

　世界における宗教信者と中国における宗教信者の統計上の値は、目下の宗教信者の人数が膨大で急速に発展しつつあることを表している。宗教の信仰は以前から農村に広範な大衆的基盤があり、農村社会の安定に影響する重要な要素の一つである。現在、中国はまさに和諧社会と新農村の建設をすすめているところであり、農村における宗教の伝播と発展を研究することは、和諧社会と新農村建設に必要となる。筆者は2007年の夏期休暇を利用して、臨汾市の高河店における宗教信者に対して、アンケート調査と聞き取り調査の方法を用いて考察を行った。

1. 高河店の概況

　高河店は1つの行政村で、山西省臨汾市の経済技術開発区に属している。この村は山西省臨汾市の北側に位置し、臨汾のシンボル的建物である鼓楼から3キロメートルの所にある。境域内は地形が平坦で、霍（州）侯（馬）1級国道が村の中を横切り、臨汾から太原にいくには必ずここを通るので、交通は比較的に便利である。

　村の北側には涝洎川があり、西には汾河があって、南は北孝に接し、東は南焦堡に隣接する。

　村落の総面積は1,530畝で、その中で耕地が800畝、住民の住宅が330畝、難住地が400畝を占めている。住民は450戸、1,680人であるが、その中で農業従事者は400戸、1,571人である。村民は主に農業で生計を立てている。主な農作物はトウモロコシと小麦である。臨汾市街区に近い地理的優位を利用して、野菜を栽培して市民の日常生活に提供している。野菜栽培は村民収入の重要な一部分である。村に集団企業はなく、ただ一部の村民が道路に隣

接していることを生かして、自転車・自動車を修理する店舗を開いているのみである。耕地が比較的少なく、人口が比較的多いため、1990年代から、この村で出稼ぎに行く人がしだいに増加しているが、大多数は20～30歳の若い人である。

　宗教がこの村で伝播した状況について、東亜研究所の『満鉄北支農村実態調査臨汾班参加報告第一部』第6章の宗教に関する記述によると、1930～40年代、高河店の各種の宗教信者の具体的な人数ははっきりしていないが、この村には当時すでにキリスト教・仏教・道教および昔からの民間宗教が存在し、また在理教などの宗教結社もあった[2]。1949年、中国社会にはきわめて大きな変化が発生し、労働者・農民は社会の主人公になって土地改革と社会主義建設のために身を投じた。新中国の成立は、人々の積極性を奮い起した。宗教が人々に与える影響は極度に衰えた。特に1966～1976年の「文化大革命」は、宗教を含めた中国社会のさまざまな分野に対して壊滅的な破壊をもたらした。「文化大革命」期に、人々は宗教を「四旧」とみなし、批判と清算を行った。そのため、宗教は巷からほとんど姿を消し、たとえ信者がいても秘密裏に活動を行った。1979年、中国政府は改革開放政策を打ち出した。宗教界の愛国人士を含むさまざまな分野で力を合わせ一心同体となって中国の近代化を実現するために、政府は歴史と現実を尊重した上で、中国の国情に合った宗教政策を新たに確立し、宗教信仰の自由を主張し、それを憲法に書き入れ、中国における宗教の合法的地位を回復し、人々の信仰に対する選択を尊重したので、各種の宗教組織およびその信者は急速に発展・拡大していった。宗教の伝播地域には、経済・文化の基盤が発展している大都市もあり、経済・文化が相対的に立ち後れている地方の村落もある。農村には、比較的後れている地域があるだけではなく、経済が比較的発達している地域もある。北から南、東から西まで、宗教のないところはないと言える。このような背景の下で、高河店村には各種の宗教流派の信者が再び現れ始めた。

2. 調査サンプルの構成

　筆者は夏期休暇中に、この村の宗教信仰の状況について包括的な現地調査を行った。調査にあたっては、宗教を信仰している村民にランダムにアンケート調査を行った。今回の調査ではアンケート用紙35部を配布し、すべて回収したので、回収率は100％である。しかし回収した35部のアンケートの中で、宗教信仰の有無についての問いに対して2部が、宗教信仰がないと選択したので、有効回収数は33部である。今回の調査サンプルの基本状況は次の通りである。
　1、年齢の構成：
　　　　　　　　70歳以上3人（9.1％）
　　　　　　　　60〜69歳12人（36.4％）
　　　　　　　　50〜59歳7人（21.2％）
　　　　　　　　40〜49歳9人（27.3％）
　　　　　　　　30〜39歳2人（6.1％）
　2、性別の構成：
　　　　　　　　女性16人（48.5％）
　　　　　　　　男性17人（51.5％）
　3、教育レベル：
　　　　　　　　非識字者1人（3.0％）
　　　　　　　　小学校学歴12人（36.4％）
　　　　　　　　中学校学歴6人（18.2％）
　　　　　　　　高等学校学歴14人（42.4％）

3. アンケートの調査結果

　今回のアンケートの主な内容は、信教者の宗派、宗教を信仰し始めた時期、宗教を信仰した理由あるいは動機、宗教活動への参加状況、宗教知識を理解

する方法、教義に対する理解の程度などの問題である。

1、信仰する宗教流派：

     キリスト教の信者 10 人（30.3%）

     仏教の信者 22 人（66.7%）

     道教の信者 1 人（3.0%）

2、宗教を信仰し始めた時期：

     2000 年以降の信教者 2 人（6.1%）

     1990 年代の信教者 10 人（30.3%）

     1980 年代の信教者 13 人（39.4%）

     1970 年代の信教者 1 人（3.0%）

     1960 年代の信教者 3 人（9.1%）

     1950 年代の信教者 2 人（6.1%）

     1940 年代の信教者 2 人（6.1%）

3、宗教を信仰した理由あるいは動機：

アンケート調査ではこの問題に関して 4 つの回答を設けた。（1）災厄を免れ、病気と邪気を払い、体の健康、一生の平安を祈る。（2）来世に報いを得ることができる。（3）生活に挫折して、宗教に慰めを求める。（4）家庭の中で宗教を信じる者の影響を受けた。

（1）災厄を免れ、病気と邪気を払い、体の健康、一生の平安を祈るという者は 25 人、75.75% を占める。

（2）来世に報いを得ることができるという者は 5 人、15.15% を占める。

（3）生活に挫折して、宗教に慰めを求めるという者は 2 人、6.06% を占める。

（4）家庭の中で宗教を信じる者の影響を受けたという者は 1 人、3.03% を占める。

4、宗教活動への参加情況：

この問題についてはアンケート調査で 4 つの回答を設けた。（1）すべての活動に参加する。（2）部分的に参加する。（3）たまに参加する。（4）ずっと参加していない。

（1）すべての活動に参加するという者は10人、30.3％を占める。

（2）部分的に参加するという者は11人、33.3％を占める。

（3）たまに参加するという者は10人、30.3％を占める。

（4）全く参加していないという者は2人、6.1％を占める。

5、宗教知識と教義に対する理解の方法：

この問題についてはアンケート調査で4つの回答を設けた。（1）自分で宗教に関する書籍を読む。（2）家庭の中で信者の解説を聞く。（3）宗教活動に参加して他の信者の解説を聞く。（4）その他。

（1）自分で宗教に関する書籍を読むという者は8人、24.2％を占める。

（2）家庭の中で信者の解説を聞くという者は8人、24.2％を占める。

（3）宗教活動に参加して他の信者の解説を聞くという者は8人、24.2％を占める。

（4）その他という者は7人、21.2％を占める。

回収したアンケートの中で2人がこの問題に回答せず、6.1％を占める。

6、宗教の知識と教義に対する理解の程度：

この問題についてはアンケート調査で3つの回答を設けた。（1）よく理解している。（2）普通。（3）少し理解している。

（1）よく理解しているという者は4人、12.1％を占める。

（2）普通という者は14人、42.4％を占める。

（3）少し理解している者は15人、45.5％を占める。

4. アンケート調査結果の分析

アンケートをまとめた結果を見ると、高河店の宗教信者は主にキリスト教と仏教を信奉しており、調査対象の97％を占め、在来宗教——道教を信奉する者は3％しかいない。

70％近くの信者は1980年代と1990年代から信仰を始め、2000年以降は減少して、6.1％しかいない。調査結果が示したこのような状況は中国の国情に合っている。1979年、中国政府は改革開放政策を打ち出した。宗教界

の愛国人士を含むさまざまな分野で力を合わせて一心同体で中国の近代化を実現するために、政府は歴史と現実を尊重しながら、中国の国情に合う宗教政策を新たに確立し、宗教信仰の自由を主張し、それを憲法に書き入れた。中国での宗教の合法的地位を取り戻し、人々の信仰に対する選択を尊重したので、人々の「文化大革命」期の抑圧が爆発したのである。しかし、ここ数年、中国の経済と文化の発展、特に学校教育と社会教育の発展、人々の総合的な資質の向上などによって、宗教信者の人数は明らかに減ってきた。

宗教信者が宗教を信仰する理由あるいは動機について、アンケート調査の結果では、75.8％の者が「災厄を免れ、病気と邪気を払い、体の健康、一生の平安を祈る」を選んでいる。信者が宗教を信仰している理由にはとても強い実利性があった。アンケート調査の結果、70％の宗教信者はすべての宗教活動に参加することはできないか、或いは宗教活動に参加していない。70％の信者は自分で宗教書籍を読んで宗教知識を理解しているのではない。90％近くの信者は信仰している宗教の教義についてよく理解しているわけではない。これらの結果、信者の大多数は信仰している宗教に対してあまり理解していないことを表している。主に宗教を通じて災厄を免れ、病気と邪気を払い、自分と家族が平安に暮らせることを目的としている。アンケートを踏まえて、筆者はあらためて一人のキリスト教徒と仏教徒に取材を行ったが、それも以上の結果を裏付けている。

一番目の取材対象者である常女史は、年齢47歳、1990年からキリスト教を信奉し始めた。キリスト教に帰依する前に、病魔が身につきまとって、特に結婚した後に子供を産む時、順調ではなかったので、生活に対する自信を失い、その上いつも頭痛を感じていた。ある時一人の信者の家で食事をした時、彼女は自分の境遇を訴えた。その信者は彼女に「あなたはキリスト教を信じなさい。『神』（村民たちのキリスト教のイエス、仏教の釈迦に対する呼び方）に祈りをささげるだけで、あなたの頭は痛みを感じなくなるのよ」と言った。少し試してみるという態度で、彼女はその信徒にキリスト教とは何か、どのように信仰すべきか、どのように祈りをささげるのかについて尋ねた。このようにして、彼女の中にキリスト教に対する初歩的なイメージがで

第四部　農村生活の変遷

き、そのうえ祈り方を習得した。彼女の追憶によると、祈りをささげた後に頭の痛みが本当に無くなり、体もずいぶんよくなったという。信者になってから長年たつが、彼女の体はよくなり、生活に対しても自信を持つようになった。

ただし、彼女が最終的に信者になったきっかけは、実はほかのことであった。彼女が言うには、当時家業の農業生産がうまくいっていなかった。主に野菜（キュウリ、トマト）のハウス栽培をしたが、虫害とハウスの倒壊に見舞われた。しかも、虫害問題は長期にわたって解決できなかった。ちょうど彼女が悩んでどうしたらよいか分からなかった時、突然「神」に祈りをささげることを思い出して、「神」に彼女の家の生産がうまくいくように守ってくださるよう祈った。その結果、その年は豊作になった。このことを通じて彼女はキリスト教が確かにとても役に立つと思うようになった。そこで彼女は1990年に信者になり、一人のキリスト教徒になった。時には、他の地域へ行き、何人かの信者と友人になって、キリスト教に関連する知識を交流したりした。小学校卒業程度の教育レベルだったが、彼女は『聖書』に触れ、学習し始めた。10数年の努力を費やした結果、『聖書』をほぼ通読することができる敬虔な信徒となった。

彼女は自分が信仰しただけではなく、足の痛みを抱えた夫を説得したので、1992年には夫も洗礼を受けて信者になった。彼女の夫は信者になってから足の痛みが軽くなったと感じている。

彼女の影響のもとで、彼女の子供もキリスト教を信仰している。

2番目の取材対象者である黄氏は、64歳、仏教を信仰している。宗教を信仰する理由は常女史と似ており、主に自分の子供と妹の子供の「体があまりよくない」からであった。宗教を信仰してから子供たちの体の状況はしだいによくなってきた。

村民の中で宗教を信奉する者は主に宗教を信奉することを通じて災厄を免れ、病気と邪気を払い、自分と家族が平安に暮らせることを目的としている。調査結果によれば、信者は確かに彼ら自分が期待した目的を達成したようである。しかし、取材の時に筆者は「神」に祈ると同時に信者自身と子供が病

院に行って治療を受けたかどうか、農業生産が虫害に遇った際に、「神」に祈る以外に、害虫駆除など他の方法を使ったかどうか、聞いてみた。相手の答えは確かで、信者は自分或いは子供の体が病に伝染された時、「神」に祈ると同時に、また病院に行って治療した。農業生産が災害に見舞われた時も、祈ると同時に、また農薬を使って殺虫するなど他の方法も用いた。そのため、筆者は、村民が病気になったため宗教を信仰したというのは、おそらく心理的作用によるものであり、精神的・心理的負担をある程度軽減して、病の治療に役立ったと考える。その上、必要な医療行為を受けているので、長期にわたって治療したが治らなかった病も全快できたと思われる。自然災害に遭って、宗教を信仰して祈ると同時に、科学的な手法を用いて自然災害に打ち勝つという目的を達成した。大部分の農村の宗教信者は、いつも偶然の一致を必然だと思っているため、「神」は信者の健康を守り、病気と邪気を払い、災厄を免れるというのが、村民が宗教を信仰する主な原因の1つになっているのである。

●注

1) 国家宗教事務局のオフィシャルサイトはhttp://www.sara.gov.cn/である。なお、まだ最新の統計データが把握できていないため、ここでの数字は最新の統計数字ではない。
2) 東亜研究所『満鉄北支農村実態調査臨汾班参加報告第一部——事変前後を通じて見たる山西省特に臨汾に関する調査』、第297～305頁、東亜研究所、1940年。

あとがき

　2011年2月28日、末期肝臓癌に苦しめられ、闘病で衰弱しつつあった三谷孝先生が、最後のエネルギーを振り絞り、結果的には「絶筆」となった本論文集収録の論文「臨汾現地調査（1940年）と高河店」ならびに本書の「まえがき」を書き上げ、本論文集の編集を弟子の私に託しました。予定していた入院日の3日前のことでした。3月3日、先生は親戚と私に伴われ、肝臓癌治療では最も権威があるといわれた大学付属病院に入院されました。病室では未曾有の東日本大震災とその直後の強い余震、計画停電、福島第一原子力発電所放射能漏のニュースなどに遭遇しながらも、私が持っていた本論文集原稿のコピーをお読みになり、時には朱筆も入れてくださいました。

　3月15日、私がお見舞いに行って、本論文集の構成等について打ち合わせを終えた時、先生は「『あとがき』を書く時、私はもういないかもしれない、李さん、書いてよ」と言われました。その時、私はまさか本当になるとは思ってもみませんでした。しかし、先生は覚悟をしていた口調で、治療にはもう打つ手がなさそうなので、自宅に戻って、Eメールでみんなと連絡を取りたいし、身辺整理もしたいとおっしゃり、退院を強く望まれていました。

　3月17日、先生は願望の帰宅を実現されましたが、その直後、病状悪化のため地元の病院に入院され、3月29日午前10時、静かにあの世に旅立たれていきました。享年65歳でした。一橋大学を定年退職してからわずか2年で第二の人生を楽しもうとしていた矢先のことでした。わずか65年の生涯でしたが、三谷先生が私たちに残して下さった大きな学問的遺産はたくさんあります。その一つは、フィールド・ワークを最重要視する中国歴史研究の方法です。それは私たちにとって貴重な学問的財産といえるものです。

　三谷先生は終戦直後の1945年10月に疎開先の千葉県でお生まれになり、東京都立小山台高等学校を経て、東京教育大学文学部史学科を卒業されました。専攻は東洋史学でした。その後、一橋大学大学院修士課程、同博士課程

を経て、1979年4月に一橋大学社会学部助教授に就任し、1988年1月に同教授になられました。この間、一橋大学社会学部長、同大学院社会学研究科長、同大学役員補佐、中国国際交流委員会委員長、国際交流会館長、一橋大学北京事務所運営委員会委員長などの重職を歴任されると共に、学外においても東京大学文学部、大東文化大学法学部、成城大学経済学部などの非常勤講師や華東師範大学の顧問教授などを勤められました。

　三谷先生は、中国研究の碩学である野澤豊先生と増淵龍夫先生の二人の師に恵まれ、1960年代末から中国近現代史上の農民運動、特に民間秘密結社に強い関心をもって研究を開始され、ライフワークの一つにされました。秘密結社が活躍した中国現地へのフィールド・ワークを熱望されましたが、当時は日本と中国との間に国交がないため、日本国内で見られる『時報』『申報』『順天時報』などの新聞や地方誌の記事を丹念に読むことしかできませんでした。先生はその頃、「農民運動の具体像を細部に至るまで明らかにしたいという願望のあまり、論文作成中には、紅槍会や天門会の農民たちが活躍した現地の風景を何度も夢に見たものだった」（三谷孝著『秘密結社与中国革命』、386～387頁）と回顧しています。

　1972年の日中国交正常化、とりわけ中国政府が改革開放政策を実施するようになって以降、日中両国の学術交流は年を追って盛んになりました。1988年、三谷先生は初めて河南省林県を訪れ、天門会発祥の地の東油村において、天門会に参加した老人たちから直接話を聞くことができました。先生は、これが「まさに夢想の実現ともいえる喜ばしいことであった」（同上、387頁）と述べています。その後、抗日戦争時期に活躍した老天門会員をインタビューしたり、その指導者の楊貫一の家族を訪問して聞き取りをしたりして現地調査を重ね、先生の過去20年数年間の研究成果を集成して単著『秘密結社与中国革命』（中国社会科学出版社、2002年）を北京で刊行されました。この学術書には、それまで殆ど注目されてこなかった紅槍会、天門会、大刀会、小刀会等の農村秘密結社を対象にして「伝統と革命の遭遇」という視角からその実証的解明を企図して、三谷先生が辿った研究の軌跡が見事に集大成されています。

あとがき

　河南省でのフィールド・ワークを契機に、三谷先生は中国農村慣行調査研究会を率いて、華北農村調査プロジェクトを立ち上げ、南開大学歴史学院魏宏運教授・左志遠教授・張洪祥教授等と共に、1990年から1995年にかけて北京市近郊・天津市近郊・河北省・山東省の5つの村の歴史調査を実施されました。その成果は、編著『農民が語る中国現代史』（内山書店、1993年）、『中国農村変革と家族・村落・国家——華北農村調査の記録』第1～2巻（汲古書院、1999～2000年）、『村から中国を読む——華北農村五十年史』（青木書店、2000年）などにまとめられています。その後、「中国内陸地域における農村変革の歴史的研究」という大型プロジェクトチームを立ち上げ、研究対象を中国内陸農村、特に山西省と河南省の農村に移し、私の母校である山西師範大学の歴史与旅遊文化学院徐躍勤院長等の協力を得て2005年から2007年にかけて3年間フィールド・ワークを行われました。先生の当時の心境は2006年元旦、私宛に下さった年賀状に率直に記されているのではないかと思います。それは、「今年は臨汾の農村に行って農家を見学し、農民の話を聞き、町のレストランで麺を食べ、洪洞県の大槐樹の下でタバコを一本吸いたいものです」というものでした。当時、三谷先生は何度もの禁煙に失敗し、最後の試みとして禁煙を続行して1年7カ月の新記録を樹立した時期でした。60代になっても、20代後半の時と同じ、現地でのフィールド・ワークを夢にして心から楽しみにしていた様子をこの年賀状からうかがい知ることができます。

　1992年に来日してから約20年間、三谷先生の学問的薫陶を受けて育った私にとって、先生の早すぎる死はあまりにも大きな痛手でした。弟子たちだけではなく、先生と学問的交流を結んでいた日本国内の研究者、さらに中国をはじめ世界各地の研究者も先生の早世を惜しんでいると聞いています。三谷先生への追悼の意を表すために、われわれは本論文集に「三谷孝先生略年譜ならびに主要業績目録」を付録として追加させていただきました。読者の皆様には、われわれの気持ちをご理解いただければ幸甚です。

　本論文集を三谷先生のお目にかけられなかったことは、誠に痛恨の極みでありますが、執筆者一同、ここに謹んで本論文集を先生に献呈し、ご冥福を

衷心よりお祈り申し上げる次第です。

　なお、本論文集の編集・刊行にあたっては、三谷先生の古くからの親友である笠原十九司都留文科大学名誉教授、内山雅生宇都宮大学教授、御茶の水書房の橋本盛作社長、編集担当の小堺章夫氏に終始お世話になりました。翻訳論文の校正にあたっては、山本真氏、林幸司氏、金野純氏から有益な助言をいただきました。ご尽力いただいた上記の方々に厚く御礼を申し上げます。

　2011 年 5 月吉日

執筆者を代表して
李　恩　民

三谷孝先生略年譜ならびに主要業績目録

略年譜

1945（昭和20）年
  10月23日、疎開先の千葉県長生郡東村豊原に生まれる。
  翌春帰京後、大田区女塚一丁目に住居。

1952（昭和27）年
  4月：東京都大田区立女塚小学校入学。

1958（昭和33）年
  3月：女塚小学校卒業。
  4月：東京都大田区立蓮沼中学校入学。

1961（昭和36）年
  3月：蓮沼中学校卒業。
  4月：東京都立小山台高等学校入学。

1964（昭和39）年
  3月：小山台高等学校卒業、同校補習科に一年間通う。

1965（昭和40）年
  4月：東京教育大学文学部入学（史学科東洋史学専攻）、中国研究会に入会。

1967（昭和42）年
  4月：東京教育大学・お茶の水女子大学歴史科学研究会（「歴科研」）を君島和彦氏らとともに創立。
  6月：筑波移転問題で文学部学生自治会ストライキ開始（7月中旬に解除）。

1968（昭和43）年
  6月：筑波移転問題で全学闘争委員会ストライキ開始（翌年2月機動隊により解除）。
  9月：東京教育大学付属中学校で教育実習。

1969（昭和44）年
　3月：東京教育大学卒業（文学士）
　　　卒業論文「中国農村工業の一考察――一九二〇年代の高陽織布業――」
　4月：東京都立大学大学院の里井彦七郎先生のゼミ及び講義（義和団研究）に聴講生として一年間通う。
　　　野澤豊先生主宰の中国現代史研究会に参加、また東京歴史科学研究会アジア史部会・歴史学研究会アジア近現代史部会・抗日戦争史研究会等にも参加。

1970（昭和45）年
　4月：一橋大学大学院修士課程入学（社会学研究科社会学専攻）、増淵龍夫先生のゼミに属する。
　8月：第一回現代史サマーセミナー「世界史における一九三〇年代」（於高尾山）の事務局員を勤める。

1972（昭和47）年
　3月：一橋大学大学院修士課程修了（社会学修士）
　　　修士論文「中国国民革命時期の北方農民暴動――河南紅槍会の動向を中心に――」
　4月：一橋大学大学院博士課程進学。
　10月：野澤豊編『日中関係小史』（実教出版）の作成に参加。

1975（昭和50）年
　5月：里井彦七郎先生死去。
　　　秋、秦惟人・水原敏博・内山雅生・夏井春喜の諸氏と「中国近代史研究会」を創立。

1976（昭和51）年
　3月：一橋大学大学院博士課程単位修得退学
　　　博士課程単位修得論文「南京政権と江北民衆暴動」
　4月：日本学術振興会奨励研究員（一年間）。
　5月：歴史学研究会編集委員（二年間）。

1977（昭和52）年

4月：東京大学教育学部付属中・高等学校非常勤講師（中学三年「社会」、一年間）。
9月：内山雅生氏の呼びかけに応えて「中国農村慣行調査研究会」の創立に参加。
10月：成蹊大学法学部非常勤講師（「東洋史」、1979年3月まで）。

1978（昭和53）年
4月：宇都宮大学教育学部非常勤講師（「東洋史概説」、1979年3月まで）。

1979（昭和54）年
4月：一橋大学社会学部助教授に就任（「東洋社会史」担当）。
8月：前期教務委員（教職課程委員を兼任）に任命される（二年間）。

1980（昭和55）年
4月：大田区から神奈川県津久井郡城山町に転居。

1983（昭和58）年
5月：増淵龍夫先生死去。
6月：成城大学経済学部非常勤講師（1990年3月まで）。

1986（昭和61）年
4月：後期教務委員に任命される（二年間、後半一年間は委員長）。
8月：中国農村慣行調査研究会の計画で初の訪中旅行、沙井村・寺北柴村及び南開大学・中国社会科学院を訪問。

1987（昭和62）年
4月：國学院大学文学部非常勤講師（1996年3月まで）

1988（昭和63）年
1月：社会学部教授に昇任。
3月：天津の南開大学で研修（3月30日から約70日間、受入先は歴史系魏宏運教授、一橋大学後援会の助成金による）、侯家営・寺北柴村・冷水溝・東油村を訪問。6月初旬香港経由で帰国。

1989（昭和64・平成元）年
4月：大学院学務委員に任命される（二年間）。
6月：北京で天安門事件発生。

1990（平成2）年
　8月：中国農村慣行調査研究会と南開大学歴史系との共同研究「中国の農村変革の歴史的研究」による華北農村調査開始、北京市順義県沙井村・房山区呉店村を調査。

1991（平成3）年
　8月：南開大学における「抗日根拠地史国際シンポジュウム」に参加、シンポジュウム終了後、河北省渉県・山西省黎城県等の八路軍旧跡を参観。その後、天津市静海県馮家村を調査。

1992（平成4）年
　4月：大東文化大学法学部非常勤講師（1993年3月まで）

1993（平成5）年
　4月：東京大学文学部非常勤講師（1995年3月まで）
　8月：静海県馮家村・山東省平原県後夏寨村を調査。
　10月：南開大学での講義のため訪中。講義終了後、林県東油村・浚県三角村を訪問する。

1994（平成6）年
　3月：上海及び蘇州に参観旅行。
　8月：平原県後夏寨村・順義県沙井村を調査。
　12月：河北省石家荘市欒城県寺北柴村を調査。

1995（平成7）年
　3月：香港・広東に参観旅行。
　4月：社会学部評議員（1997年3月まで二年間）。
　9月：欒城県寺北柴村調査。六年間の現地調査終了。

1996（平成8）年
　3月：香港・マカオ・中山市に参観旅行。
　8月：北京・延辺を旅行、対外経済貿易大学・延辺大学・延辺社会科学院を訪問。

1997（平成9）年
　3月：ゼミの学生等と台湾（台北・花蓮）に参観旅行。

8月：台湾に調査旅行、中央研究院近代史研究所・国史館・故宮博物館・霧社等を訪問する。

1998（平成10）年
  3月：上海・紹興に参観旅行。

1999（平成11）年
  3月：ゼミの学生と四川省成都・重慶に参観旅行。
  4月：社会学部長（2001年3月まで二年間）。

2000（平成12）年
  4月：大学院重点化にともない、一橋大学大学院社会学研究科教授に配置替え。

2001（平成13）年
  9月：北京の中央編訳局を訪問して講演、講演終了後、沙井村及び武漢大学を訪問。

2004（平成16）年
  3月：上海訪問、華東師範大学及び上海師範大学で講演。華東師範大学の「顧問教授」の称号を授与される。
  4月：一橋大学役員補佐に任命される。
  7月：病気（高血圧症、5月12日、右眼眼底出血）のため役員補佐を辞任。

2005（平成17）年
  4月：一橋大学国際交流会館長（2007年3月まで）に任命される。
  4月：山西師範大学歴史与旅遊文化学院（当初は河南党校）との共同研究「中国内陸地域における農村変革の歴史的研究」による河南・山西農村調査開始。
  8月：北京経由で河南省開封市の河南大学訪問、北京・開封・鄭州で資料収集。
  11月：上海旅行、上海蟹の陽澄湖等を参観する。

2006（平成18）年
  3月：科研費の調査計画の予備折衝のため天津の南開大学及び臨汾の山西師範大学を訪問。
  5月：一橋大学北京事務所運営委員会発足に伴い委員長に任命される。
  12月：山西省臨汾市高河店農村調査。調査終了後、山西大学社会史研究センタ

一及び河北省邢台市を訪問。

2007（平成 19）年
　4 月：成城大学経済学部非常勤講師（2009 年 3 月まで）。
　8 月：臨汾市高河店農村調査。調査終了後、山西大学社会史研究センターを訪問。

2009（平成 21）年
　3 月：一橋大学を定年退職。
　4 月 1 日：一橋大学名誉教授の称号を授与される。

2010（平成 22）年
　4 月：聖心女子大学大学院非常勤講師（「東洋近代史特講：1920〜30 年代中国の民間結社」）。

2011（平成 23）年
　3 月 29 日：肝臓癌のため逝去、享年 65 歳。

主要業績目録

1969（昭和 44）年
　東京教育大学卒業論文「中国農村工業の一考察――一九二〇年代の高陽織布業――」（1 月）

1971（昭和 46）年
　「統一戦線論　討論要旨」（江口朴郎・荒井信一・藤原彰編著『世界史における一九三〇年代』青木書店）

1972（昭和 47）年
　一橋大学大学院修士論文「中国国民革命時期の北方農民暴動――河南紅槍会の動向を中心に――」（1 月）
　野澤豊編『日中関係小史』（実教出版、1972 年 10 月）

1973（昭和 48）年
　「国民革命期における中国共産党と紅槍会」（『一橋論叢』69 巻 5 号、1973 年 5

三谷孝先生略年譜ならびに主要業績目録

月）

1974（昭和49）年
「国民革命時期の北方農民暴動——河南紅槍会の動向を中心に——」（野澤豊編著『中国国民革命史の研究』、青木書店、1974年5月）
「翻訳」太平洋戦争史研究会編『華北における日本兵の反戦運動（一）』（共訳、1974年）

1975（昭和50）年
「翻訳」太平洋戦争史研究会編『華北における日本兵の反戦運動（二）』（共訳、1975年）

1976（昭和51）年
一橋大学大学院博士課程単位修得論文「南京政権と江北民衆暴動」（1月）
「南京政権と江北民衆暴動」（『中国近代史研究会通信』2号、1976年）
「文献紹介、ピョートル・ウラジミロフ、高橋正訳『延安日記』（上）（下）」（サイマル出版会、1975年刊）（『歴史学研究』439号、1976年12月）

1977（昭和52）年
「翻訳」横浜市・横浜の空襲を記録する会編『横浜の空襲と戦災、四——外国資料編』（共訳、1977年、横浜市）

1978（昭和53）年
「南京政権と『迷信打破運動』（1928—1929）」（『歴史学研究』455号、1978年4月）
「伝統的農民闘争の新展開」（野澤豊・田中正俊編『講座・中国近現代史』第5巻、東京大学出版会、1978年）
「1977年の歴史学界——回顧と展望——」（『史学雑誌』87編5号、1978年5月）

1980（昭和55）年
「江北民衆暴動（1929年）について」（『一橋論叢』83巻5号、1980年3月）

1981（昭和56）年
歴史学研究会編『アジア現代史』第3巻（共著、青木書店、1981年）

1983（昭和58）年

「大刀会と国民党改組派——1929年の溧陽暴動をめぐって——」(『中国史における社会と民衆』、汲古書院、1983年)

「1983年歴史学研究会大会報告(坂野良吉報告)批判」(『歴史学研究』523号、1983年)

「すすめたい書物」(『一橋小平学報』87号、1983年4月)

1984(昭和59)年

「河南時代の楊靖宇」(『近きに在りて』第5号、1984年)

「関帝会・光蛋会・窮人会」(『燎原』20号、1984年、燎原書店)

「北洋軍閥」「農民運動」「中国共産党」「土地改革」(『体系経済学辞典』東洋経済新報社、1984年11月)

1985(昭和60)年

『「中国農村」・解題と記事目録』(アジア経済研究所所内資料、1985年)

1986(昭和61)年

「中国農村経済研究会とその調査」(小林弘二編『旧中国農村再考——変革の起点を問う』、アジア経済研究所、1986年)

「中国農村経済研究会の調査と方法(一)」(『近きに在りて』第9号、1986年5月)

1987(昭和62)年

「抗日戦争中の『中国農村』派について」(小林弘二編『中国農村変革再考——伝統農村と変革——』、アジア経済研究所、1987年)

「青帮史研究の画期的資料——『旧上海的帮会』の刊行に寄せて——」(『近きに在りて』第12号、1987年)

1988(昭和63)年

「中国農村再訪」(『一橋大学ニュース』1988年9月号)

1989(昭和64・平成元)年

「現代中国秘密結社研究の課題」(『一橋論叢』101巻4号、1989年4月)

「紅槍会と郷村結合」(『世界史への問い』第4巻、岩波書店、1989年)

「中国の山村を訪ねて」(『一橋小平学報』99号、1989年4月)

「『中国方志叢書』について」(『鐘』No.21、1989年10月)

1990（平成2）年
「中国における最近の秘密結社関係図書について」（『中国図書』第2巻2月号、1990年、内山書店）
「天門会発祥の地を訪ねて——河南省林県東油村訪問記——」（『近きに在りて』第17号、1990年）

1991（平成3）年
「東洋史」（『週刊読書人』1914号、1991年12月23日、年末回顧総特集号）

1992（平成4）年
「東洋史」（『週刊読書人』1965号、1992年12月28日、年末回顧総特集号）

1993（平成5）年
『農民が語る中国現代史——華北農村調査の記録——』（編著、内山書店、1993年）
「抗日戦争中の紅槍会」（『中外学者論抗日根拠地——南開大学第二届中国抗日根拠地史国際学術討論会論文集』档案出版社、1993年）
「東洋史」（『週刊読書人』2015号、1993年12月24日、年末回顧総特集号）
「翻訳」蘇智良「近代上海の黒社会について」（『中国図書』1993年2月号）

1994（平成6）年
「東洋史」（『週刊読書人』2065号、1994年12月23日、年末回顧総特集号）

1995（平成7）年
「天門会再考——現代中国民間結社の一考察——」（『社会学研究』〔一橋大学〕34、1995年）
「中国共産党と農村結社」（『しにか』6巻9号、1995年9月号、大修館書店）
「東洋史」（『週刊読書人』2125号、1995年12月22日、年末回顧総特集号）

1996（平成8）年
「豫北天門会与中国共産党」（『二十世紀的中国農村社会』档案出版社、1996年）
「華北内陸農村の旅①〜③」（『中国語』1996年4月号〜6月号、内山書店）
「民衆文化（中国の）」「秘密結社（中国の）」「械闘」（『歴史学辞典』第4巻、弘文堂、1996年12月）

1997（平成9）年

「公正評価民間人士在発展中日関係中的作用」（『神州学人』1997年第1期）

「『中日民間経済外交』序二」（李恩民著『中日民間経済外交　1945—1972』人民出版社、1997年）

1998（平成10）年

「戦前期日本の中国秘密結社についての調査」（『戦前期中国実態調査資料の総合的研究』）科学研究費補助金研究成果報告書、1998年）

1999（平成11）年

『中国農村変革と家族・村落・国家——華北農村調査の記録——』（編著、汲古書院、1999年）

「私の大学」（『国立学報』第3号、1999年4月）

2000（平成12）年

『中国農村変革と家族・村落・国家——華北農村調査の記録——』第2巻（編著、汲古書院、2000年）

『村から中国を読む——華北農村五十年史——』（共著、青木書店、2000年）

「『資治通鑑』を読む」（『国立学報』第5号、2000年4月）

2001（平成13）年

「房建昌報告へのコメント」（『近代中国研究彙報』第23号、東洋文庫、2001年3月）

「社会学部五十年」（『国立学報』第7号、2001年4月）

「匪賊」（『歴史学辞典』第8巻、弘文堂、2001年2月）

2002（平成14）年

『秘密結社与中国革命』（単著、李恩民監訳、中国社会科学出版社、2002年）

2004（平成16）年

「反革命鎮圧運動と一貫道——山西省長治市の事例」（『近代中国研究彙報』第26号、東洋文庫、2004年3月）

2007（平成19）年

「近現代中国の秘密結社（幇会）と黒社会——杜月笙の生涯と上海」（『如水会会

報』920号、2007年1月号）

「『日独青島戦争』（一九一四年）下の山東民衆（資料紹介）」（『第一次大戦期日本の山東経営をめぐる総合的研究』、平成15年度～平成18年度科学研究費補助金（基盤研究〔B〕）研究成果報告書、2007年3月）

「錦絵の中の中国人」（姜徳相編著『錦絵の中の朝鮮と中国』岩波書店、2007年）

2008（平成20）年

『戦争と民衆——戦争体験を問い直す——』（編著、旬報社、2008年）

『中国内陸地域における農村変革の歴史的研究』（編著、平成17年度～平成19年度科学研究費補助金（基盤研究〔B〕）研究成果報告書、2008年）

「秘密結社の社会史——二十世紀中国の場合」（一橋大学社会学部編『市民の社会史』2008年、渓流社）

2009年（平成21）年

「戦前期日本の中国秘密結社調査」（本庄比佐子編『戦前期華北実態調査の目録と解題』2009年3月、東洋文庫）

「中国内陸農村調査の計画と現実」（『近きに在りて』第55号、2009年5月）

2011（平成23）年

『中国内陸における農村変革と地域社会——山西省臨汾市近郊農村の変容——』（編著、御茶の水書房、2011年）

【注記】「三谷孝先生略年譜ならびに主要業績目録」は、三谷先生が2009年5月16日付で作成されたものを基に、李恩民が補足したものである。

■執筆者・訳者紹介（執筆順）

三谷 孝（みたに たかし　Mitani Takashi）（奥付参照）

岩谷 將（いわたに のぶ　Iwatani Nobu）
防衛省防衛研究所企画室情報発信調整官（兼）戦史部教官、博士（法学）。専門は中国近現代史。主な著書：（共著）『救国、動員、秩序―変革期中国の政治と社会』（慶應義塾大学出版会、2010年）。

弁納 才一（べんのう さいいち　Bennou Saiichi）
金沢大学経済学経営学系教授、博士（史学）。専門は近現代中国農村経済史。主な著書：『近代中国農村経済史の研究―1930年代における農村経済の危機的状況と復興への胎動』（金沢大学経済学部、2003年）、『華中農村経済と近代化―近代中国農村経済史像の再構築への試み』（汲古書院、2004年）、『地域統合と人的移動―ヨーロッパと東アジアの歴史・現状・展望』（共編著、御茶の水書房、2006年）、『東アジア共生の歴史的基礎―日本・中国・南北コリアの対話』（共編著、御茶の水書房、2008年）。

山本 真（やまもと しん　Yamamoto Shin）
筑波大学大学院人文社会科学研究科准教授、博士（社会学）。専門は中国近現代史、中国農村社会史。主な著書：「福建省西部革命根拠地における社会構造と土地革命」（『東洋学報』第87巻2号、2005年）、「1930～40年代、福建省における国民政府の統治と地域社会―龍巖県での保甲制度・土地整理事業・合作社を中心にして―」（『社会経済史学』74巻2号、2008年）、『憲政と近現代中国　国家、社会、個人』（共編著、現代人文社、2010年）。

祁 建民（キ ケンミン　Qi Jianmin）
長崎県立大学国際情報学部教授、歴史学博士、博士（学術）。専門は中国現代史、日中関係史。主な著書：『二十世紀三四十年代的晋察綏地区』（天津人民出版社、2002年）、『国史紀事本末』第四巻（遼寧人民出版社、2003年）、『中国における社会結合と国家権力―近現代華北農村の政治社会構造』（御茶の水書房、2006年）。

金野 純（こんの じゅん　Konno Jun）
学習院女子大学国際文化交流学部専任講師、博士（社会学）。専門は東アジア地域研究（中国）、歴史社会学。主な著書：『中国社会と大衆動員』（御茶の水書房、2008年）。

林 幸司（はやし こうじ　Hayashi Koji）
成城大学経済学部専任講師、博士（社会学）。専門は近現代中国銀行史・商業史。主な著作：『近代中国と銀行の誕生―金融恐慌、日中戦争、そして社会主義へ』（御茶の水書房、2009年）。

田中比呂志（たなか　ひろし　Tanaka Hiroshi）

東京学芸大学教育学部教授、博士（社会学）。専門分野は中国近現代史。主な著書・分担執筆に『近代中国の政治統合と地域社会』（研文出版、2010 年）、『シリーズ 20 世紀中国史　第 2 巻』（東京大学出版会、2009 年）、『アジアの国民国家構想』（青木書店、2008 年）、『世界史史料——帝国主義と各地の抵抗Ⅱ』（岩波書店、2008 年）などがある。

田原　史起（たはら　ふみき　Tahara Fumiki）

東京大学大学院総合文化研究科准教授、博士（社会学）。専攻は中国社会論、コミュニティ研究。主著に『中国農村の権力構造』（御茶の水書房、2004 年）、『二十世紀中国の革命と農村』（山川出版社、2008 年）など。

内山　雅生（うちやま　まさお　Uchiyama Masao）

宇都宮大学国際学部教授、博士（史学）。専門は中国近現代史、中国農村経済史。主な著書：『二十世紀華北農村社会経済研究』（中国社会科学出版社、2001 年）、『現代中国農村と「共同体」』（御茶の水書房、2003 年）、『日本の中国農村調査と伝統社会』（御茶の水書房、2009 年）。

李　恩民（リ　エンミン　Li Enmin）

桜美林大学リベラルアーツ学群教授、歴史学博士、博士（社会学）。専門は日中関係史、中国近現代史。主な著書：『中日民間経済外交　1945～1972』（人民出版社、1997 年）、『転換期の中国・日本と台湾』（御茶の水書房、2001 年）、『「日中平和友好条約」交渉の政治過程』（御茶の水書房、2005 年）。

張　愛青（チョウ　アイセイ　Zhang Aiqing）

山西師範大学歴史与旅遊文化学院専任講師、歴史学修士。専門は中国近現代史、中国近現代社会史。著書に『中共党史専題研究』（共著、山西高校聯合出版社、1992 年）、論文に「『新青年』在婦女解放中的作用」、「晋察冀抗日根据地婚姻政策、法令的変遷与婦女解放」、「左宗棠与票号」などがある。

徐　躍勤（ジョ　ヤクキン　Xu Yueqin）

山西師範大学歴史与旅遊文化学院准教授、歴史学博士。山西師範大学歴史与旅遊文化学院院長などを歴任。専門は西洋文化史、世界古代史。著書に『雅典海上帝国研究』（中国文史出版社、2010 年）、編著に『多維視野下的中外歴史文化』（書海出版社、2005 年）、『中西歴史文化概要』（北京師範大学出版社、2008 年）などがある。

朴　敬玉（パク　ケイギョク　Piao Jingyu）

関東学院大学非常勤講師、博士（社会学）。専門は東アジア社会経済史、中国近現代史。主な論文：「朝鮮人移民の中国東北地域への定住と水田耕作の展開—1910～20 年代を中心に」（日本現代中国学会編『現代中国』82 号、2008 年）、「満洲国における

『安全農村』の建設と朝鮮人農民——濱江省珠河県河東村を中心に」(『近きに在りて』第57号、汲古書院、2010年6月)。

編者紹介

三谷 孝（みたに　たかし　Mitani Takashi　1945～2011）
　一橋大学名誉教授。専門は中国現代史、中国農村社会史、秘密結社史。主な著書に『秘密結社与中国革命』（中国社会科学出版社、2002年）、編著に『農民が語る中国現代史』（内山書店、1993年）、『中国農村変革と家族・村落・国家——華北農村調査の記録』第1～2巻（汲古書院、1999～2000年）、『村から中国を読む——華北農村五十年史』（青木書店、2000年）、『戦争と民衆——戦争体験を問い直す』（旬報社、2008年）などがある。

中国内陸における農村変革と地域社会
——山西省臨汾市近郊農村の変容——

2011年7月25日　第1版第1刷発行

編著者　三　谷　　　孝
発行者　橋　本　盛　作

〒113-0033　東京都文京区本郷5-30-20
発行所　株式会社　御茶の水書房
電話　03-5684-0751

Printed in Japan　　　　　　組版・印刷／製本・シナノ印刷㈱

ISBN 978-4-275-00932-6　C3036

日本の中国農村調査と伝統社会	内山雅生 著	A5判・二九六頁 価格 四六〇〇円
中国農村の権力構造	田原史起 著	A5判・三三二頁 価格 五〇〇〇円
「日中平和友好条約」交渉の政治過程	李 恩民 著	A5判・二四〇頁 価格 四三〇〇円
近代中国と銀行の誕生	林 幸司 著	A5判・二六〇頁 価格 五二〇〇円
中国社会と大衆動員	金野 純 著	A5判・二四六頁 価格 六八〇〇円
中国建国初期の政治と経済	泉谷陽子 著	A5判・二二七頁 価格 五二〇〇円
中国における社会結合と国家権力	祁 建民 著	A5判・三九六頁 価格 六六〇〇円
近代上海と公衆衛生	福士由紀 著	A5判・三三四頁 価格 六八〇〇円
文化大革命と中国の社会構造	楊 麗君 著	A5判・四〇四頁 価格 六八〇〇円
戦後の「満州」と朝鮮人社会	李 海燕 著	A5判・二四〇頁 価格 五四〇〇円
中国東北農村社会と朝鮮人の教育	金 美花 著	A5判・二四四頁 価格 四四〇〇円
中国村民自治の実証研究	張 文明 著	A5判・三九二頁 価格 七〇〇〇円
東アジア共生の歴史的基礎	弁納才一 鶴園 裕 編	菊判・三五二頁 価格 六三〇〇円

御茶の水書房
（価格は消費税抜き）